航天动力学与控制系列丛书

丛书主编　王　巍

空间多目标交会轨道设计与优化方法

张　进　朱阅訸　著

化 学 工 业 出 版 社

北京航空航天大学出版社

·北京·

内 容 简 介

空间多目标交会可提高在轨服务与深空探测等航天任务的回报,降低任务平均成本,逐渐受到各航天机构青睐。其轨道设计与优化存在复杂的离散与连续变量耦合,极具挑战,相关问题经常出现在国际和全国空间轨道设计竞赛题目中,也是近年航天器轨道设计领域研究热点。本书作者在空间交会领域有丰富的科研及工程经验,也曾多次参加空间轨道设计竞赛并取得了优异成绩。本书总结了作者及所在团队的部分研究成果,内容共分为6章。第1章阐述问题背景和研究现状;第2章介绍基础模型和算法;第3章关注单目标交会,包括摄动交会轨迹优化与速度增量估计;第4章关注多星补给任务,包括多航天器交会服务任务、星座补给重构任务、考虑目标配合的多航天器合作加注任务等的轨道设计与优化;第5章关注多空间碎片清除任务,包括"一对多"式碎片清除任务与"多对多"式大规模碎片清除任务的轨道设计与优化;第6章是含引力辅助的多星探测任务轨道设计与优化。

本书可为航天动力学、航天器轨迹优化、航天任务总体设计等领域的研究人员提供有益参考,也可为相关领域研究生入门提供助益。

图书在版编目(CIP)数据

空间多目标交会轨道设计与优化方法/张进,朱阅訸著.—北京:化学工业出版社,2024.3
(航天动力学与控制系列丛书)
ISBN 978-7-122-45135-4

Ⅰ.①空… Ⅱ.①张…②朱… Ⅲ.①航天器轨道-设计 Ⅳ.①V412.4

中国国家版本馆 CIP 数据核字(2024)第 044749 号

责任编辑:张海丽 陈 喆 　　　　　　　　　　装帧设计:尹琳琳
责任校对:李雨函

出版发行:化学工业出版社(北京市东城区青年湖南街13号 邮政编码100011)
印　　装:中煤(北京)印务有限公司
710mm×1000mm　1/16　印张14　字数244千字　2024年10月北京第1版第1次印刷

购书咨询:010-64518888 　　　　　　　　　　售后服务:010-64518899
网　　址:http://www.cip.com.cn
凡购买本书,如有缺损质量问题,本社销售中心负责调换。

定　　价:128.00元
版权所有　违者必究

航天动力学与控制系列丛书
编 委 会

主　　编　王　巍

副 主 编　姜　杰　　邓宗全　　曹喜滨　　于登云　　范瑞祥

执行编委　孟　光　　陈小前　　杨立军　　王大轶

编　　委 (按姓氏笔画排序)

马小飞　　李　爽　　吴志刚　　邹元杰

张景瑞　　陈占胜　　罗亚中　　岳晓奎

宝音贺西　徐　明　　高　扬　　郭宏伟

航天动力学与控制系列丛书
策划编辑工作组

总 策 划　赵延永　张兴辉

副总策划　蔡　喆　张海丽

策划编辑(按姓氏笔画排序)

王　硕	冯　颖	冯维娜	李　慧
李丽嘉	李晓琳	张　宇	张　琳
陈守平	金林茹	周世婷	郑云海
袁　宁	龚　雪	董　瑞	温潇潇

丛书序

　　作为航天领域学科体系里的核心学科之一,航天动力学与控制学科的进步与发展,对于促进航天科技创新、推动航天事业发展、加快建设航天强国具有重要意义。

　　航天动力学与控制学科以空间运动体为对象,主要研究其在飞行过程中所受的力以及在力作用下的运动特性,并以此为基础开展运动规划和运动控制研究,内容涉及轨道动力学与控制、轨道设计与优化、姿态动力学与控制、机构与结构动力学与控制、刚柔液耦合动力学与控制、空间内外环境扰动分析等诸多分支。

　　航天动力学与控制学科以航天工程需求为牵引,具有清晰的应用背景,在融合交叉其他学科理论和方法的基础上,发展了特有的动力学建模、分析、实验和控制的理论方法与技术,并应用于评估航天器动力学特性优劣和控制系统设计有效性,为航天器总体方案设计与优化、构型选择、控制系统设计、地面测试与试验、在轨飞行故障诊断与处理等提供依据。航天动力学与控制学科在航天工程各环节均发挥着重要作用,是航天任务顺利执行的基础和支撑。

　　进入 21 世纪,伴随着载人航天、深空探测、空间基础设施以及先进导弹武器等一系列重大航天工程的实施,对航天动力学与控制学科的新的重大需求不断涌现,为学科发展提供了源源不断的动力;另一方面,实验观测手段的丰富和计算仿真能力的提升也为学科发展提供了有力的保障。同时,以人工智能、数字孪生、先进材料、先进测试技术等为代表的新兴学科与航天动力学与控制学科催生出新的学科交叉点,前沿创新研究不断涌现。人工智能技术基于存储、记忆、预训练的应用模式为航天动力学与控制学科传统难题的解决提供了新途径;机器学习算法可以显著提升航天任务设计优化的效率;深度学习算法用于构造智能动力学模型、求解动力学反问题、提升动力学建模效率;强化学习则提升了航天器控制的自主性和智能化水平,为实现自主智能飞行打下基础。在学科交叉创新的推动下,航天动力学与控制学科历久弥新,不断焕发出勃勃生机。

2016年4月24日,习近平总书记在首个"中国航天日"作出了"探索浩瀚宇宙,发展航天事业,建设航天强国,是我们不懈追求的航天梦"的重要指示。党的十九大报告和二十大报告进一步强调了建设航天强国的重要性,对加快建设航天强国作出重要战略部署,为我国航天科技实现高水平自立自强指明了前进方向。

为全面提升进出空间、探索空间、利用空间的能力,我国航天重大战略任务正在有序推进,重型运载火箭研制、新一代空间基础设施建设、空间站建设、探月工程和载人登月、行星探测和太空资源开发将逐步实施,这些重大航天任务都对航天动力学与控制学科提出了更多的新问题和新挑战。

《航天动力学与控制系列丛书》面向航天强国建设的战略需求,集中梳理和总结我国航天动力学与控制领域的优秀专家学者在理论方法和重大工程的研究和实践成果,旨在为我国航天动力学与控制学科的发展和国家重大航天工程研制提供理论和技术的支持与参考。丛书基本涵盖所涉及的航天动力学与控制领域的焦点问题,聚焦于轨道动力学、轨道优化与任务设计、姿态动力学与控制、编队与集群动力学等方向,着力阐述动力学原理、演化规律和控制方法,强调理论研究与工程应用及实践相结合。纳入新材料、柔性体、弹性体等前沿技术,依托高校的创新科研成果,充分反映当前国际学术研究前沿,以"新"为特色,厘清理论方法的发展脉络,为未来技术创新提供学科新方向。同时,依托科研院所参与国家重大航天工程的一手认识和体会,系统阐述航天工程中航天动力学与控制理论方法的应用和实践案例,为未来学科发展提供技术新牵引。

当前,我国正处于全面建设航天强国的关键时期,对航天动力学与控制学科的创新发展提出了更高的要求。本丛书的出版,是对新时代航天动力学与控制领域理论发展和实践成果的一次重要梳理,也为该学科未来的理论研究和技术突破启示了可能的空间。相信本丛书可以对我国航天科技领域学术繁荣和创新发展起到良好的促进作用。

2023 年 5 月

前言

　　航天器交会对接是开展载人航天、深空探测、在轨服务等复杂航天的使能技术。通过一次飞行交会多个空间目标具有更高的访问效率,在在轨服务与深空探测领域具有广泛的需求,受到各大航天机构的青睐。空间多目标交会轨道设计与优化,不仅关注单次交会中的摄动轨道特性、工程约束满足与高效优化求解,更关注交会目标的筛选、指派分组、排序等组合优化问题,极具挑战,相关问题经常出现在国际和全国空间轨道设计竞赛题目中,也是近年来航天器轨道设计领域的研究热点。

　　本书作者在研究工作早期,根据载人航天工程的需求,开展摄动约束交会轨道的设计与优化研究;在向在轨服务中的交会拓展过程中,出于提高在轨服务任务回报的想法,开展小规模空间多目标交会优化方法研究;进一步受国际与国内空间轨道设计大赛的影响,开展大规模空间多目标交会优化方法研究。除了作者自身的博士论文以之为基础外,所在课题组还有数名硕士、博士的学位论文也选择了这个研究方向。所在课题组曾多次参加国际和全国空间轨道设计竞赛并取得了优异成绩。

　　空间多目标交会轨道设计与优化,大体上可以从数值优化方法与航天器轨道本身两大方面开展研究,也可以从问题层级上分为目标星的选星与指派、交会任务的排序、单次交会评价三个层面,还可以从任务本身背景进一步细分。因此,本书内容分为6章。第1章是绪论,主要阐述多目标交会轨道设计问题的背景和研究现状;第2章是基础模型和算法,主要阐述多目标交会轨道设计问题的模型框架和基础理论方法,包括摄动交会动力学模型、规划问题基本概念与模型、多目标交会轨道设计与优化问题分析与建模、三类规划算法(蚁群、遗传、差分进化);第3章是单目标摄动交会轨道设计相关方法,其中,摄动交会轨迹优化方法包括机动受限的远距离导引与目标调相机动规划等,最优转移速度增量估计方法包括基于动力学的解析估计方法和基于机器学习的估计方法;第4章关注多星补给任务,包括多航天器交会服务任务、星座补给重构任务、考虑目标配合的多航天器合作加注任务等的轨道设计与优化;第5章关注多空间碎片清除任务,包括"一对多"式碎片清除任务与"多对多"式大规模碎片清除任务的轨道设计与优化;第6章是含引力辅助的多星探测任务轨道设计与优化。

本书的编写工作在国防科技大学空天科学学院完成,得到了国家自然科学基金、湖南省自然科学基金、载人航天工程科技创新团队等相关科研项目的支持,主体部分以张进和朱阅訸的研究工作为主,课题组毕业的硕士赵照与博士李九天为4.3节和6.2节提供了重要支持,整体架构得到了课题组罗亚中教授的指导,在此一并表示感谢。

著者

2023 年 11 月

目录

第 6 章　含引力辅助的多星交会轨道设计与优化 —————187

符号表

符　号	定　义
0	作为下标时表示初始参数
a	轨道半长轴
$\boldsymbol{a}$	加速度矢量
aim	作为下标时表示瞄准参数
$\boldsymbol{B}$	动力学方程中加速度矢量的影响矩阵,或引力辅助中的 B 矢量
cha	作为下标时表示追踪器参数
C_i	蚁群算法信息素链表中第 i 点
DSM	作下标时表示深空机动参数
dur	轨道转移时间
e	轨道要素中的偏心率
$\boldsymbol{E}$	表示轨道要素
$\exp(\cdot)$	表示以自然常数 e 为底的对数函数
f	作为下标时表示终端参数
$f(\cdot)$	目标函数或其他函数
$floor(\cdot)$	表示向下取整函数
FOV	传感器视场角
$G_{\max}$	蚁群算法最大进化代数
i	轨道要素中的轨道倾角,作为下标时表示第 i 个参数
in	作为下标时表示轨道面内参数,引力辅助中表示进入行星引力场前参数

符　号	定　义
j	作为下标时表示第 j 个参数
$J2000.0$	儒略纪元，对应世界协调时 2000-01-01 11:58:55.816
J_2	作为下标时表示地球非球形摄动 J_2 项影响下的参数
k	作为下标时表示第 k 个参数
l	作为下标时表示第 l 个参数
L	作为下标时表示下界
m	质量
M	轨道要素中的平近点角，在优化算法中表示惩罚因子
min	求最小值，作为下标时表示最小、最短、最少等，用作单位时表示分钟
max	求最大值，作为下标时表示最大、最长、最多等
n_r	二体轨道模型中的轨道平均角速度
n_{J_2}	地球非球形摄动 J_2 项影响下的轨道平均角速度
N_{Ant}	蚁群算法中蚂蚁的数量
N_{chrom}	遗传算法染色体长度
N_{gen}	遗传算法进化代数
$N_{gen,max}$	遗传算法最大进化代数
Np	遗传算法种群规模
N_{tour}	遗传算法锦标赛选择规模
$o\text{-}xyz$	航天器当地轨道坐标系
out	作为下标时表示轨道面外参数或引力辅助机动后参数
$O_\oplus\text{-}R\theta z$	轨道极坐标系
$O_\oplus\text{-}XYZ$	$J2000.0$ 地心赤道惯性坐标系
$O_\oplus\text{-}X'Y'Z'$	地心地固坐标系
$O_\otimes\text{-}XYZ$	$J2000.0$ 日心惯性坐标系
$O_\otimes\text{-}X''Y''Z''$	$J2000.0$ 日心黄道参考坐标系
p	表示交会次序编号
p_{ij}	蚁群算法中从第 i 点到第 j 点的转移概率
pla	作为下标时表示引力辅助的借力的行星参数
q	作为下标时表示第 q 个参数

符 号	定 义
r	航天器地心距,作为下标时表示径向分量
$\boldsymbol{r}$	航天器的位置矢量
$\boldsymbol{R}$	航天器的位置矢量
rel	作为下标时表示相对运动参数
sc	作为下标时表示引力辅助航天器参数
ser	交会后在轨服务时间
S_i	第 i 个目标的交会次序
t	时间,作为下标时表示迹向分量
tar	作为下标时表示目标器参数,引力辅助中表示瞄准参数
T_i	第 i 个目标的交会时刻
T_{J_2}	地球非球形摄动 J_2 项影响下的轨道周期
u	轨道要素中的纬度幅角
U	作为下标时表示上界
$\boldsymbol{v}$	航天器速度矢量
$\boldsymbol{V}$	航天器速度矢量
$\boldsymbol{X}$	设计变量向量或状态变量向量
x_i	第 i 个设计变量
α	蚁群算法信息素浓度的权值,在遗传算法是交叉系数,在轨道几何关系中是太阳方向与轨道迹向的夹角
β	蚁群算法启发式信息的权值,在遗传算法是变异系数,在轨道几何关系中是太阳方向与轨道平面的夹角
δ	行星中心坐标系中引力辅助机动前后航天器速度方向夹角
Δv	轨道机动脉冲矢量
$\Delta \boldsymbol{V}$	轨道机动脉冲矢量
$\Delta \tau$	蚁群算法中的信息素浓度增量
ε	数值计算判断收敛的标准
η	偏心率矢量在轨道面内与升交点方向垂直方向的投影,在引力辅助中表示深空机动时间与转移时间的比值
η_{ij}	蚁群算法信息素链表中第 i 点到第 j 点的启发式信息

符　号	定　义
θ	多圈纬度幅角,等于纬度幅角加上整圈次对应的角度
λ	升交点地理经度
μ	表示中心天体的引力常数
ν	轨道要素中的真近点角
ξ	偏心率矢量在升交点方向的投影
π	圆周率
ρ	蚁群算法信息素衰减系数
τ	蚁群算法中的信息素浓度
$\boldsymbol{\Phi}$	状态转移矩阵
$\boldsymbol{\Phi}_v$	速度对状态的影响转移矩阵
ω	轨道要素中的近心点角距
Ω	轨道要素中的升交点赤经
$\otimes$	作为下标时表示太阳相关参数
$\oplus$	作为下标时表示地球相关参数
$\Sigma(\cdot)$	求和函数

缩略语表

缩略语	英　文	中　文
Adam	Adaptive Moment Estimation	自适应矩估计算法
BIU	Bureau International de l'Heure	国际时间局
B&B	Branch-and-Bound	分支定界
CGPM	General Conference of Weights & Measures	国际计量大会
C-W	Clohessy-Wiltshire	线性相对动力学方程作者
DARPA	Defense Advanced Research Projects Agency	美国国防高级项目研究局
DE	Differential Evolution	差分进化
ECEF	Earth-Centered Earth-Fixed Coordinate System	地心地固坐标系
ECI	Earth-Centered Inertial Coordinate System	地心惯性坐标系
ESA-ACT	European Space Agency Advanced Concepts Team	欧空局先进概念研究小组
GA	Genetic Algorithm	遗传算法
GTOC	Global Trajectory Optimization Competition	国际空间轨道设计竞赛
HEIRF	Heliocentric Ecliptic Inertial Reference Frame	日心黄道参考坐标系
IAT	International Atomic Time	国际原子时
IAU	International Astronomical Union	国际天文联合会
JD	Julian Day	儒略日
JGM3	Joint Gravity Model 3	第 3 版联合重力场模型

缩略语	英　文	中　文
JPL	Jet Propulsion Laboratory	喷气推进实验室
LVLH	Local Vertical Local Horizontal	当地垂直-当地水平
MEUR	Million Euros	百万欧元
MDA	MacDonald，Dettwiler and Associates	加拿大 MDA 公司
MEV	Mission Extension Vehicle	任务扩展飞行器
MGA	Multiple Gravity Assist	多引力辅助机动
MGA-1DSM	Multiple Gravity Assist using One Deep Space Maneuver	多引力辅助机动且每次辅助前带 1 次深空机动
MJD	Modified Julian Day	修正儒略日
MRE	Mean Relative Error	平均相对误差
NEAR	Near Earth Asteroid Rendezvous	近地小行星交会
NRLMSISE-00	Naval Research Lab Mass Spectrometer and Incoherent Scatter Radar Extended-2000	美国海军研究实验室质谱仪与非相干散射雷达拓展大气模型 2000 版
NUDT	National University of Defense Technology	国防科技大学
RKF	Runge-Kutta-Fehlberg	龙格-库塔-费尔伯格算法
ReLU	Rectified Linear Unit	修正线性单元
SQP	Sequential Quadratic Programming	序列二次规划
TSP	Traveling Salesman Problem	旅行商问题
UTC	Coordinated Universal Time	协调时间时
XSCC	Xi'an Satellite Control Center	西安卫星测控中心

第1章
绪 论

1.1 研究背景

1957年10月4日，苏联成功发射了世界上第一颗人造地球卫星"斯普特尼克1号"，拉开了人类开展航天活动的序幕。之后的几十年里，数以千计的航天器陆续发射升空并完成了相应的任务，实现了从无人到载人、从近地到深空和从单个到集群的一次次跨越。随着航天技术的进一步发展，未来将会有更多的航天器出征太空，去挑战更加复杂的任务。

交会对接技术（Rendezvous and Docking，RVD）是指两个航天器于同一时间在轨道同一位置以相同或相近速度会合并在结构上连成一个整体的技术。航天器交会对接是开展载人航天、深空探测、在轨服务等复杂航天任务的使能技术。空间交会的访问目标既包括空间站、卫星和空间碎片等人造天体，也包括恒星、行星和彗星等自然天体。交会的目的既包括近距离观测拍照和着陆采样等科学目的，也包括燃料补加和碎片清除等工程目的。交会任务，按任务特征可以分为空间启动交会、地面启动交会、合作交会、多次交会、往返交会；按轨道特征可分为近地轨道交会、地球同步轨道交会、环月轨道交会、行星轨道交会；按控制方式可为分为遥控交会、手动交会、自动交会、自主交会；按对接口方向可分为前向交会、后向交会、径向交会、法向交会以及以其他特定逼近方向交会等。

工程上已经开展并实施了不少空间交会任务。自2011年以来，我国神舟系列载人飞船、天舟系列货运飞船已在近地轨道与空间实验室或空间站进行了多次交会对接，空间站的实验舱与核心舱通过交会对接成功进行组装。"嫦娥五号"月球采样返回任务中，月面上升器与轨返组合体成功进行了环月交会对接。上述任务的成功开展，标志着我国已经突破并掌握了空间交会对接技术。

由于任务需求和技术水平的限制，上述空间交会任务都是只针对单个目标的访问。单目标交会任务虽然设计相对简单、便于实施，但任务效率较低。在航天器机动能力允许的条件下，通过一次飞行交会多个空间目标具有更高的访问效率，因而空间多目标交会任务受到各大航天机构的青睐，在在轨服务与深空探测领域具有广泛的需求。

美国宇航局在深空探测领域率先开展并实施了一系列空间多目标访问任务。在大天体探测方面，"水手10号"探测器同时访问了水星和金星；"先驱者11号"探测器同时访问了木星和土星；"伽利略号"探测器在探测木星的途中飞越了小行星"盖斯普拉"，还同时访问了木星重要的卫星木卫二；"卡西尼号"探测器在探测土星的同时还访问了其重要的卫星土卫六；"旅行者 1 号"探测器也同时对木星和土星进行了访问；"旅行者 2 号"探测器的探测效率更高,除了对木星、土星及其卫星进行了访问外,还同时飞越了天王星和海王星,是目前唯一访问过这两颗远日行星的探测器；在小天体探测方面,"NEAR 号"探测器首先访问了小行星"梅西尔德",随后与小行星"爱神星"交会并在其表面成功实现了软着陆；"深空 1 号"探测器依次对小行星 1992KD、小行星 Braille 和彗星 Borrelly 进行了访问；"黎明号"探测器则是首次对位于小行星带的两颗小行星——谷神星和灶神星进行了访问。上述任务的成功实施,为未来开展更加复杂的深空多目标访问任务奠定了坚实的基础。

美国国防高级项目研究局(Defense Advanced Research Projects Agency, DARPA)和部分商业航天公司在航天器在轨服务领域也陆续推出了一些空间多目标交会任务。DARPA 在其研制的电动碎片清除器上配置了多个可以捕获空间碎片的绳网装置,可在一次飞行中收集多个空间碎片并将它们一起拖离轨道。MDA 公司设计的静止轨道延寿系统,通过空间机械臂可对数颗静止轨道上燃料快耗尽的卫星进行燃料补加,使每颗卫星的寿命再延长数年。ViviSat 公司推出的任务扩展飞行器(Mission Extension Vehicle,MEV)也是为地球静止轨道上的卫星提供燃料补加服务。首个飞行器 MEV-1 已于 2020 年 2 月 25 日与 Intelsat 901 通信卫星成功对接并对其进行了燃料补加,5 年后 MEV-1 会将该卫星拖入"坟墓"轨道并将继续为下一颗卫星提供燃料补加服务。上述任务的顺利开展,也将为未来开展更大规模的近地空间多目标交会任务积累宝贵的经验。

空间目标交会轨道设计与优化技术是开展各类空间目标交会任务所必须具备的关键技术。多目标交会任务对轨道设计与优化提出了更高的要求。对于单目标交会任务来说,轨道设计与优化的核心是符合摄动轨道规律与满足工程约束。对于多目标交会任务,尤其是对于像多小行星探测和多空间碎片清除等具有大规模候选目标的交会任务来说,轨道设计与优化除了轨道本身的规律及工程约束外,通常还包括访问目标筛选和访问次序编排等问题。规划者不但要设计相邻两访问目标之间的转移轨迹,还要考虑如何从大量候选目标中选择合适的目标进行交会并合理规划各个目标的交会次序,从而获得整体最优的航天器飞行方案。交会目标的筛选和交会次序的编排往往比单次交会转移轨迹设计要难得多,因而多目标交会任务的设计与优化难度要比单目标交会任务大得多。针对多目标交会任务,尤其是大规模目标访问任务,其设计与优化方法的研究逐渐成为航天器轨道设计与优化领域的研究热点。

为了推动空间目标访问轨道设计与技术的进步,同时为未来复杂空间目标访问任务的工程可实施性开展先期探索,欧洲航天局先进概念研究小组(European Space Agency Advanced Concepts Team,ESA-ACT)于 2005 年发起并组织了第一届国际空间轨道设计竞赛(Global Trajectory Optimization Competition,GTOC)。该竞赛从第一届起就引起了学术界的广泛关注并吸引了来自全球各大航天机构专业人员和知名高校学者的积极参与。之后的每届竞赛都由上一届竞赛的冠军团队举办,至今已成功举办了 12 届。竞赛题目大都以目前正在规划或未来可能实施的空间目标访问任务为背景,解题方案对未来开展类似的任务具有很好的指导意义。表 1.1 列出了各届竞赛的题目概况,其中大多数赛题均为大规模目标访问任务规划问题。这些赛题很好地推动了包括小推力轨道和引力辅助轨道等复杂轨道设计水平的提高,也让学者们越来越注意到包括目标筛选和序列优化等全局层面的规划在大规模目标访问任务规划问题求解中的重要性。

表 1.1　历届国际空间轨道设计竞赛概况

竞赛届数	举办年份	举办方	赛题
GTOC-1	2005	ESA-ACT	单小行星撞击
GTOC-2	2006	喷气推进实验室(JPL)	多族小行星交会
GTOC-3	2007	都灵理工大学	多近地小行星采样返回
GTOC-4	2009	法国国家空间研究中心	多小行星飞越
GTOC-5	2010	莫斯科国立大学	多小行星交会与飞越
GTOC-6	2012	JPL	木星系多卫星巡游
GTOC-7	2014	都灵理工大学与罗马大学	多探测器主带小行星交会
GTOC-8	2015	JPL	多航天器无线电源测量
GTOC-9	2017	ESA-ACT	多组空间碎片清除
GTOC-10	2019	JPL	银河系多星移民
GTOC-11	2021	国防科技大学与西安卫星测控中心	"戴森环"建造
GTOC-12	2023	清华大学与上海卫星工程研究所	太空经济——可持续行星开采

随着航天技术的不断发展,空间多目标交会任务将在未来的航天活动中扮演越来越重要的角色。在此背景下,以工程实际需求,以及 GTOC-9 和 GTOC-10 两届典型赛题为牵引,对空间多目标交会轨道设计与优化方法展开研究,可以为其他大规模目标访问任务的设计提供方法参考,为我国在未来开展更加复杂的空间多目标访问任务提供相关技术储备。

1.2　研究现状

本节从相对动力学模型、交会转移速度增量估计、近地多星交会补给、多空间碎片清除、多引力辅助与多小行星交会,以及国际与国内空间轨道设计优化大赛相关赛题等角度,阐述空间多目标交会轨道设计与优化研究现状。

1.2.1　交会轨迹规划

航天器交会轨迹规划问题是空间目标访问任务规划问题中最底层的问题,包括小行星采样、卫星在轨燃料补加和空间碎片主动清除等航天器需要与访问目标零距离零相对速度接触的任务都需要求解交会轨迹规划问题。交会轨迹规划问题是轨道设计与优化领域一类非常经典也是较为基础的问题,从 20 世纪 50 年代开始就有大批的学者对交会轨迹规划问题展开了研究[1]。根据航天器的机动方式不同,该问题主要可分为脉冲交会轨迹规划问题和小推力交会轨迹优化问题。大多数深空交会轨迹规划问题都是小推力交会轨迹规划问题,而在近地交会轨迹规划问题中,航天器多采用可近似为瞬时脉冲的大推力变轨方式。本节重点介绍基于脉冲的交会轨迹规划问题及相关求解方法的研究进展,小推力交会轨迹规划的研究进展可参考 Betts[2]、Alemany 和 Braun[3]、高扬[4] 以及李俊峰和蒋方华[5] 等的代表性综述。

脉冲交会轨迹规划问题又可分为二体交会问题和摄动交会问题。二体交会问题相对简单,对脉冲交会轨迹规划方法的研究大部分都围绕二体问题展开。霍曼较早研究了航天器初始轨道和交会目标轨道为共面圆轨道时的情况,并指出两圆轨道半径在一定比例范围内时最优的交会速度增量为两脉冲霍曼转移所需的速度增量,同时给出了解析的速度增量求解方法[6]。Gross 和 Prussing[7] 以及 Prussing 和 Chiu[8] 基于主矢量理论,研究了时间固定共面圆轨道之间的燃料最优脉冲交会问题。Luo 等[9] 采用并行模拟退火单纯形算法,求解了 Prussing 和 Chiu 在文献中研究的问题并获得了同样满足一阶必要条件但总速度增量更优的解。Luo 等[10] 采用混合遗传算法,进一步研究了脉冲大小受限的时间最优共面交会问题。Prussing[11] 基于主矢量理论配合多圈 Lambert 算法,研究了共面圆轨道间两脉冲多圈最优交会问题,并指出当最大转移圈次为 N 时,总共会有 $2N+1$ 条转移轨道,但并未指出哪条轨道是速度增量最优的轨道,需要计算所有 $2N+1$ 条轨道并进行对比后才能确定。Shen 与 Tsiotras[12] 进一步推进了 Prussing 的工作,提出了一种可快速高效确定最优解而无须遍历所有可能转移轨道的方法。

　　上述研究主要是针对追踪器和目标器共面的情况,不少学者对异面交会问题也进行了研究。Zhang 等[13] 提出了一种带约束的多圈 Lambert 算法,配合数值优化算法可获得一般非共面椭圆轨道的两脉冲最优交会解。Snyoll 等[14] 研究了考虑等待时间的两脉冲最优交会问题,采用了普适变量表征轨道以降低数值求解的难度。Avendaño 和 Mortari[15] 研究了目标函数为速度增量平方的两脉冲最优交会问题并指出其与目标函数为速度增量时获得的最优解的速度增量差不会超过17%。Luo 等[16] 采用遗传算法混合牛顿法求解了更一般的多脉冲多圈异面交会问题,其中遗传算法用于处理整数变量(圈次),牛顿法用于处理实数变量(倾角差和赤经差)。总的来说,针对二体交会轨迹规划的研究成果已经相当丰富,上面只是对比较有代表性的工作做了一个介绍,更多更详细的研究可参考 Lin 等[17]、Jezewski 等[18] 以及 Luo 等[19] 在不同时期的综述论文。

　　二体模型是比较理想的情况,航天器在实际飞行的过程中会受到各种摄动力的影响。如果还是按照二体模型进行计算,交会终端将产生较大的偏差,无法满足位置速度的约束,因而越来越多的学者开始研究摄动交会问题。摄动力的类型有很多,主要包括非球形摄动、大气阻力摄动、太阳光压摄动以及天体引力摄动[20]。其中,大气阻力摄动主要作用于低轨的航天器,而太阳光压摄动主要对高轨的航天器影响比较大。Kechichian[21] 研究了考虑大气阻力摄动的两脉冲共面交会问题,其中追踪器的位置速度采用相对于目标器的状态描述。赵书阁[22] 研究了考虑日月引力摄动和太阳光压摄动的地球静止轨道交会问题,建立了考虑主摄动的燃料最优交会调相模型并获得了高精度的最优脉冲交会解。

　　近地航天器都会受到地球非球形摄动力的影响,其中影响最大的是 J_2 项摄动,因此大多数研究主要集中在考虑 J_2 摄动的交会轨迹规划上。Luo 等[23] 研究了时间固定燃料最优的摄动多脉冲交会问题,采用实数编码遗传算法获得二体初解,再用 SQP 算法对初解进行修正以获得满足终端约束的摄动解。Zhou 等[24] 采用与 Luo 等[23] 类似的求解方法研究了摄动条件下的两脉冲最优交会问题。在单目标优化问题研究的基础上,Luo 等[25] 继续对同时考虑燃料和时间指标的多目标摄动多脉冲交会问题进行了研究,采用文献中的单目标优化方法结合物理规划方法,获得了比 NSGA-Ⅱ 算法更靠近真实 Pareto 前沿的解。Ma 等[26] 研究了时间自由燃料最优的摄动两脉冲交会问题,采用遗传算法和梯度算法结合区间分析方法对问题进行了求解。张进[27] 对解析摄动交会任务规划进行了系统且深入的研究,推导了考虑 J_2 摄动的相对动力学方程,并以此为基础研究了摄动交会轨迹规划、多航天器混合多目标编排及多阶段混合多目标编排等复杂交会问题。此外,Bevilacqua 等[28] 和 Shao 等[29] 还研究了同时考虑 J_2 摄动和大气阻力摄动的多脉冲交会轨迹规划问题。

　　包括上述研究在内的大多数研究主要关注较短时间（单圈或几圈内）的 J_2 摄动交会问题。比较常用的求解方法是先用二体 Lambert 算法配合全局优化算法求得一个二体初解，然后用局部算法（如 SQP）将初解迭代到摄动解。这种方法可以用于交会时间较短的问题，但对于长时间的问题不适用，因为 J_2 摄动会使航天器的升交点赤经产生漂移，长时间作用后二体解和摄动解的偏差过大，局部算法便很难收敛。Yang 等[30]提出了一种基于同伦思想的摄动多圈 Lambert 算法，可以较好地解决终端约束难收敛的问题。通过该算法可以一步直接获得可行的摄动解而无须从二体解开始迭代。但采用该算法求解长时间最优交会问题时，需要遍历很多条可能的转移轨道，而且每一条轨道都需要进行同伦迭代，计算效率较低。尤其是配合进化算法进行优化求解时，通常比较耗时。本书需要求解大量的长时间摄动最优交会问题，以产生可供学习的训练数据集，因此有必要再发展一种求解速度较快且终端收敛性较好的优化方法。

　　多目标访问任务规划在序列规划阶段需要知道任意两个目标在任意时刻的最优转移消耗（燃料消耗或时间消耗）。通过优化转移轨迹的方法获得任意两目标的最优转移消耗比较耗时，若将其嵌套在序列规划中，一般的计算能力都无法承受，因而需要有效的可快速估计任意状态下两目标之间最优转移消耗的方法。

　　Edelbaum[31]较早地研究了最优转移消耗估计问题，并针对大推力和小推力两种情况分别给出了各自的最优转移速度增量的估计方法。后来的学者直接将其称之为 Edelbaum 估计法。包括欧洲航天局、都灵理工大学和西安卫星测控中心等参赛队，都曾在 GTOC 比赛中参考 Edelbaum 估计法对最优转移速度增量或燃料消耗进行了估计。经典的 Edelbaum 估计法只适用于近圆轨道之间的转移，且只对长时间的最优小推力转移有比较好的估计效果。Casalino[32]在经典 Edelbaum 估计法的基础上引入了近似最优控制率，提高了对短时间小推力转移的估计精度，但该方法只适用于共面且小偏心率轨道之间的转移。Gatto 和 Casalino[33]改进了 Casalino 中近似最优控制率的设计，并将 Edelbaum 估计法拓展到可支持小轨道倾角差轨道之间的转移。Casalino，以及 Gatto 和 Casalino 的研究在一定程度上拓展了 Edelbaum 估计法的适用范围，但对于轨道面差和轨道形状差较大的转移仍然不适用。对于一般情况下的多脉冲转移，不少学者采用"三脉冲估计法"对最优转移速度增量进行估计。其中第一个和第三个脉冲分别用于匹配目标轨道的远地点和近地点，第二个脉冲用于消除轨道倾角和升交点赤经差。而对于一般情况下的小推力转移，学者们大多采用"Lambert 估计法"进行估计。"Lambert 估计法"将原小推力问题先转化成两脉冲问题，通过 Lambert 算法求得转移所需的脉冲速度增量，然后再代入近似转换公式估计出相应的小推力最优转移燃料消耗。

上述方法都是基于轨道理论提出的解析估计方法。解析方法容易实现,但估计精度往往不高。较大的估计误差可能会影响序列规划的结果。随着计算机技术的发展,不少学者开始尝试采用机器学习的方法对最优转移消耗进行估计。Hennes 等[34]采用包括支持向量机、决策树、随机森林和梯度提升等机器学习方法对主带小行星之间的短小推力最优转移燃料消耗进行了估计,发现估计精度相比"Lambert 估计法"均有明显提高。Mereta 等[35]采用同样的方法对近地小行星之间时间稍长的小推力最优转移燃料消耗进行了估计,得到了与 Hennes 等类似的结论。Li 等[36]采用神经网络对短小推力转移的最优转移燃料消耗和最短转移时间均进行了估计,获得了精度较高的结果。Zhu 和 Luo[37]不但研究了短小推力的最优转移燃料消耗估计问题,还研究了转移可行性判断问题,给出了完整的基于多层感知机的短小推力转移快速评估方法,并指出对于短小推力转移来说,估计最优转移燃料消耗之前必须先判断其转移可行性,否则对一个不可行的转移估计其最优燃料消耗毫无意义。Song 和 Gong[38]采用神经网络对基于太阳帆推进的近地小行星最短转移时间进行了估计,也取得了不错的效果。此外,Shang 和 Liu[39]还提出了基于高斯过程的两脉冲转移最优速度增量估计方法,并将该方法用于主带小行星的可达性快速评估。Zhu 等[40]推进了 Shang 和 Liu 的工作,采用类似方法实现了对小行星四脉冲往返最优速度增量快速且准确的估计。

目前基于机器学习方法估计最优转移消耗的研究主要集中在小推力转移和两脉冲转移上,针对多脉冲尤其是摄动多脉冲转移的研究较少。Li 等[36]基于神经网络对摄动多脉冲最优转移速度增量估计问题进行了研究,但在他们的研究中只是将该问题当作普通黑箱问题,并没有结合轨道特性对问题进行深入分析,因而估计精度不够高。本书将在对轨道特性进行深入分析的基础上,发展一种精度更高的摄动多脉冲最优转移速度增量估计方法。

1.2.2 多星交会任务规划

多星交会任务是空间多目标访问任务中最常见的一类任务,典型的应用场景包括多空间碎片清除、多卫星在轨燃料补加和多小行星交会探测等。多数针对多星交会任务规划的研究都围绕上述背景展开。

Cerf[41]较早地对多碎片清除任务规划问题进行了研究,并提出了两步法的求解策略:第一步先采用分支定界方法对碎片进行选择并对清除序列进行规划,第二步再采用数值算法优化碎片与碎片之间的转移轨迹。Madakat 等[42]将多碎片清除任务规划问题构建成同时考虑时间和燃料指标的多目标动态旅行商问题,同样采用分支定界方法搜索最优的清除序列。分支定界方法作为一种确定性方法虽然求解速度较快,但全局性不强,因而更多学者采用全局性更强的智能优化方法研究这类问题。Murakami 和 Hokamoto[43]基于遗传算法对基于两脉冲转移的多碎片清除任务规划问题进行了研究。Yu 等[44]基于模拟退火算法对考虑通信时间窗口约束和时间分配约束的多碎片清除任务规划问题进行了研究。周秀华等[45]采用蚁群算法获得了多碎片清除任务中的最优路径,并基于改进的最速下降法(梯度下降法)优化了每个碎片的清除时间。Zhao 等[46]针对同时考虑时间和燃料指标的两目标多碎片清除任务规划问题提出了两层求解框架,其中外层采用改进的 NSGA-Ⅱ算法优化碎片的清除序列,内层采用局部算法优化转移轨迹。

Shen[47]较早地对多星在轨燃料补加任务规划问题进行了研究,首先考虑了被加注卫星都在同一圆轨道上的情况,采用启发式方法搜索了最优补加序列,并指出最优补加序列与卫星在轨道上的排布序列相同。欧阳琦[48]研究了针对多颗地球同步轨道卫星的在轨燃料补加任务规划问题,考虑了补给星需要多次回储油站进行燃料补给的情况,采用遗传算法同时优化了补给次数和补加序列。Zhang 等[49]研究了近地长时间多星在轨燃料补加任务规划问题,考虑了 J_2 摄动以及光照和时间窗口的约束,采用混合遗传算法对问题进行了求解。Zhao 等[50]在 Zhang 等[49]的基础上采用混合遗传算法进一步研究了考虑目标剩余燃料约束的合作式多星在轨燃料补加任务规划问题。Yu 等[51]研究了考虑目标不确定的多星在轨燃料补加任务规划问题,采用遗传算法同时对目标进行优选和对补加序列进行编排。Zhou 等[52]还研究了多 GEO 卫星的在轨燃料补加任务规划问题,并基于混合粒子群算法获得了最优的燃料补加方案。

多碎片清除和多星燃料补加主要是面向近地空间的多目标交会任务,不少学者以小行星探测为背景对深空多目标交会任务规划也开展了相应的研究。李九天[53]研究了基于脉冲变轨的多小行星交会任务规划问题,同时考虑了总燃料消耗和总飞行时间两个优化指标,采用改进的 NSGA-Ⅱ算法获得了燃料消耗和飞行时间均较优的解。Peloni 等[54]研究了基于太阳帆推进的多近地小行星交会任务规划问题,设计了基于轨道要素分析的启发式序列规划方法,并对可能的探测序列进行了搜索。Stuart 等[55]还研究了多特洛伊群小行星交会任务规划问题,采用蚁群算法对 12 颗具有较大探测价值的小行星的交会序列进行了优化,获得了比树搜索更好的结果。

上述研究均是针对单个航天器访问多个目标的单序列交会任务,不少学者对多序列交会任务规划也开展了相关的研究。Liu 等[56]研究了通过多颗微纳卫星清除多颗 LEO 碎片的任务规划问题,考虑了碎片清除优先级、总燃料消耗以及微纳卫星数量三个优化指标并建立了三目标动态多旅行商优化模型,采用改进的遗传算法同时优化了碎片的分配方案和每颗微纳卫星的清除序列。Yu 等[57]将一对多 GEO 碎片清除任务规划问题拓展成了多对多 GEO 碎片清除任务规划问题,同时考虑了燃料和时间指标,并采用多目标粒子群算法对问题进行了求解。欧阳琦等[58]研究了地球同步轨道卫星群的多对多在轨燃料补加任务规划问题,考虑了被加注星具有不同补加需求的情况,忽略了共面转移所需的燃料消耗,并采用遗传算法对问题进行了求解。都柄晓[59]在欧阳琦等[58]的基础上还考虑了火箭运载能力的约束以及一箭多星模式对任务的影响,同样采用遗传算法对问题进行了求解。周洋[60]对单目标和多目标的多对多 GEO 卫星在轨燃料补加任务规划问题均进行了研究,其中单目标问题只考虑燃料指标,而多目标问题既考虑了燃料指标也考虑了时间指标,分别采用混合粒子群算法和多目标粒子群算法对单目标和多目标问题进行了求解。Li 和 Baoyin[61]采用聚类和波束搜索(Beam Search,BS)方法对小行星筛选和序列访问问题进行了研究。Chen 等[62]综合使用聚类方法、树搜索方法和 ACO 对多碎片清除顺序进行了寻优。Huang 等[63]和 Zhang 等[64]皆采用分层优化的思想对 GTOC9 的 123 颗 LEO 碎片顺序进行了优化,所得结果均优于竞赛时的冠军方案解。Bang 和 Ahn[65]基于两层规划模型和列生成算法针对多航天器对多碎片的序列优化问题进行了研究。Han 等[66]针对太阳同步轨道卫星的在轨加注燃料问题,先通过聚类规划将客户星分配给燃料站,再基于遗传量子算法对包含混合整数变量的序列问题进行了规划。

从目前的研究现状可以看出,无论是单序列交会任务规划问题还是多序列交会任务规划问题,学者们大都采用智能优化算法对问题进行求解,其中以遗传算法和粒子群算法应用最为广泛。采用遗传算法或粒子群算法求解这类问题的一个好处是可以通过混合编码的染色体或粒子对交会次序和交会时间进行同时表征,实现整数变量(交会次序)和实数变量(交会时间)的同时寻优。但由于染色体或粒子的整数片段和实数片段在交叉变异操作时具有独立性,混合编码的遗传算法或粒子群算法的优化效率实际上比较低,在求解多星交会任务规划问题时,特别是求解稍大规模的问题时,很难获得高质量的解。

全书共 6 章,如图 1.1 所示。

第 1 章绪论,主要阐述多目标交会轨道设计问题的背景和研究现状。

第 2 章基础模型和算法,主要阐述基础动力学模型、多目标交会轨道设计问题的模型框架和基础理论方法。

第 3 章单目标摄动交会轨道设计与分析方法,包括摄动交会轨迹优化方法和最优转移速度增量估计方法。

第 4 章多星补给任务轨道设计与优化,包括多航天器交会服务任务编排、星座补给重构任务编排、多航天器合作加注任务编排。

第 5 章多空间碎片清除任务轨道设计与优化,包括"一对多"碎片清除任务规划、"多对多"大规模碎片清除任务规划。

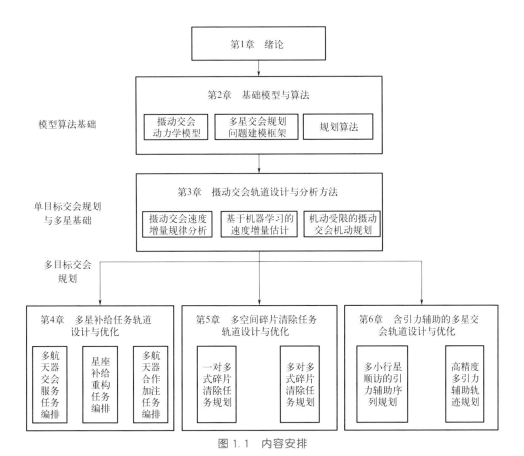

图 1.1 内容安排

第 6 章含引力辅助的多星交会轨道设计方法,包括多小行星顺访的引力辅助序列规划方法、高精度多引力辅助轨迹规划方法。

参 考 文 献

[1] Lawden D F. Optimal Trajectories for Space Navigation[M]. London:Butter Worths,1963.

[2] Betts J T. Survey of Numerical Methods for Trajectory Optimization[J]. Journal of Guidance,Control,and Dynamics,1998,21(2):193-207.

[3] Alemany K,Braun R D. Survey of Global Optimization Methods for Low-Thrust,Multiple Asteroid Tour Missions[J]. Space Flight Mechanics,2007,127:1641-1660;Also AAS Paper 07-211.

[4] 高扬. 电火箭星际航行:技术进展、轨道设计与综合优化[J]. 力学学报,2011,43(6):991-1019.

[5] 李俊峰,蒋方华 . 连续小推力航天器的深空探测轨道优化方法综述[J]. 力学与实践,2011,33(3):1-6.

[6] Anderson J D. Hohmann Transfer Orbit[M]. Netherlands:Springer,1997.

[7] Gross L R,Prussing J E. Optimal Multiple-Impulse Direct Ascent Fixed-Time Rendezvous [J]. AIAA Journal,1974,12(7):885-889.

[8] Prussing J E,Chiu J H. Optimal Multiple-Impulse Time-Fixed Rendezvous Between Circular Orbits[J]. Journal of Guidance Control and Dynamics,1986,9(1):17-22.

[9] Luo Y Z,Tang G J,Lei Y J,et al. Optimization of Multiple-Impulse Multiple-Revolution Rendezvous Phasing Maneuvers[J]. Journal of Guidance,Control,and Dynamics,2007,30 (4):946-952.

[10] Luo Y Z,Tang G J,Li H Y. Optimization of Multi-Impulse Minimum-Time Rendezvous Using a Hybrid Genetic Algorithm[J]. Aerospace Science and Technology,2006,10(6): 534-540.

[11] Prussing J E. A Class of Optimal Two-Impulse Rendezvous Using Multiple-Revolution Lmabert Solutions[J]. In advances in the Astronautical Sciences,2000,16:17-39.

[12] Shen H,Tsiotras P. Optimal Two-Impulse Rendezvous Using Multiple-Revolution Lambert Solutions[J]. Journal of Guidance,Control,and Dynamics,2003,26(1):50-61.

[13] Zhang G,Zhou D,Mortari D. Optimal Two-impulse Rendezvous using Constrained Multiple-Revolution Lambert Solutions [J]. Celestial Mechanics and Dynamical Astronomy,2011,110(4):305-317.

[14] Snyoll O,Sung-Hoon M,Henzeh L. Optimal Spacecraft Rendezvous by Minimum Velocity Change and Wait Time[J]. Advances in Space Research,2017,60(6):1188-1200.

[15] Avendaño M,Mortari D. AClosed-Form Solution to the Minimum ΔV_tot^2 Lambert's Problem[J]. Celestial Mechanics & Dynamical Astronomy,2010,106(1):25-37.

[16] Luo Y Z,Li H Y,Tang G J. Hybrid Approach to Optimize a Rendezvous Phasing Strategy [J]. Journal of Guidance Control & Dynamics,2007,30(1):185-191.

[17] Lin L X. Space Rendezvous and Docking Technique[J]. Chinese Space Science and Technology,1988.

[18] Jezewski D J,Brazzel J P J,Prust E E. Survey of Rendezvous Trajectory Planning[J]. Advances in the Astronautical Sciences,1992:1373-1396.

[19] Luo Y,Zhang J,Tang G. Survey of Orbital Dynamics and Control of Space Rendezvous [J]. Chinese Journal of Aeronautics,2014,27(1):1-11.

[20] 张洪波 . 航天器轨道力学理论与方法[M]. 北京:国防工业出版社,2015.

[21] Kechichian J A. Coplanar Two-Impulse Rendezvous in General Elliptic Orbit with Drag [J]. Journal of the Astronauticalences,1997,97(4):663-684.

[22] 赵书阁 . 近圆轨道航天器交会调相自主化与优化方法研究[D]. 北京:北京理工大学,2016.

[23] Luo Y Z, Tang G J, Wang Z. Optimization of Perturbed and Constrained Fuel-Optimal Impulsive Rendezvous Using a Hybrid Approach[J]. Engineering Optimization, 2006, 38 (8):959-973.

[24] Zhou Y, Yan Y, Huang X. Optimal Two-Impulse Rendezvous on Perturbed Orbit via Genetic Algorithm[C]. Proceedings of the 2013 5th International Conference on Intelligent Human-Machine Systems and Cybernetics. IEEE, 2013.

[25] Luo Y Z, Tang G J, Parks G. Multi-Objective Optimizationof Perturbed Impulsive Rendezvous Trajectories Using Physical Programming[J]. Journal of Guidance, Control, and Dynamics, 2008, 31(6):1829-1832.

[26] Ma H, Xu S, Liang Y. Global Optimization of Fuel Consumption in J_2 Rendezvous using Interval Analysis[J]. Advances in Space Research, 2017, 59(6):1577-1598.

[27] 张进. 空间交会任务解析摄动分析与混合整数多标规划方法[D]. 长沙:国防科学技术大学, 2013.

[28] Bevilacqua R, Romano M. Rendezvous Maneuvers of Multiple Spacecraft Using Differential Drag under J2 Perturbation[J]. Journal of Guidance, Control, and Dynamics, 2008, 31(6): 1595-1607.

[29] Shao X, Song M, Zhang D, et al. Satellite Rendezvous using Differential Aerodynamic Forces under J2 Perturbation[J]. Aircraft Engineering and Aerospace Technology, 2015, 87(5):427-436.

[30] Yang Z, Luo Y Z, Zhang J, et al. Homotopic Perturbed Lambert Algorithm for Long-Duration Rendezvous Optimization[J]. Journal of Guidance, Control, and Dynamics, 2015, 38(11):2215-2223.

[31] Edelbaum T N. Propulsion Requirements for Controllable Satellites[J]. Ars Journal, 1961, 31(8):1079-1089.

[32] Casalino L. Approximate Optimization of Low-thrust Transfers Between Low-eccentricity Close Orbits[J]. Journal of Guidance, Control, and Dynamics, 2014, 37(3):1003-1008.

[33] Gatto G, Casalino L. Fast Evaluation and Optimization of Low-thrust Transfers to Multiple Targets[J]. Journal of Guidance, Control, and Dynamics, 2015, 38(8):1525-1530.

[34] Hennes D, Izzo D, Landau D. Fast Approximators for Optimal Low-Thrust Hops between Main Belt Asteroids[C]. 2016 IEEE Symposium Series on Computational Intelligence (SSCI). IEEE, 2016:1-7.

[35] Mereta A, Izzo D, Wittig A. Machine Learning of Optimal Low-Thrust Transfers between Near-Earth Objects [C]. International Conference on Hybrid Artificial Intelligence Systems, Springer, Cham, 2017:543-553.

[36] Li H, Chen S, Izzo D, et al. Deep Networks as Approximators of Optimal Low-thrust and Multi-impulse Cost in Multitarget Missions[J]. Acta Astronautica, 2020, 166:469-481.

[37] Zhu Y, Luo Y Z. Fast Evaluation of Low-Thrust Transfers via Multilayer Perceptions[J].

Journal of Guidance, Control, and Dynamics, 2019, 42(12): 2627-2637.

[38] Song Y, Gong S. Solar-sail Trajectory Design for Multiple Near-Earth Asteroid Exploration based on Deep Neural Networks[J]. Aerospace Science and Technology, 2019, 91: 28-40.

[39] Shang H, Liu Y. Assessing Accessibility of Main-belt Asteroids Based on Gaussian Process Regression[J]. Journal of Guidance, Control, and Dynamics, 2017, 40(5): 1144-1154.

[40] Zhu Y, Luo Y, Yao W. Fast Accessibility Evaluation of the Main-Belt Asteroids Manned Exploration Mission Based on a Learning Method[C]. 2018 IEEE Congress on Evolutionary Computation(CEC). IEEE, 2018: 1-8.

[41] Cerf M. Multiple Space Debris Collecting Mission-Debris Selection and Trajectory Optimization[J]. Journal of Optimization Theory and Applications, 2013, 156: 761-796.

[42] Madakat D, Morio J R O, Vanderpooten D. Biobjective planning of an active debris removal mission[J]. Acta Astronautica, 2013, 84: 182-188.

[43] Murakami J, Hokamoto S. Approach for Optimal Multi-Rendezvous Trajectory Design for Active Debris Removal[C]. 61th International Astronautical Congress, Prague, CZ, 2010: IAC-10. C1. 5. 8.

[44] Yu J, Chen X, Chen L. Optimal Planning of LEO Active Debris Removal based on Hybrid Optimal Control Theory[J]. Advances in Space Research, 2015, 55(11): 2628-2640.

[45] 周秀华, 于锡峥, 王荣兰, 等. 多碎片移除过程中的路径优化[J]. 空间科学学报, 2018, 38(1): 79-87.

[46] Zhao J, Feng W, Yuan J. A Novel Two-Level Optimization Strategy for Multi-Debris Active Removal Mission in LEO[J]. Computer Modeling in Engineering & Sciences, 2020, 122(1): 149-174.

[47] Shen H. Optimal Scheduling For Satellite Refuelling In Circular Orbits[D]. Georgia Institute of Technology, 2003.

[48] 欧阳琦. 飞行器不确定性多学科设计优化关键技术研究与应用[D]. 长沙: 国防科学技术大学, 2013.

[49] Zhang J, Luo Y Z, Tang G J. Hybrid Planning for LEO Long-Duration Multi-Spacecraft Rendezvous Mission[J]. Science China-Technological Sciences, 2012, 55(1): 233-243.

[50] Zhao Z, Zhang J, Li H, et al. LEO Cooperative Multi-Spacecraft Refueling Mission Optimization Considering J2 Perturbation and Target's Surplus Propellant Constraint[J]. Advances in Space Research, 2017, 59(1): 252-262.

[51] Yu J, Yu Y, Huang J, et al. Optimal Scheduling of GEO On-orbit Refuelling with Uncertain Object Satellites[C]. MATEC Web of Conferences. EDP Sciences, 2017, 114: 03001.

[52] Zhou Y, Yan Y, Huang X, et al. Optimal Scheduling of Multiple Geosynchronous Satellites Refueling Based on a Hybrid Particle Swarm Optimizer[J]. Aerospace Science and

Technology,2015,47:125-134.

[53]　李九天. 多任务深空探测轨道设计优化方法研究[D]. 长沙:国防科学技术大学,2013.

[54]　Peloni A,Ceriotti M,Dachwald B. Solar-Sail Trajectory Design for a Multiple Near-Earth-Asteroid Rendezvous Mission[J]. Journal of Guidance, Control, and Dynamics, 2016: 2712-2724.

[55]　Stuart J R,Howell K C,Wilson R S. Design of End-To-End Trojan Asteroid Rendezvous Tours Incorporating Scientific Value[J]. Journal of Spacecraft and Rockets,2016,53(2): 278-288.

[56]　Liu Y,Yang J,Wang Y,et al. Multi-Objective Optimal Preliminary Planning of Multi-Debris Active Removal Mission in LEO[J]. Science China Information Sciences,2017,60 (7):072202.

[57]　Yu J,Chen X Q,Chen L H. Biobjective Planning of GEO Debris Removal Mission with Multiple Servicing Spacecrafts [J]. Acta Astronautica,2014,105:311-320.

[58]　欧阳琦,姚雯,陈小前. 地球同步轨道卫星群在轨加注任务规划[J]. 宇航学报,2010,31 (12):2629-2634.

[59]　都柄晓. 面向在轨加注的多航天器交会任务规划方法研究[D]. 长沙:国防科学技术大学,2014.

[60]　周洋. 地球同步轨道在轨服务任务规划建模与优化研究[D]. 长沙:国防科学技术大学,2017.

[61]　Li H Y,Baoyin H X. Sequence Optimization for Multiple Asteroids Rendezvous via Cluster Analysis and Probability-Based Beam Search[J]. Science China Technological Sciences, 2020:1-9.

[62]　Chen S Y,Jiang F H,Li H Y,et al. Optimization for Multitarget, Multispacecraft Impulsive Rendezvous Considering J2 Perturbation[J]. Journal of Guidance,Control and Dynamics,2021,44(10):1811-1822.

[63]　Huang A Y,Luo Y Z,Li H N. Global Optimization of Multiple-Spacecraft Rendezvous Mission via Decomposition and Dynamics-Guide Evolution Approach[J]. Journal of Guidance,Control,and Dynamics,2022,45(1):171-178.

[64]　Zhang N,Chen S Y,Zhang Z,et al. Two-Stage Dynamic-Assignment Optimization Method for Multispacecraft Debris Removal[J]. Journal of Guidance,Control,and Dynamics,2022, 45(9):1750-1759.

[65]　Bang J,Ahn J. Multitarget Rendezvous for Active Debris Removal Using Multiple Spacecraft[J]. Journal of Spacecraft and Rockets,2019,56(4):1237-1247.

[66]　Han P,Guo Y N,Wang P Y,et al. Optimal Orbit Design and Mission Scheduling for Sun-Synchronous Orbit On-orbit Refueling System[J]. IEEE Transactions on Aerospace and Electronic Systems,2023,published online.

第 2 章
基础模型与算法

空间多目标交会轨道设计与优化问题既要确定访问的目标集合,又要优化每个目标的访问次序,还要求解相邻目标之间的最优飞行轨迹,是一类极其复杂的全局优化问题。这类问题具有多种表现形式,可呈现为多种不同的类型。不同类型的问题之间既有共性,又有各自的特性。因此,这类问题不但求解难度大,建模难度也大。目前还没有较为统一的模型框架来描述这类问题。本章综合各种类型问题的特点,借鉴经典轨道动力学问题和组合优化问题的建模方法来建立一套具有一定普适性的空间多目标交会轨道设计与优化问题模型描述框架,同时结合问题的特点给出本书用于求解这类问题的规划算法。

本章后续内容安排如下:2.1 节定义时间系统与坐标系;2.2 节介绍绝对摄动动力学方程与多种相对动力学方程;2.3 节介绍规划问题的基本概念,同时给出一般规划问题和几个典型组合优化问题的数学模型;2.4 节借鉴经典组合优化问题对多目标交会轨道设计与优化问题进行统一建模描述,并给出这类问题的一般建模流程;2.5 节介绍本书用于求解多目标交会轨道设计与优化问题的蚁群算法和差分进化算法。

2.1　时间系统与坐标系

本节介绍本书中涉及的时间系统与坐标系,包括 UTC 时、儒略日、修正儒略日等,J2000.0 地心赤道惯性坐标系、地固系、航天器当地轨道坐标系、J2000.0 日心惯性坐标系、日心黄道系、行星中心坐标系等[1]。

2.1.1　时间系统

研究天体和航天器的运动必须定义清楚时间,包括计时的初始历元和时间间隔长度的度量基准(秒长)。时间的计量往往需要采用某种均匀的、可测量的、周期性的运动作为参考基准,根据参考基准的不同分为世界时、原子时、历书时、动力学时等。国际天文联合会(International Astronomical Union,IAU)对各类时间及相互转换关系有严格定义,一般的轨道力学教材往往会给出详细描述,此处仅给出本书后文多处用到的国际原子时(IAT,International Atomic Time)、协调世界时(Universal Time Coordinated,UTC)、儒略日(Julian Day)、修正儒略日(Modified Julian Day)的简单介绍。

(1)国际原子时

原子时是以物质内部原子能级跃迁为基础建立的时间计量系统。1967 年,第 13 届国际计量大会(CGPM)决定:位于海平面上的铯 133(Cs133)原子基态的两个超精细能级间在零磁场下跃迁辐射振荡 9192631770 周所持续的时间为一个原子时秒,称为国际制秒(SI)。

在原子时秒的基础上,国际时间局(BIH)对全球多个原子钟通过相互比对并经数据处理推算出统一的原子时,称为 AT(BIH)系统。1971 年,第 14 届 CGPM 大会通过决议,定义 AT(BIH)为国际原子时,并按法文习惯记为 TAI(International Atomic Time)。国际原子时的时间起算点规定为 1958 年 1 月 1 日 0h UT, 即调整原子钟面指示的时间与此刻世界时钟面指示的时间相一致。但由于技术上的原因,人们并没有能够真正做到这一点。事后发现这一瞬间原子时比世界时慢了 0.0039s,这个差值就作为历史事实被保留下来。原子时是目前人类所能获得的精度最高的计时系统,其准确度可达 1×10^{-15}。

(2)协调世界时

世界时可以很好地反映地球的自转,能够与人们的日常生活相联系,但其变化是不均匀的;原子时的秒长十分稳定,但它的时刻没有具体的物理内涵,在大地测量、飞行器导航、太阳方位计算等应用中不是很方便。为兼顾两者的需要,建立起协调世界时。根据国际规定,协调世界时的秒长与原子时的秒长一致,其时刻与世界时 UT1 的偏离不超过 0.9s。因此,协调世界时是一种基本秒长以原子时为基础,而在时刻上靠近世界时的混合时间尺度。协调世界时实现的方法是在 6 月或 12 月底进行闰秒,具体的调整量 ΔAI 由 IERS 提前两个月公布:

$$UTC = TAI - \Delta AI \tag{2.1}$$

例如:2017 年 1 月 1 日的闰秒为 37s。

采用闰秒使 UTC 成为不连续计数的时间尺度。从 1979 年起,UTC 被世界各国作为民用时间标准。近年来,卫星导航、扩频通信、互联网通信等技术快速发展,都需要连续的时间参考系统,因此维持现行的闰秒制度遇到许多实际困难,国际上也正在讨论 UTC 的改革方案。

(3)儒略日

儒略日是天文上应用的一种不用年和月的长期纪日法,记为 JD,以公元前 4713 年儒略历 1 月 1 日格林尼治平午(即世界时 12h)为起算点,每日累加。儒略日是计算年、月、日化积日的辅助工具,不仅便于计算两事件之间的间隔日数,也便于以一个数表示完整的时间信息。下面给出年 Y、月 M、日 D(含小数部分)转儒略日的公式:

$$
\begin{aligned}
JD = & D - 32075.5 \\
& + \left[1461 \times \left(Y + 4800 + \left[\frac{M-14}{12} \right] \right) / 4 \right] \\
& + \left[367 \times \left(M - 2 - \left[\frac{M-14}{12} \right] \times 12 \right) / 12 \right]
\end{aligned}
\tag{2.2}
$$

$$-\left[3\times\left(Y+4900+\left[\frac{M-14}{12}\right]/400\right)\right]$$

式中，[•]表示取整数部分。

已知某时刻的儒略日 JD，则对应的年 Y、月 M、日 D（含小数部分）计算公式为：

$$\begin{cases} J=[\text{JD}+0.5], \quad N=\left[\dfrac{4(J+68569)}{146097}\right] \\[2mm] L_1=J+68569-\left[\dfrac{146097N+3}{4}\right], \quad Y_1=\left[\dfrac{4000(L_1+1)}{1461001}\right] \\[2mm] L_2=L_1-\left[\dfrac{1461Y_1}{4}\right]+31, \quad M_1=\left[\dfrac{80L_2}{2447}\right] \\[2mm] D=L_2-\left[\dfrac{2447M_1}{80}\right], \quad L_3=\left[\dfrac{M_1}{11}\right] \\[2mm] M=M_1+2-12L_3 \\[2mm] Y=[100(N-49)+Y_1+L_3] \end{cases} \tag{2.3}$$

（4）修正儒略日

儒略日的数值很大，为此在 1973 年的 IAU 大会上定义了一种修正儒略日（也称约简儒略日），它的起算点为 1858 年 11 月 17 日世界时 0h，记为 MJD，修正儒略日与儒略日的关系为：

$$\text{MJD}=\text{JD}-2400000.5 \tag{2.4}$$

2.1.2　坐标系

（1）J2000.0 地心赤道惯性坐标系

根据 1976 年 IAU 决议，1984 年起采用新的标准历元，以 2000 年 1 月 1.5 日的平春分点为基准，即 J2000.0 历元。J2000.0 地心赤道惯性坐标系，常简称为地心惯性系（Earth-Centered Inertial Coordinate System，ECI），如图 2.1 所示，原点位于地心 $O_\oplus$，$O_\oplus X$ 轴指向 J2000.0 平春分点，$O_\oplus Z$ 指向北极，$O_\oplus Y$ 轴在赤道平面内，并与 $O_\oplus X$、$O_\oplus Z$ 轴成右手直角坐标系。在坐标系 $O_\oplus$-XYZ 中，航天器的位置矢量表示为 $\boldsymbol{R}=(X,Y,Z)^T$，速度矢量表示为 $\boldsymbol{V}=(V_x,V_y,V_z)^T$。

在描述航天器绝对轨道运动时，轨道根数相对于位置速度有时更为直观和方便。采用经典轨道根数形式 $\boldsymbol{E}=(a,e,i,\Omega,\omega,\nu)$ 表述航天器状态，其中，a 为半长轴，e 为偏心率，i 为轨道倾角，Ω 为升交点赤经，ω 为近拱点角，ν 为真近点角。这里采用斜粗体表示轨道根数，主要是为了便于后文将其作为整体进行论述，$\boldsymbol{E}$ 并不

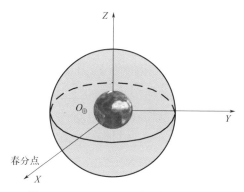

图 2.1　J2000.0 地心赤道惯性坐标系

是通常使用的欧氏空间中的矢量。

（2）地心地固坐标系

地心地固坐标系（Earth-Centered Earth-Fixed Coordinate System）$O_{\oplus}$-$X'Y'Z'$ 简称地固系，原点 $O_{\oplus}$ 与地球质心重合，Z' 轴指向地球北极，X' 轴指向格林尼治平均子午面与赤道的交点，Y' 轴垂直于 $X'O_{\oplus}Z'$ 平面构成右手坐标系。

（3）航天器当地轨道坐标系

常用的航天器当地轨道坐标系 o-xyz 有多种形式，本书中采用的是当地垂直-当地水平（Local Vertical Local Horizontal，LVLH）坐标系，如图 2.2 所示，原点位于航天器的质心 o，ox 轴沿航天器位置矢量背向地心，oz 轴沿轨道面法向，oy 轴在航天器轨道平面内与轨道速度方向一致，并与 ox、oz 轴成右手直角坐标系。ox 方向称为轨道径向，其负方向称 R-bar；oy 方向称为轨道迹向，也称 V-bar；oz 方向称为轨道法向，其负方向称 H-bar。

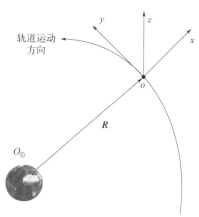

图 2.2　航天器当地轨道坐标系

（4）轨道极坐标系

轨道极坐标系 $O_{\oplus}\text{-}R\theta z$，原点位于地心 $O_{\oplus}$，R 为航天器地心矢 $\boldsymbol{R}$ 在参考轨道平面内的投影，θ 为投影的纬度幅角，z 沿参考轨道法向，如图 2.3 所示。

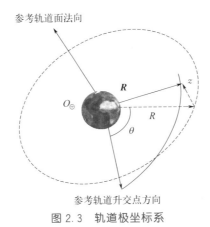

参考轨道面法向

参考轨道升交点方向

图 2.3 轨道极坐标系

（5）J2000.0 日心惯性坐标系

J2000.0 日心惯性坐标系 $O_{\odot}\text{-}XYZ$ 的原点位于太阳质心 $O_{\odot}$，各坐标轴与 J2000.0 地心赤道惯性坐标系平行。

（6）J2000.0 日心黄道参考坐标系

J2000.0 日心黄道参考坐标系（Heliocentric Ecliptic Inertial Reference Frame，HEIRF）$O_{\odot}\text{-}X''Y''Z''$ 的原点位于太阳质心 $O_{\odot}$，$O_{\odot}Z''$ 垂直于 J2000.0 平黄道面，$O_{\odot}X''$ 在平黄道面内指向平春分点（与 J2000.0 日心惯性坐标系 $O_{\odot}X$ 一致），$O_{\odot}Y''$ 与 $O_{\odot}X''$、$O_{\odot}Z''$ 构成右手坐标系。

2.2 摄动交会动力学模型

2.2.1 地心系摄动动力学方程

在 J2000.0 地心赤道惯性坐标系中描述航天器摄动动力学方程的 Cowell 形式为：

$$\begin{cases} \dfrac{\mathrm{d}\boldsymbol{R}}{\mathrm{d}t}=\boldsymbol{V} \\ \dfrac{\mathrm{d}\boldsymbol{V}}{\mathrm{d}t}=-\dfrac{\mu}{R^3}\boldsymbol{R}+\boldsymbol{a}_{\text{nonspherical}}+\boldsymbol{a}_{\text{drag}}+\boldsymbol{a}_{3-\text{body}}+\boldsymbol{a}_{\text{SR}}+\boldsymbol{a}_{\text{thrust}}+\boldsymbol{a}_{\text{other}} \end{cases} \tag{2.5}$$

其中,μ 为地心引力常数;$a_{\text{nonspherical}}$ 是地球非球形摄动加速度;a_{drag} 是稀薄大气阻力加速度;$a_{3-\text{body}}$ 是由太阳和月球引起的第三体加速度;a_{SR} 是太阳光压加速度;a_{thrust} 是推力加速度;a_{other} 是其他摄动加速度的和,包括潮汐摄动等。对于近地交会问题,地球非球形摄动和大气阻力摄动是主要的摄动因素。

各种摄动力的计算模型可参阅文献[1],本书对高精度摄动轨道的仿真计算主要通过对式(2.5)进行数值积分实现。

航天器进行轨道机动时(包括轨道拦截、转移、交会等),由轨控发动机产生推力,改变航天器运行的轨道。如果推力的作用时间远小于变轨前后的轨道周期,可以将推力作用效果近似为瞬时脉冲,使其冲量等于原推力产生的冲量。脉冲变轨的基本思想是:在变轨点,航天器位置矢量在冲量施加前后不发生变化,而变轨后的速度矢量为变轨前速度矢量与冲量矢量的和,即:

$$\begin{cases} \boldsymbol{R}^+ = \boldsymbol{R}^- \\ \boldsymbol{V}^+ = \boldsymbol{V}^- + \Delta\boldsymbol{V} \end{cases} \tag{2.6}$$

其中,$\boldsymbol{R}^-$、$\boldsymbol{V}^-$ 分别为变轨前位置、速度矢量;$\boldsymbol{R}^+$、$\boldsymbol{V}^+$ 分别为变轨后位置、速度矢量;$\Delta\boldsymbol{V}$ 为变轨冲量矢量。

近圆轨道航天器状态可用修正轨道要素表述为:

$$\boldsymbol{E}' = (a, \theta, \xi, \eta, i, \Omega) \tag{2.7}$$

其中,$u = \omega + \nu$ 为纬度幅角;N 为飞行圈次;$\theta = 2N\pi + u$;$\xi = e\cos\omega$ 与 $\eta = e\sin\omega$ 为可以较好描述近圆轨道的修正轨道要素。

仅考虑 J_2 摄动长期影响时,航天器的轨道要素漂移规律为:

$$\begin{cases} \dot{a}_{J_2} = 0, \dot{e}_{J_2} = 0, \dot{i}_{J_2} = 0 \\ \dot{\omega}_{J_2} = C_{\text{r}}\left(2 - \dfrac{5}{2}\sin^2 i_{\text{r}}\right) \\ \dot{\Omega}_{J_2} = -C_{\text{r}}\cos i_{\text{r}} \\ \dot{M}_{J_2} = C_{\text{r}}\left(1 - \dfrac{3}{2}\sin^2 i_{\text{r}}\right) \end{cases} \tag{2.8}$$

其中,M 为平近点角;$C_{\text{r}} = \dfrac{3J_2 R_\oplus^2}{2}\sqrt{\mu}\, a^{-\frac{7}{2}}$,$R_\oplus$ 为地球平均半径;下标"J_2"表示 J_2 影响下的参数。

在 J_2 摄动长期影响下,轨道角速度及参考轨道周期为:

$$\begin{cases} n_{J_2} = n_{\text{r}} + \dot{\omega}_{J_2} + \dot{M}_{J_2} = n_{\text{r}} + C_{\text{r}}(3 - 4\sin^2 i_{\text{r}}) \\ T_{J_2} = 2\pi / n_{J_2} \end{cases} \tag{2.9}$$

2.2.2　多引力体真实星历模型

在 J2000.0 日心惯性坐标系中描述航天器的动力学方程为：

$$\begin{cases} \dfrac{\mathrm{d}\boldsymbol{R}_{\otimes}}{\mathrm{d}t} = \boldsymbol{V}_{\otimes} \\ \dfrac{\mathrm{d}\boldsymbol{V}_{\otimes}}{\mathrm{d}t} = -\dfrac{\mu_{\otimes}}{R_{\otimes}^3}\boldsymbol{R}_{\otimes} - \displaystyle\sum_{k=1}^{K-1} \mu_j \left(\dfrac{\boldsymbol{\Delta}_k}{\Delta_k^3} + \dfrac{\boldsymbol{R}_k}{R_k^3} \right) + \boldsymbol{a}_{\text{thrust}} \end{cases} \tag{2.10}$$

式中，$\boldsymbol{R}_{\otimes}$ 与 $\boldsymbol{V}_{\otimes}$ 为航天器在 J2000.0 日心惯性坐标系中位置与速度矢量；$\mu_{\otimes}$ 为太阳引力常数；μ_j 为考虑的其他各天体的引力常数；$\boldsymbol{R}_j$ 为各天体在 J2000.0 日心惯性坐标系中位置矢量；$\boldsymbol{\Delta}_j = \boldsymbol{R}_{\otimes} - \boldsymbol{R}_j$，是由各天体指向航天器的位置矢量；$K$ 为考虑的提供引力的天体数量。计算过程中，$\boldsymbol{R}_j$ 常基于儒略日与天体高精度星历插值获得，此时该动力学模型也称日心多引力体真实星历模型。

2.2.3　C-W 线性相对动力学方程

以平均角速度为 n_r 的近圆轨道为参考轨道，忽略外界摄动力的影响，在参考航天器的轨道坐标系中，航天器相对参考轨道的运动可表示为：

$$\begin{cases} \ddot{x} - 2n_r\dot{y} - 3n_r^2 x = a_x \\ \ddot{y} + 2n_r\dot{x} = a_y \\ \ddot{z} + n_r^2 z = a_z \end{cases} \tag{2.11}$$

其中，下标"r"代表参考轨道；$n_r = \sqrt{\mu/a_r^3}$ 为平均角速度；a_x、a_y 与 a_z 分别为推力加速度在轨道径向、迹向与法向的分量。

式(2.11)即交会对接研究中广泛应用的 C-W 线性相对动力学方程，该方程在参考轨道为近圆轨道，且两航天器相对距离较小时精度较高。定义参考轨道坐标系中航天器状态矢量为 $\boldsymbol{X} = (x, y, z, \dot{x}, \dot{y}, \dot{z})^{\mathrm{T}}$，可将 C-W 方程写成如下状态方程的形式：

$$\dot{\boldsymbol{X}} = \boldsymbol{A}\boldsymbol{X} + \boldsymbol{B}\boldsymbol{U} \tag{2.12}$$

式中，$\boldsymbol{A} = \begin{bmatrix} 0 & 0 & 0 & 1 & 0 & 0 \\ 0 & 0 & 0 & 0 & 1 & 0 \\ 0 & 0 & 0 & 0 & 0 & 1 \\ 3n_r^2 & 0 & 0 & 0 & 2n_r & 0 \\ 0 & 0 & 0 & -2n_r & 0 & 0 \\ 0 & 0 & -n_r^2 & 0 & 0 & 0 \end{bmatrix}$，$\boldsymbol{B} = \begin{bmatrix} 0 & 0 & 0 \\ 0 & 0 & 0 \\ 0 & 0 & 0 \\ 1 & 0 & 0 \\ 0 & 1 & 0 \\ 0 & 0 & 1 \end{bmatrix}$，$\boldsymbol{U} = \begin{bmatrix} a_x \\ a_y \\ a_z \end{bmatrix}$。

已知航天器 t_0 时刻相对状态 $\boldsymbol{X}(t_0)$ 和任意时刻 t' 的推力加速度 $\boldsymbol{U}(t')$，可根据

状态方程计算 t 时刻的相对状态：

$$X(t) = \boldsymbol{\Phi}(t,t_0)X(t_0) + \int_{t_0}^{t} \boldsymbol{\Phi}_v(t,t')U(t')\mathrm{d}t' \qquad (2.13)$$

式中，下标"0"代表初始状态；$\boldsymbol{\Phi}(t,t_0)$ 为从 t_0 到 t 的状态转移矩阵；$\boldsymbol{\Phi}_v(t,t')$ 为 t' 时刻控制量 $U(t')$ 对 t 时刻状态的影响矩阵。二者表达式分别为：

$$\boldsymbol{\Phi}(t,t_0) = \left[\begin{array}{ccc:ccc} 4-3c & 0 & 0 & s/n_r & -2(c-1)/n_r & 0 \\ 6(s-\tau) & 1 & 0 & 2(c-1)/n_r & (4s-3\tau)/n_r & 0 \\ 0 & 0 & c & 0 & 0 & s/n_r \\ \hdashline 3n_r s & 0 & 0 & c & 2s & 0 \\ 6n_r(c-1) & 0 & 0 & -2s & -3+4c & 0 \\ 0 & 0 & -n_r s & 0 & 0 & c \end{array}\right]$$
$$(2.14)$$

$$\boldsymbol{\Phi}_v(t,t') = \left[\begin{array}{ccc} s'/n_r & -2(c'-1)/n_r & 0 \\ 2(c'-1)/n_r & (4s'-3\tau')/n_r & 0 \\ 0 & 0 & s'/n_r \\ c' & 2s' & 0 \\ -2s' & -3+4c' & 0 \\ 0 & 0 & c' \end{array}\right] \qquad (2.15)$$

式中，$\tau=n_r(t-t_0)$，$s=\sin\tau$，$c=\cos\tau$，$\tau'=n_r(t-t')$，$s'=\sin\tau'$，$c'=\cos\tau'$。根据式(2.14)中的分割线，$\boldsymbol{\Phi}(t,t_0)$ 可被分块为：

$$\boldsymbol{\Phi}(t,t_0) = \left[\boldsymbol{\Phi}_r(t,t_0) \vdots \boldsymbol{\Phi}_v(t,t_0)\right] = \left[\begin{array}{c:c} \boldsymbol{\Phi}_{rr}(t,t_0) & \boldsymbol{\Phi}_{rv}(t,t_0) \\ \hdashline \boldsymbol{\Phi}_{vr}(t,t_0) & \boldsymbol{\Phi}_{vv}(t,t_0) \end{array}\right] \qquad (2.16)$$

当 U 为一系列冲量时，方程(2.13)可表示为：

$$X(t) = \boldsymbol{\Phi}(t,t_0)X(t_0) + \sum_{j=1}^{N} \boldsymbol{\Phi}_v(t,t_j)\Delta v_j \qquad (2.17)$$

式中，N 为机动次数；Δv_j 为 t_j 时刻施加的冲量。

2.2.4　极坐标系相对动力学方程

在远程导引段，两个航天器之间距离相对轨道半径不再是小量，C-W 方程的线性化条件不能成立，这里给出适用于远程导引段的相对运动分析模型——极坐标系相对动力学方程。

航天器在极坐标系 $O_E\text{-}r\theta z$ 中的动力学方程为：

$$\begin{cases} \ddot{r} = -\dfrac{\mu}{r^2} + r\dot{\theta}^2 + a_x \\[2mm] r\ddot{\theta} = -2\dot{r}\dot{\theta} + a_y \\[2mm] \ddot{z} = -\dfrac{\mu}{r^3}z + a_z \end{cases} \tag{2.18}$$

式中，a_x、a_y 与 a_z 仍然分别为推力加速度在轨道径向、迹向与法向的分量，追踪航天器有推力加速度，而参考轨道或目标航天器的推力加速度为 0。

分别建立参考轨道和所研究航天器在极坐标系中的动力学方程，将两个方程作差，保留一阶小量，略去高阶小量得：

$$\begin{cases} \Delta\dot{r} = \Delta v_x \\[2mm] \Delta\dot{\theta} = -n_r\dfrac{\Delta r}{r_0} + n_r\dfrac{\Delta v_y}{v_0} \\[2mm] \Delta\dot{z} = \Delta v_z \\[2mm] \Delta\dot{v}_x = n_r^2\Delta r + 2n_r\Delta v_y + a_x \\[2mm] \Delta\dot{v}_y = -n_r\Delta v_x + a_y \\[2mm] \Delta\dot{v}_z = -n_r^2\Delta z + a_z \end{cases} \tag{2.19}$$

式中，r_0 分别为参考轨道半径；Δr、$\Delta\theta$、Δz、Δv_x、Δv_y 和 Δv_z 分别为航天器相对于参考轨道的径向位置差、纬度幅角差、法向位置差、径向速度差、迹向速度差和法向速度差。

此方程即为极坐标系相对动力学方程，不同于基于目标轨道坐标系建立的 C-W 方程，此方程在轨道极坐标系下建立，对两航天器角距离较大的远程导引段仍然适用。

以 $\boldsymbol{X} = (\Delta r, r_0\Delta\theta, \Delta z, \Delta v_x, \Delta v_y, \Delta v_z)^{\mathrm{T}}$ 为状态变量，则极坐标系相对动力学方程也可以整理为类似式（2.12）的矩阵与矢量形式，但矩阵与矢量的定义不同：

$$\boldsymbol{A} = \begin{bmatrix} 0 & 0 & 0 & 1 & 0 & 0 \\ -n_r & 0 & 0 & 0 & 1 & 0 \\ 0 & 0 & 0 & 0 & 0 & 1 \\ n_r^2 & 0 & 0 & 0 & 2n_r & 0 \\ 0 & 0 & 0 & -n_r & 0 & 0 \\ 0 & 0 & -n_r^2 & 0 & 0 & 0 \end{bmatrix}, \boldsymbol{B} = \begin{bmatrix} 0 & 0 & 0 \\ 0 & 0 & 0 \\ 0 & 0 & 0 \\ 1 & 0 & 0 \\ 0 & 1 & 0 \\ 0 & 0 & 1 \end{bmatrix}, \boldsymbol{U} = \begin{bmatrix} \Delta a_r \\ \Delta a_t \\ \Delta a_z \end{bmatrix} \tag{2.20}$$

上式的解也可以获得类似式(2.13)的形式,但具体矩阵的表达式不同:

$$\boldsymbol{\Phi}(t,t_0)=\begin{bmatrix} 2-c & 0 & 0 & s/n_{\mathrm{r}} & -2(c-1)/n_{\mathrm{r}} & 0 \\ 2s-3\tau & 1 & 0 & 2(c-1)/n_{\mathrm{r}} & (4s-3\tau)/n_{\mathrm{r}} & 0 \\ 0 & 0 & c & 0 & 0 & s/n_{\mathrm{r}} \\ n_{\mathrm{r}}s & 0 & 0 & c & 2s & 0 \\ n_{\mathrm{r}}(c-1) & 0 & 0 & -s & 2c-1 & 0 \\ 0 & 0 & -n_{\mathrm{r}}s & 0 & 0 & c \end{bmatrix}$$

$$(2.21)$$

$$\boldsymbol{\Phi}_{\mathrm{v}}(t,t')=\begin{bmatrix} s'/n_{\mathrm{r}} & -2(c'-1)/n_{\mathrm{r}} & 0 \\ 2(c'-1)/n_{\mathrm{r}} & (4s'-3\tau')/n_{\mathrm{r}} & 0 \\ 0 & 0 & s'/n_{\mathrm{r}} \\ c' & 2s' & 0 \\ -s' & 2c'-1 & 0 \\ 0 & 0 & c' \end{bmatrix}$$

$$(2.22)$$

需要指出的是,上述状态转移矩阵不同于 C-W 方程的状态转移矩阵,当以 $(\Delta r, r_0\Delta\theta, \Delta z, \Delta v_r, r_0\Delta\dot{\theta}, \Delta v_z)^{\mathrm{T}}$ 为状态变量时,极坐标系相对动力学方程与 C-W 方程有形式相同的状态转移矩阵。一些学者在进行线性交会问题研究时,将 $r_0\Delta\dot{\theta}$ 直接作为迹向速度偏差使用,此时极坐标系相对动力学方程表现出了与 C-W 方程类似的性质。由于 $\Delta v_x=\Delta(r\dot{\theta})=r_0\Delta\dot{\theta}+\omega_0\Delta r$,在两个航天器具有明显轨道高度差时,忽略 $\omega_0\Delta r$ 会引入较大的误差。

2.2.5   轨道要素差分相对动力学方程

对二体轨道,六个轨道要素中仅 θ 随时间变化:

$$\theta=\theta_0+n_{\mathrm{r}}\Delta t \qquad (2.23)$$

其中,$\Delta t=t-t_0$ 为轨道运行时间。

半长轴的变化 Δa 将引起纬度幅角的漂移:

$$\Delta\theta=\Delta n\times\Delta t=-\frac{3n_{\mathrm{r}}}{2a_{\mathrm{r}}}\Delta a\Delta t \qquad (2.24)$$

因此,由二体动力学方程简化而来的近圆轨道要素差分的状态转移规律为:

$$
\begin{cases}
\Delta a = \Delta a_0 \\[2mm]
\Delta \theta = \Delta \theta_0 - \dfrac{3}{2} n_r \dfrac{\Delta a_0}{a_r} \Delta t \\[2mm]
\Delta \xi = \Delta \xi_0 = e_0 \cos \omega_0 \\[2mm]
\Delta \eta = \Delta \eta_0 = e_0 \sin \omega_0 \\[2mm]
\Delta i = \Delta i_0 \\[2mm]
\Delta \Omega = \Delta \Omega_0
\end{cases}
\tag{2.25}
$$

基于 Gauss 摄动方程与脉冲机动假设,对近圆轨道,轨道机动对半长轴、轨道倾角与升交点赤经的影响约为:

$$
\begin{cases}
\Delta a = \dfrac{2}{n_r} \Delta v_y \\[3mm]
\Delta i = \cos u \dfrac{\Delta v_z}{v_r} \\[3mm]
\Delta \Omega = \dfrac{\sin u}{\sin i_r} \times \dfrac{\Delta v_z}{v_r}
\end{cases}
\tag{2.26}
$$

式中,$v_r = \sqrt{\mu / a_r}$ 为平均速度。

轨道机动对偏心率矢量的影响为:

$$
\Delta e = \dfrac{1}{\mu} \{ (\boldsymbol{V} + \Delta \boldsymbol{v}) \times [\boldsymbol{R} \times (\boldsymbol{V} + \Delta \boldsymbol{v})] - \boldsymbol{V} \times (\boldsymbol{R} \times \boldsymbol{V}) \}
$$
$$
\tag{2.27}
$$
$$
\approx \dfrac{1}{\mu} [2(\Delta \boldsymbol{v} \cdot \boldsymbol{V}) \boldsymbol{R} - (\Delta \boldsymbol{v} \cdot \boldsymbol{R}) \boldsymbol{V} - (\boldsymbol{V} \cdot \boldsymbol{R}) \Delta \boldsymbol{v}]
$$

基于近圆轨道假设,进行一阶近似,式(2.27)可简化为:

$$
\begin{cases}
\Delta \xi = \dfrac{\Delta v_x}{v_r} \sin u + 2 \dfrac{\Delta v_y}{v_r} \cos u \\[3mm]
\Delta \eta = - \dfrac{\Delta v_x}{v_r} \cos u + 2 \dfrac{\Delta v_y}{v_r} \sin u
\end{cases}
\tag{2.28}
$$

2.2.5.1　二体轨道要素差分相对动力学方程

以 $\boldsymbol{X} = (\Delta a / a_r, \Delta \theta, \Delta \xi, \Delta \eta, \Delta i, \Delta \Omega)^{\mathrm{T}}$ 为状态变量,根据式(2.25)～式(2.28),基于轨道要素差分的线性动力学方程可表示为:

$$\boldsymbol{X}(t)=\boldsymbol{\Phi}_{\mathrm{e}}(\Delta t_0)\boldsymbol{X}(t_0)+\sum_{j=1}^{N}\boldsymbol{\Phi}_{\mathrm{ev}}(\Delta t_j,u_{\mathrm{f}})\Delta\boldsymbol{v}_j \tag{2.29}$$

其中,$\Delta t_0=t-t_0$;$\Delta t_j=t-t_j$;N 为机动次数;u_{f} 为终端瞄准点的纬度幅角;Δt_j 与 ΔN_j 分别为第 j 次机动距终端的时间与整圈数;$u_j=u_{\mathrm{f}}+2\pi\Delta N_j-n_{\mathrm{r}}\Delta t_j$ 为第 j 次机动处的纬度幅角。状态转移矩阵的表达式为:

$$\boldsymbol{\Phi}_{\mathrm{e}}(\Delta t_0)=\begin{bmatrix} 1 & 0 & 0 & 0 & 0 & 0 \\ -\dfrac{3}{2}n_{\mathrm{r}}\Delta t_0 & 1 & 0 & 0 & 0 & 0 \\ 0 & 0 & 1 & 0 & 0 & 0 \\ 0 & 0 & 0 & 1 & 0 & 0 \\ 0 & 0 & 0 & 0 & 1 & 0 \\ 0 & 0 & 0 & 0 & 0 & 1 \end{bmatrix} \tag{2.30}$$

$$\boldsymbol{\Phi}_{\mathrm{ev}}(\Delta t_j,u_{\mathrm{f}})=\begin{bmatrix} 0 & 2 & 0 \\ 0 & -3n_{\mathrm{r}}\Delta t_j & 0 \\ \sin u_j & 2\cos u_j & 0 \\ -\cos u_j & 2\sin u_j & 0 \\ 0 & 0 & \cos u_j \\ 0 & 0 & \dfrac{\sin u_j}{\sin i_{\mathrm{r}}} \end{bmatrix} \tag{2.31}$$

2.2.5.2　考虑 J_2 摄动的轨道要素差分相对动力学方程

轨道要素差分在 J_2 摄动影响下将随时间漂移:

$$\begin{cases} \Delta\dot{a}_{J_2}=0,\Delta\dot{e}_{J_2}=0,\Delta\dot{i}_{J_2}=0 \\[2mm] \Delta\dot{\omega}_{J_2}=-\dfrac{7}{2}\times\dfrac{\Delta a_0}{a_{\mathrm{r}}}C_{J_2\mathrm{r}}\left(2-\dfrac{5}{2}\sin^2 i_{\mathrm{r}}\right)-5C_{J_2\mathrm{r}}\sin i_{\mathrm{r}}\cos i_{\mathrm{r}}\Delta i_0 \\[3mm] \Delta\dot{\Omega}_{J_2}=\dfrac{7}{2}\times\dfrac{\Delta a_0}{a_{\mathrm{r}}}C_{J_2\mathrm{r}}\cos i_{\mathrm{r}}+C_{J_2\mathrm{r}}\sin i_{\mathrm{r}}\Delta i_0 \\[3mm] \Delta\dot{M}_{J_2}=-\dfrac{7}{2}\times\dfrac{\Delta a_0}{a_{\mathrm{r}}}C_{J_2\mathrm{r}}\left(1-\dfrac{3}{2}\sin^2 i_{\mathrm{r}}\right)-3C_{J_2\mathrm{r}}\sin i_{\mathrm{r}}\cos i_{\mathrm{r}}\Delta i_0 \end{cases} \tag{2.32}$$

根据式(2.25)与式(2.32),考虑 J_2 摄动长期影响时,轨道要素差分的状态转移方程为:

$$\begin{cases} \Delta a = \Delta a_0 \\ \Delta \theta = \Delta \theta_0 - \left[\dfrac{3}{2} n_r \dfrac{\Delta a_0}{a_r} + \dfrac{7}{2} \times \dfrac{\Delta a_0}{a_r} C_{J_2 r} (3 - 4\sin^2 i_r) \right] \Delta t - 4 C_{J_2 r} \sin(2i_r) \Delta i_0 \Delta t \\ \Delta \xi = e_0 \cos(\omega_0 + \dot{\omega}_{J_2} \Delta t) = \Delta \xi_0 \cos(\dot{\omega}_{J_2} \Delta t) - \Delta \eta_0 \sin(\dot{\omega}_{J_2} \Delta t) \\ \Delta \eta = e_0 \sin(\omega_0 + \dot{\omega}_{J_2} \Delta t) = \Delta \xi_0 \sin(\dot{\omega}_{J_2} \Delta t) + \Delta \eta_0 \cos(\dot{\omega}_{J_2} \Delta t) \\ \Delta i = \Delta i_0 \\ \Delta \Omega = \Delta \Omega_0 + \left(\dfrac{7}{2} \times \dfrac{\Delta a_0}{a_r} \cos i_r + \sin i_r \Delta i_0 \right) C_{J_2 r} \Delta t \end{cases} \tag{2.33}$$

根据式(2.26)~式(2.28),采用式(2.33)传播轨道机动的影响,可得:

$$\begin{cases} \dfrac{\Delta a}{a_r} = 2 \dfrac{\Delta v_y}{v_r} \\ \Delta \theta = - \left[3 n_r + 7 C_{J_2 r} (3 - 4\sin^2 i_r) \right] \Delta t \dfrac{\Delta v_y}{v_r} - 4 C_{J_2 r} \sin(2i_r) \cos u \Delta t \dfrac{\Delta v_z}{v_r} \\ \Delta \xi = \sin(u + \dot{\omega}_{J_2} \Delta t) \dfrac{\Delta v_x}{v_r} + 2\cos(u + \dot{\omega}_{J_2} \Delta t) \dfrac{\Delta v_y}{v_r} \\ \Delta \eta = -\cos(u + \dot{\omega}_{J_2} \Delta t) \dfrac{\Delta v_x}{v_r} + 2\sin(u + \dot{\omega}_{J_2} \Delta t) \dfrac{\Delta v_y}{v_r} \\ \Delta i = \cos u \dfrac{\Delta v_z}{v_r} \\ \Delta \Omega = 7 C_{J_2 r} \cos i_r \Delta t \dfrac{\Delta v_y}{v_r} + \left(\dfrac{\sin u}{\sin i_r} + C_{J_2 r} \sin i_r \cos u \Delta t \right) \dfrac{\Delta v_z}{v_r} \end{cases} \tag{2.34}$$

根据式(2.33)、式(2.34)与式(2.29),考虑 J_2 摄动长期影响时,基于轨道要素差分的线性相对动力学方程可表示为:

$$\boldsymbol{X}(t) = \boldsymbol{\Phi}_e(\Delta t_0) \boldsymbol{X}(t_0) + \sum_{j=1}^{N} \boldsymbol{\Phi}_{ev}(\Delta t_j, u_f) \Delta v_j \tag{2.35}$$

其中,$u_j = u_f + 2\pi \Delta N_j - n_{J_2} \Delta t_j$ 为第 j 次机动处的纬度幅角,状态转移矩阵为:

$$\boldsymbol{\Phi}_e(\Delta t_0) = \begin{bmatrix} 1 & 0 & 0 & 0 & 0 & 0 \\ -\dfrac{3}{2} n_r \Delta t_0 - \dfrac{7}{2} C_r (3 - 4\sin^2 i_r) \Delta t_0 & 1 & 0 & 0 & -4 C_r \sin(2i_r) \Delta t_0 & 0 \\ 0 & 0 & \cos(\dot{\omega}_{J_2} \Delta t_0) & -\sin(\dot{\omega}_{J_2} \Delta t_0) & 0 & 0 \\ 0 & 0 & \sin(\dot{\omega}_{J_2} \Delta t_0) & \cos(\dot{\omega}_{J_2} \Delta t_0) & 0 & 0 \\ 0 & 0 & 0 & 0 & 1 & 0 \\ \dfrac{7}{2} C_r \cos i_r \Delta t_0 & 0 & 0 & 0 & C_r \sin i_r \Delta t_0 & 1 \end{bmatrix} \tag{2.36}$$

$$\boldsymbol{\Phi}_{\mathrm{ev}}(\Delta t_j, u_{\mathrm{f}}) = \begin{bmatrix} 0 & 2 & 0 \\ 0 & [-3n_{\mathrm{r}} - 7C_{\mathrm{r}}(3 - 4\sin^2 i_{\mathrm{r}})]\Delta t_j & -4C_{\mathrm{r}}\sin(2i_{\mathrm{r}})\cos u_j \Delta t_j \\ \sin(u_j + \dot{\omega}_{J_2}\Delta t_j) & 2\cos(u_j + \dot{\omega}_{J_2}\Delta t_j) & 0 \\ -\cos(u_j + \dot{\omega}_{J_2}\Delta t_j) & 2\sin(u_j + \dot{\omega}_{J_2}\Delta t_j) & 0 \\ 0 & 0 & \cos u_j \\ 0 & 7C_{\mathrm{r}}\cos i_{\mathrm{r}}\Delta t_j & \dfrac{\sin u_j}{\sin i_{\mathrm{r}}} + C_{\mathrm{r}}\sin i_{\mathrm{r}}\cos u_j \Delta t_j \end{bmatrix} \tag{2.37}$$

Labourdette 与 Baranov 在基于轨道要素差分的相对动力学方程的面内与面外相对运动中分别引入了 J_2 摄动修正项。相对他们的研究,式(2.35)~式(2.37)进一步考虑了轨道面内外相对运动的耦合作用,即法向机动对纬度幅角的影响以及迹向机动对升交点赤经的影响,更能反映 J_2 摄动影响下轨道机动对相对运动的影响特性。相对近年来卫星编队领域多个考虑轨道摄动的相对动力学方程,此模型主要特点是可以描述大角度长时间摄动转移问题[2]。

2.2.6   Lambert 交会动力学模型

如图 2.4 所示,追踪器初始位置速度矢量为 $\boldsymbol{r}_1$、$\boldsymbol{v}_{10}$,目标器初始位置速度矢量为 $\boldsymbol{r}_{1\mathrm{tar}}$、$\boldsymbol{v}_{1\mathrm{tar}}$,交会时间为 Δt,追踪器采用两次脉冲机动与目标交会,Δt 较短时,转移轨道唯一。

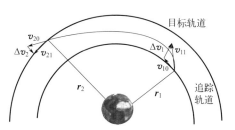

图 2.4   Lambert 交会转移过程

目标器初始状态 $[\boldsymbol{r}_{1\mathrm{tar}}, \boldsymbol{v}_{1\mathrm{tar}}]$ 经过时间 Δt 后的状态为 $[\boldsymbol{r}_{2\mathrm{tar}}, \boldsymbol{v}_{2\mathrm{tar}}]$,追踪器终端状态为 $[\boldsymbol{r}_2, \boldsymbol{v}_{21}] = [\boldsymbol{r}_{2\mathrm{tar}}, \boldsymbol{v}_{2\mathrm{tar}}] + [\boldsymbol{r}_{\mathrm{rel}2}, \boldsymbol{v}_{\mathrm{rel}2}]$,其中,$\boldsymbol{r}_{\mathrm{rel}2}$、$\boldsymbol{v}_{\mathrm{rel}2}$ 为追踪器期望相对目标器的位置速度(惯性系)。采用某种 Lambert 算法可以计算转移轨道的出发速度与到达速度分别为 $\boldsymbol{v}_{11}$、$\boldsymbol{v}_{20}$,则两次交会轨道机动脉冲分别为:

$$\begin{cases} \Delta\boldsymbol{v}_1 = \boldsymbol{v}_{11} - \boldsymbol{v}_{10} \\ \Delta\boldsymbol{v}_2 = \boldsymbol{v}_{21} - \boldsymbol{v}_{20} \end{cases} \tag{2.38}$$

针对二体 Lambert 算法的研究历史悠久,数十年来不断有新的算法推出,以提高计算速度、收敛性、普适性,以及克服 180°转移奇异性、拓展多圈转移场景等,本书不再赘述。针对摄动轨道交会问题,基于二体 Lambert 转移算法获得的脉冲不能准确到达期望的终端状态,此时常通过打靶迭代来修正二体 Lambert 算法获得的结果,以满足摄动轨道的终端条件,迭代流程如图 2.5 所示。

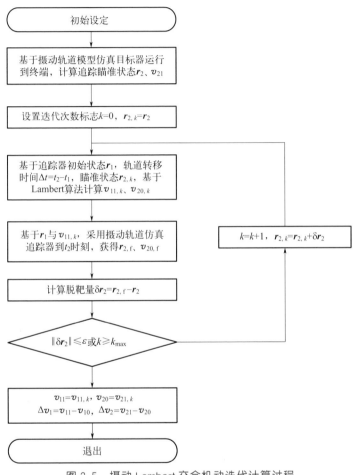

图 2.5 摄动 Lambert 交会机动迭代计算过程

2.3 规划问题基本概念与模型

2.3.1 一般规划问题

一个规划问题通常包含设计变量、目标函数和约束条件三类规划要素[3]。令 R 表示实数集,Z 表示整数集,$\boldsymbol{X}_R = [x_{R1}, x_{R2}, \cdots, x_{Rm}]$ 表示一个 m 维的实数变量向量,$\boldsymbol{X}_Z=[x_{Z1},x_{Z2},\cdots,x_{Zn}]$ 表示一个 n 维的整数变量向量,设实数变量 $\boldsymbol{X}_R$ 的定义域为:

$$\boldsymbol{D}_R=\{x_{Ri}\in R\,|\,x_{Ri}^{L}\leqslant x_{Ri}\leqslant x_{Ri}^{U},i=1,2,\cdots,m\} \tag{2.39}$$

其中,x_{Ri}^{L} 和 x_{Ri}^{U} 分别是第 i 个实数变量取值范围的下界与上界,整数变量 $\boldsymbol{X}_Z$ 的定义域为:

$$\boldsymbol{D}_Z=\{x_{Zj}\in Z\,|\,x_{Zj}^{L}\leqslant x_{Zj}\leqslant x_{Zj}^{U},j=1,2,\cdots,n\} \tag{2.40}$$

其中,x_{Zj}^{L} 和 x_{Zj}^{U} 分别是第 j 个整数变量取值范围的下界与上界,则一般规划问题的数学模型可描述为如下形式:

$$\min\quad f(\boldsymbol{X}_R,\boldsymbol{X}_Z)$$

$$\text{s.\,t.}\begin{cases}\boldsymbol{X}_R\in\boldsymbol{D}_R\\[4pt]\boldsymbol{X}_Z\in\boldsymbol{D}_Z\\[4pt]h_k(\boldsymbol{X}_R,\boldsymbol{X}_Z)=0,\quad k=1,2,\cdots,p\\[4pt]g_l(\boldsymbol{X}_R,\boldsymbol{X}_Z)\leqslant 0,\quad l=1,2,\cdots,q\end{cases} \tag{2.41}$$

其中,$\boldsymbol{X}=[\boldsymbol{X}_R,\boldsymbol{X}_Z]$ 为问题的总设计变量,包含 m 个实数变量和 n 个整数变量;$f(\boldsymbol{X})$ 为问题的目标函数;$h_k(\boldsymbol{X}_R,\boldsymbol{X}_Z)$ 为第 k 个等式约束,p 为等式约束的个数;$g_l(\boldsymbol{X}_R,\boldsymbol{X}_Z)$ 为第 l 个不等式约束,q 为不等式约束的个数。

当 $n=0,m\neq 0$ 时,问题被称为实数规划问题,又称连续规划问题;当 $m=0$,$n\neq 0$ 时,问题被称为整数规划问题,又称离散规划问题;当 m 和 n 均不为 0 时,问题被称为混合整数规划问题。一般情况下,混合整数规划问题比实数规划问题和整数规划问题都难以求解。

2.3.2 组合优化问题

特别地,当 $m=0,n\neq 0$,且 $\boldsymbol{X}_Z$ 中的变量为序号、组号、是否(0 或 1)等类型时,问题被称为组合优化问题。组合优化问题是离散规划问题的一类子问题,特指通过对某类数学方法的研究去寻找某些离散对象的最优筛选、分组或次序编排方案等类型的问题[4]。令 $\Omega=\{s_1,s_2,\cdots,s_n\}$ 表示所有满足约束的可行解构成的解空间,$f(s_i)$ 表示第 i 个可行解 s_i 对应的目标函数值,则组合优化问题可描述为:寻找 Ω 中的一个解 s^*,使得对于所有的 $s_i\in\Omega$,都有 $f(s^*)\leqslant f(s_i)$。

组合优化是运筹学领域的一个重要分支。许多生产生活中的实际问题都可以建模为组合优化问题。这类问题具有较强的代表性、趣味性和应用性,因而受到了学者们广泛的关注和研究[5]。典型的组合优化问题包括背包问题、装箱问题、旅行商问题(Traveling Salesman Problem，TSP)、车间调度问题、图着色问题、覆盖问题、指派问题、划分问题、独立集问题和最小生成树问题等。与本书研究的大规模目标访问任务规划问题较为相关的主要是其中的背包问题、装箱问题以及 TSP 问题。下面着重对这三类问题进行介绍。

2.3.2.1　背包问题

背包问题是最简单的组合优化问题之一。我们平时所说的背包问题一般指的是最原始的 0-1 背包问题。0-1 背包问题可描述为：给定一个承重量为 b 的背包和 n 个重量分别为 $a_1,a_2,\cdots,a_n$ 的物品，这 n 个物品的价值分别为 $c_1,c_2,\cdots,c_n$。要求从这 n 个物品中选出一部分放入背包中，在满足总重量不超过 b 的情况下，最大化所装物品的总价值。令布尔变量 x_i 表示第 i 个物品是否放入背包，则 0-1 背包问题的数学模型可表示为：

$$
\begin{aligned}
\max\quad & \sum_{i=1}^{n} c_i x_i \\
\text{s.t.}\quad & \begin{cases} x_i \in \{0,1\}, \quad i=1,2,\cdots,n \quad & C_1 \\ \sum_{i=1}^{n} a_i x_i \leqslant b & C_2 \end{cases}
\end{aligned}
\tag{2.42}
$$

其中，约束 C_1 为变量的定义域，x_i 取 1 表示该物品被放入了背包中，否则即为未放入背包中；约束 C_2 用于限制所有放入背包中物品的总重量不能超过背包的最大承重。

背包问题虽然形式简单，但也属于 NP-hard 问题。n 个物品的 0-1 背包问题包含 2^n 种装包方案。当存在大量候选物品时，获得最优的装包方案非常困难。问题形式除了最原始的 0-1 背包问题外，还包括多选择背包问题和多约束背包问题等变种[6,7]。

2.3.2.2　装箱问题

装箱问题是最经典的组合优化问题之一。我们平时所说的装箱问题通常指的是一维装箱问题。一维装箱问题可描述为：给定 n 个体积分别为 $V_1,V_2,\cdots,$ V_n 的物品和一系列最大容积为 $V_{\max}$ 的箱子(箱子的数量足够，箱子的最大容积大于任何一件物品的体积)，要求将这 n 个物品放入多个箱子中，在满足每个箱子中所放物品体积之和不超过箱子最大容积 $V_{\max}$ 的情况下，最小化所装箱子的数目。首先初始化 n 个箱子，令布尔变量 y_j 表示第 j 个箱子是否有物品放入，布尔变量 x_{ij} 表示第 i 个物品是否放入第 j 个箱子中，则一维装箱问题的数学模型可表示为：

$$\min \sum_{j=1}^{n} y_j$$

$$\text{s. t.} \begin{cases} x_{ij} \in \{0,1\}, & i,j=1,2,\cdots,n & C_1 \\ y_j \in \{0,1\}, & j=1,2,\cdots,n & C_2 \\ \sum_{j=1}^{n} x_{ij}=1, & i=1,2,\cdots,n & C_3 \\ \sum_{i=1}^{n} V_i x_{ij} \leqslant V_{\max} y_j, & j=1,2,\cdots,n & C_4 \end{cases} \tag{2.43}$$

其中,约束 C_1 和 C_2 为变量的定义域, y_j 取 1 表示该箱子中有物品放入,否则该箱子为空; x_{ij} 取 1 表示第 i 个物品放入了第 j 个箱子中;约束 C_3 表示每一件物品都需要放入一个箱子中,不能有剩余;约束 C_4 表示每一个箱子中放入物品的总体积都不能超过箱子的最大容积。

一维装箱问题只考虑了体积一个维度的约束。在一维装箱问题的基础上,学者们根据实际问题的特点还发展研究了二维装箱问题和三维装箱问题等更为复杂的问题[8,9]。

2.3.2.3 TSP 问题

TSP 问题是被学者们研究得最多的组合优化问题之一。经典的 TSP 问题为二维平面内的城市遍访问题。问题给定 n 个城市及其在二维平面内的坐标。旅行商需要从某个城市出发,不遗漏也不重复地走完所给的 n 个城市并最终回到起始城市。结合图论相关理论,TSP 问题可描述为:给定一个带权值的无向图 $G=(V, E)$, $V=\{1,2,\cdots,n\}$ 为所有 n 个城市顶点编号构成的集合, $E=\{(1,2),(1,3),\cdots, (n-1,n)\}$ 为这 n 个城市顶点两两连线的边构成的集合。E 中的任意一条边 (i,j) 都被赋予了一个权值 d_{ij},该权值即为城市 i 和城市 j 之间的欧氏距离。要求寻找一条总距离最短的 n 个城市顶点首尾相连的闭合环路。令布尔变量 x_{ij} 表示第 i 个城市顶点和第 j 个城市顶点是否相连,则经典 TSP 问题的数学模型可表示为:

$$\min \sum_{i=1}^{n} \sum_{j=1}^{n} d_{ij} x_{ij}$$

$$\text{s. t.} \begin{cases} x_{ij} \in \{0,1\}, & \forall i,j \in V, i \neq j & C_1 \\ \sum_{i=1}^{n} x_{ij}=1, & \forall i \in V & C_2 \\ \sum_{j=1}^{n} x_{ij}=1, & \forall j \in V & C_3 \\ \sum_{i \in S} \sum_{j \in S} x_{ij} \leqslant |S|-1, & 2 \leqslant |S| \leqslant n-2, S \subset V & C_4 \end{cases} \tag{2.44}$$

其中,约束 C_1 为变量的定义域,x_{ij} 取 1 表示在环路中第 i 个城市和第 j 个城市为相邻城市,否则这两个城市不相邻;约束 C_2 和 C_3 表示旅行商访问每个城市有且仅有一次,且最终必须回到出发的城市;在约束 C_4 中,S 为 V 的一个非空子集,$|S|$ 为集合中顶点的个数,约束 C_4 表示不允许存在任意一个城市顶点的子集构成闭合环路。

经典 TSP 问题为对称问题,也即在该问题中从第 i 个城市到第 j 个城市的距离和从第 j 个城市到第 i 个城市的距离相同。在其基础上,学者们根据实际问题的特点还发展并研究了非对称 TSP 问题、多人 TSP 问题和多目标 TSP 问题等更加复杂的问题[10-12]。

2.3.2.4　问题特点与求解方法分析

组合优化问题有两个比较突出的特点。第一个特点是解空间的不连续性。从上述几类典型问题可以看出,组合优化问题的设计变量均为离散变量,其定义域为离散空间中的有限个状态组成的集合,因而其值域也是有限个状态映射组成的集合。相比连续优化问题,组合优化问题往往更难求解,因为问题的目标函数通常呈现出非常强的不连续性,无法像一些连续可导的优化问题一样借助梯度信息来更快地找到问题的最优解,而且其不连续性往往会导致产生更多的局部最优解。在优化求解时,这些局部最优解会严重干扰优化算法向全局最优解继续迈进。

第二个特点是问题的"组合爆炸"特性。所谓"组合爆炸",指的是问题的解空间将会随着规划对象数目的增加而急剧增大。以 TSP 问题为例,若城市数目为 n 个,则可能的解总共有 $(n-1)!/2$ 个。当城市数目为 10 时,总共有 181440 种可能的解,但当城市数目扩大到 15 时,可能的解将增至 43589145600 种,比城市数目为 10 时扩大了 240240 倍。随着问题规模的增大,解空间的增大幅度还会越来越大。

针对组合优化问题的特点,研究者们提出了众多的求解方法,这些方法大致可以分为精确方法和近似方法两类[13]。其中,精确方法包括枚举法、分支定界法和动态规划法等。采用精确方法可以稳定地获得问题的最优解,但都只适用于规模较小的问题。当问题规模稍大时,精确方法便不再适用,因为其在计算时间上的消耗通常不可接受。以枚举法求解 TSP 问题为例,当城市数目为 20 个时,遍历所有的解只需要不到 1s;但当城市数目达到 30 个时,所需的计算时间将超过 2304823 年。因而当问题规模达到一定程度时,通常采用近似方法求解组合优化问题。近似方法包括启发式方法和智能优化方法。其中,根据人们的经验和一些规则设计的启发式算法具有较快的计算速度,但全局性往往欠佳,所获得的解容易陷入局部最优,尤其是对于较大规模的问题很难获得最优或近最优的解。而智能优化算法虽然在计算时间上不占优势,但全局性较好,在时间相对充裕的情况下有更大的机会获得全局最优解。本书的研究主要是面向大规模的问题,因而本书选择智能优化算法作为主要的求解工具。相关算法将在 2.4 节进行介绍。

2.4　多目标交会轨道设计与优化问题分析与建模

2.4.1　问题类型

大规模目标访问任务规划问题可定义为:给定一系列初始状态确定的空间目标,要求从这些候选目标中选择全部或优选出一部分目标,设计一条或多条可以遍访所有选中目标的飞行序列,在满足各类约束的条件下,最大化或最小化某个给定的任务指标。结合问题的相关属性,大规模目标访问任务规划问题可以从不同的角度分成多种不同的类型。

根据访问目标的选择范围,该问题可以分为目标遍历规划问题和目标优选规划问题。在目标遍历规划问题中,航天器需要不遗漏也不重复地访问完所有给出的候选目标。而在目标优选规划问题中,航天器只需要从候选目标中选择一部分进行访问。

根据访问序列的数量,该问题可以分为单序列规划问题和多序列规划问题。在单序列规划问题中,所有的目标都需要在同一条序列中被访问。而在多序列规划问题中,目标被分成了多组,每组单独构成一个访问序列。

根据访问序列的拓扑结构,该问题可以分为链状序列规划问题、环状序列规划问题、树状序列规划问题和混合序列规划问题等。在链状序列规划问题中,每一条序列的第一个访问目标和最后一个访问目标均不同。而在环状序列规划问题中,每一条序列的第一个访问目标和最后一个访问目标必须相同。在树状序列规划问题中,航天器到达一个目标后可进行扩展,繁殖出多个航天器,每个航天器从当前目标转移到下一个目标再进行扩展。而在混合序列规划问题中,序列的类型并不单一,可能包含两种或两种以上类型的序列。

根据航天器访问目标时的速度是否要求相同或相近,该问题可以分为飞越任务规划问题(速度不要求相同或相近)、交会任务规划问题(速度要求相同或相近)和混合任务规划问题。在飞越任务规划问题中,航天器通过飞越方式访问各个目标时,只要求位置一致,不要求速度一致。在交会任务规划问题中,航天器访问各个访问目标时,要求位置和速度都要求一致。在混合任务规划问题中,航天器仅需要与部分目标实现交会,另外一部分目标通过飞越的方式访问即可。

　　根据航天器的机动方式,该问题又可以分为基于脉冲变轨的访问任务规划问题、基于小推力变轨的访问任务规划问题和基于混合动力的访问任务规划问题。在前两种问题中,航天器只能采用单一的变轨方式,而在基于混合动力的访问任务规划问题中,航天器在一定条件下可以切换变轨方式。

　　图 2.6 归纳了大规模目标访问任务规划问题可能呈现出的不同问题类型。需要说明的是,某个具体的问题并不仅仅属于某种分类方式下的某类问题,而是对应于五种分类方式中的各一类问题。以本书后续研究的三类问题为例,第 4 章和第 5 章研究的问题都是需要遍历候选目标的交会任务规划问题,其中第 4 章研究的是单序列规划问题,而第 5 章研究的是多序列规划问题。第 6 章研究的问题则是目标优选的单序列飞越任务规划问题。这三类问题均为基于脉冲变轨的链状序列规划问题。

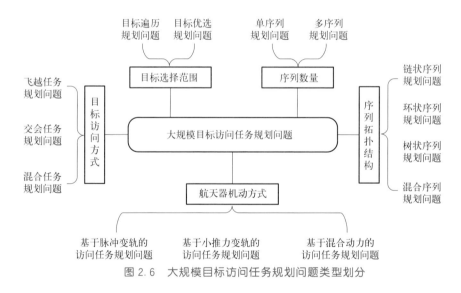

图 2.6　大规模目标访问任务规划问题类型划分

2.4.2　模型框架分析

　　大规模目标访问任务规划问题种类多样,采用单一或单层模型很难对该问题进行一般性的描述。上一节从五个方面对问题进行了分类。虽然五个分类属性的侧重点各有不同,但结合问题的定义,这五类属性实际上只包含了三个层面的内容。其中,目标选择范围和序列数量明确了待访问目标集合的产生方式和形式,属于目标筛选与分组层面;序列拓扑结构明确了待访问目标之间的时空逻辑关系,属于序列规划层面;而目标访问方式和航天器机动方式则是明确了待访问目标之间的转移路径特性,属于轨迹规划层面。这三个层面并非并列关系,而是包含关系。

因此,本书采用一个三层嵌套模型来描述大规模目标访问任务规划问题,模型框架如图 2.7 所示。其中,外层为目标筛选与分组模型,中层为访问序列规划模型,内层为转移轨迹规划模型。一个目标筛选与分组问题可能包含多个访问序列规划问题,而一个访问序列规划问题又可能包含多个转移轨迹规划问题。

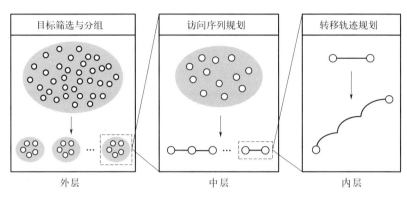

图 2.7   大规模目标访问任务规划问题的三层嵌套模型框架

2.4.3   各层问题模型

2.4.3.1   目标筛选与分组问题模型

目标筛选与分组问题是大规模目标访问任务规划问题的外层问题。该问题旨在确定待访问的目标集合以及访问任务的分组情况。该问题与背包问题和装箱问题类似。本节参考背包问题和装箱问题对该问题进行建模。

若给定的候选访问目标数量为 q,则最多可能需要 q 组任务实现对全部或部分候选目标的访问,每组任务包含一个独立的访问序列。首先初始化 q 组任务,令布尔变量 y_j 表示第 j 次任务是否访问了目标,布尔变量 x_{ij} 表示第 i 个目标是否在第 j 次任务中被访问,则目标筛选与分组问题的数学模型可表示为:

$$\min f\left(\sum_{i=1}^{q}\sum_{j=1}^{q}x_{ij},\sum_{j=1}^{q}y_j\right)$$

$$\text{s. t.}\begin{cases} y_j \in \{0,1\}, & j=1,2,\cdots,q & C_1 \\ x_{ij} \in \{0,1\}, & i,j=1,2,\cdots,q & C_2 \\ \displaystyle\sum_{j=1}^{q}x_{ij} \leqslant 1, & i=1,2,\cdots,q & C_3 \\ \displaystyle\sum_{j=1}^{q}y_j \geqslant 1 & & C_4 \\ \text{其他} & & C_5 \end{cases} \qquad (2.45)$$

其中，f 为外层问题的目标函数，也即是大规模目标访问任务规划问题的优化指标，通常与总的访问目标个数 $\sum\limits_{i=1}^{q}\sum\limits_{j=1}^{q}x_{ij}$ 或总的访问任务次数 $\sum\limits_{j=1}^{q}y_j$ 有关；约束 C_1 和 C_2 为变量的定义域，y_j 取 1 表示第 j 次任务至少访问了一个目标，为有效任务，否则即为无效任务；x_{ij} 取 1 表示第 i 个目标在第 j 次任务中被访问；约束 C_3 表示每个目标最多被访问一次。若对任意目标 i 都满足 $\sum\limits_{j=1}^{q}x_{ij}=1$，则该问题为目标遍历规划问题。若存在目标 $a\in\{1,2,\cdots,q\}$ 使得 $\sum\limits_{j=1}^{q}x_{aj}=0$，则该问题为目标优选规划问题；约束 C_4 表示至少需要通过一组任务来访问所选的目标。当 $\sum\limits_{j=1}^{q}y_j=1$ 时，该问题为单序列规划问题；当 $\sum\limits_{j=1}^{q}y_j>1$ 时，该问题为多序列规划问题。C_4 为外层问题可能还需要考虑的其他一些约束，如每组访问任务也即每条访问序列的燃料消耗不超过航天器的可携带燃料上限和访问最后一个所选目标的时间不超过任务允许的最后时限等。

2.4.3.2　访问序列规划问题模型

访问序列规划问题是大规模目标访问任务规划问题的中层问题。该问题旨在确定每组访问目标的访问次序和访问时间。该问题与 TSP 问题类似。本节参考 TSP 问题对该问题进行建模。

经典 TSP 问题为静态对称问题，因而采用无向图描述即可，所有边上的权值也都为定值。但在访问序列规划问题中，任意两个目标之间的转移消耗（时间消耗或燃料消耗）会随时间的变化而变化，而且非对称，因而需要采用动态的有向图来进行描述。给定一个带权值的有向图 $G=(V,E)$，$V=\{1,2,\cdots,n\}$ 为所有 n 个访问目标顶点编号构成的集合，$E=\{(1,2),(1,3),\cdots,(n-1,n)\}$ 为这 n 个目标顶点两两连线的边构成的集合。E 中的任意一条边 (i,j) 都被赋予了一个与时间相关的权值 $c_{ij}(t)$，根据问题的不同，该权值可能为 t 时刻目标 i 转移到目标 j 的最优燃料消耗，也可能为最优转移时间。令布尔变量 x_{ij} 表示是否是从第 i 个目标转移到第 j 个目标，则访问序列规划问题的数学模型可表示为：

$$\min \sum_{i=1}^{n} \sum_{j=1}^{n} c_{ij}(t) x_{ij}$$

$$\text{s.t.} \begin{cases} x_{ij} \in \{0,1\}, & \forall i,j \in V, i \neq j & C_1 \\[2mm] \sum_{i=1}^{n} x_{ij} = 1, & \forall i \in V & C_2 \\[2mm] \sum_{j=1}^{n} x_{ij} \leqslant p, & \forall j \in V & C_3 \\[2mm] \sum_{i=1}^{n} \sum_{j=1}^{n} x_{ij} = m, & \forall j \in V, m=n \text{ 或 } n-1 & C_4 \\[2mm] \sum_{i \in S} \sum_{j \in S} x_{ij} \leqslant |S|-1, & 2 \leqslant |S| \leqslant n-2, S \subset V & C_5 \\[2mm] \text{其他} & & C_6 \end{cases} \tag{2.46}$$

其中,约束 C_1 为变量的定义域,x_{ij} 取 1 表示该序列的第 i 个目标转移到了第 j 个目标;约束 C_2 表示每个目标必被且仅被访问一次;约束 C_3 表示从当前目标出发后可同时访问不超过 p 个目标,其中 p 为不小于 1 的正整数;约束 C_4 表示所有目标与目标之间只能有 m 个连接。对于约束 C_3 和 C_4,当 $p=1, m=n-1$ 时,该问题为链状序列规划问题。当 $p=1, m=n$ 时,该问题为环状序列规划问题。当 $p>1, m=n-1$ 时,该问题为树状序列规划问题。在约束 C_5 中,S 为 V 的一个非空子集,$|S|$ 为集合中顶点的个数,约束 C_5 表示不允许存在任意一个目标子集构成一个子序列,所有目标必须在同一个序列中被访问。C_6 为中层问题可能还需要考虑的其他一些约束,如访问每个目标的最短停留时间和目标与目标之间的最大允许转移时间等。

2.4.3.3　转移轨迹规划问题模型

转移轨迹规划问题是大规模目标访问任务规划问题的内层问题。该问题旨在确定两相邻访问目标之间的最优转移轨迹。本书研究的问题均为基于脉冲变轨的访问任务规划问题,因而本节主要给出脉冲转移轨迹规划问题的数学模型。小推力转移轨迹规划的数学模型可参考文献[14]。

设当前目标的初始位置速度分别为 r_0 和 v_0,下一个访问目标的终端位置速度分别为 r_f 和 v_f,航天器和访问目标的运动均满足如下动力学方程:

$$\begin{cases} \dot{r} = v \\[2mm] \dot{v} = -\dfrac{\mu}{r^3} r + a_p \end{cases} \tag{2.47}$$

其中,r 和 v 分别代表航天器的位置和速度;μ 表示中心天体的引力常量;a_p 表示摄动力加速度。若航天器在 t_i 时刻施加了一个脉冲 Δv_i,则有:

$$\begin{cases} t_i^+ = t_i = t_i^- \\ r(t_i^+) = r(t_i) = r(t_i^-) \\ v(t_i^+) = v(t_i^-) + \Delta v_i \end{cases} \tag{2.48}$$

其中,t_i^- 和 t_i^+ 分别为脉冲施加前后的时刻;$r(t_i^-)$ 和 $r(t_i^+)$ 分别为脉冲施加前后航天器的位置;$v(t_i^-)$ 和 $v(t_i^+)$ 分别为脉冲施加前后航天器的速度。令 $r(t_b) = f[r(t_a), v(t_a), t_b - t_a]$ 和 $v(t_b) = g[r(t_a), v(t_a), t_b - t_a]$ 为式(2.47)的解,则脉冲转移轨迹规划问题的数学模型可表示为:

$$\min \sum_{i=1}^{n} \| \Delta v_i \|$$

$$\text{s. t.} \begin{cases} r(t_0) = r_0 & C_1 \\ v(t_0) = v_0 & C_2 \\ r(t_i) = f[r(t_{i-1}), v(t_{i-1}^+), t_i - t_{i-1}], & i=1,2,\cdots,n & C_3 \\ v(t_i^-) = g[r(t_{i-1}), v(t_{i-1}^+), t_i - t_{i-1}], & i=1,2,\cdots,n & C_4 \\ r(t_n) = r_f & C_5 \\ v(t_n) = v_f & C_6 \end{cases} \tag{2.49}$$

式中,n 为施加的脉冲个数;约束 C_1 和 C_2 表示航天器的初始位置速度与当前目标的初始位置速度相同;约束 C_3 和 C_4 表示航天器每次施加脉冲后,其运动仍满足式(2.47)给出的动力学方程;约束 C_5 和 C_6 表示航天器的终端位置速度与下一个访问目标的终端位置速度相同。其中,对于交会任务规划问题,约束 $C_1 \sim C_6$ 必须都满足,而对于飞越任务规划问题,只需要保证约束 $C_1 \sim C_5$ 满足即可,约束 C_6 无需满足。

2.4.4　问题建模流程

上一节给出了大规模目标访问任务规划各层问题的数学模型。其中,外层问题为纯组合优化问题,中层问题为混合整数优化问题,内层问题为纯连续优化问题。需要说明的是,三层模型框架是对这类问题的一般性描述。并非所有的问题都包含这三层模型,某些问题可能只需要考虑其中的一层或者两层模型。例如,当某个问题既是目标遍历问题又是单序列规划问题时,候选目标就不需要筛选和分组,也即没有外层模型。若某个问题访问目标一旦选定,这些目标的访问次序就能随之确定,则该问题就不需要优化序列,也即没有中层模型。若某个问题中相邻两目标之间为两脉冲交会或是单脉冲飞越,则一旦出发目标的初始状态和到达目标的终端状态给定,这两个目标之间的转移轨迹也随之确定,无需优化,也即没有内层模型。图 2.8 给出了这类问题的建模流程。

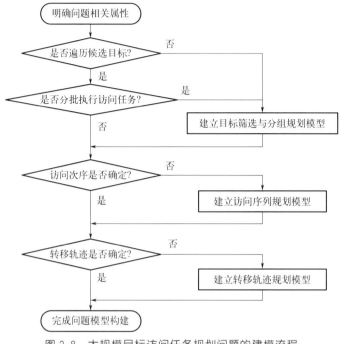

图 2.8　大规模目标访问任务规划问题的建模流程

2.5　规划算法

多目标交会轨道设计与优化问题是一类既包含组合变量,又包含连续变量的复杂优化问题。相比传统优化算法,智能优化算法在求解复杂组合优化问题和连续优化问题时均具有更强的全局搜索能力。对于组合优化问题,本书采用改进的蚁群算法和遗传算法进行求解;对于连续优化问题,本书主要采用改进的差分进化算法进行求解。本节主要介绍相关算法的基本原理。

2.5.1　蚁群算法

蚁群算法的灵感来自自然界蚂蚁寻找其巢穴和食物之间最短路径的过程。为了寻找食物,蚂蚁一开始会随机探索其巢周围的区域。如果成功找到食物来源,蚂蚁将很快回到巢穴,并在回程途中释放信息素。释放的信息素会将其他蚂蚁引导至食物来源处。随着时间的流逝,信息素会蒸发,只有信息素经常被更新的路径才具有吸引力。因此,路径越短信息素会积累得越多,也会吸引来更多的蚂蚁。这种正反馈机制会促使蚂蚁群体最后找到最短的路径并且都按此路径觅食。从蚁群算法的思想可以看出,该算法适合求解路径规划一类的问题。

2.5.1.1 蚂蚁系统

最原始的蚁群算法是 Dorigo 教授为求解 TSP 问题而提出的蚂蚁系统[15]。蚂蚁系统的工作流程如图 2.9 所示。初始化蚂蚁群体和信息素链表后,算法将重复执行解构造和信息素链表更新两个关键步骤,直到满足算法停止条件为止。算法的停止条件一般为最大进化代数或最大目标函数评价次数。

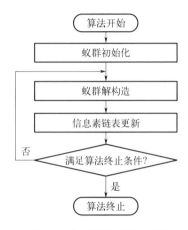

图 2.9 蚂蚁系统工作流程

(1)解构造方法

在蚂蚁系统中,每只蚂蚁都是通过信息素链表完成一个解的构造。信息素链表的大小为 $n \times n$,其中 n 为所访问城市的个数。链表中的元素 τ_{ij} 表示城市 i 和城市 j 之间的信息素浓度。信息素链表初始化时,链表中所有的元素会被赋予一个相同的初值 $\tau_{ij} = \tau_0 = N_{Ant}/L_G$,其中,$N_{Ant}$ 为蚂蚁的个数,L_G 是从第一个城市开始采用贪婪方法获得的解的路径长度。贪婪方法指的是总是选择距离当前城市最近的那个城市作为蚂蚁移动的下一个城市。

在每一代进化中,N_{Ant} 只蚂蚁同时进行解构造。每只蚂蚁首先从所有城市中随机选择一个城市作为初始城市,然后按概率选择下一个要访问的城市。在解构造的每一步,蚂蚁都会从剩余未访问的城市中选择一个城市,然后加到当前城市串的末尾。蚂蚁 k 由当前城市 i 移动到下一个城市 j 的转移概率 p_{ij}^k 按如下方式计算:

$$p_{ij}^k = \begin{cases} \dfrac{\tau_{ij}^\alpha \eta_{ij}^\beta}{\sum\limits_{s \subset G_k(i)} \tau_{is}^\alpha \eta_{is}^\beta}, & j \in G_k(i) \\ 0, & 其他 \end{cases} \tag{2.50}$$

其中，η_{ij} 表示城市 i 和城市 j 之间的启发式信息，对于 TSP 问题，启发式信息取为城市 i 和城市 j 之间距离的倒数；α 和 β 分别表示信息素浓度和启发式信息的权值，用来调节信息素浓度和启发式信息的权重；$G_k(i)$ 是蚂蚁 k 在当前城市 i 时，剩余还未被访问的城市集合。从式(2.50)可以看出，蚂蚁 k 从当前城市 i 移动到下一个城市 j 的转移概率由指数加权的信息素浓度和启发式信息共同决定。下一个城市根据转移概率通过轮盘赌方式确定。当蚂蚁不重复也不遗漏地走完所有城市形成一个城市环时，一个可行解随即生成。

（2）信息素链表更新方法

当所有蚂蚁都完成解构造后，需要对信息素链表进行更新。链表中的每一个元素按如下方式进行更新：

$$\tau_{ij} = (1-\rho)\tau_{ij} + \sum_{k=1}^{N_{\text{Ant}}} \Delta\tau_{ij}^k \qquad (2.51)$$

$$\Delta\tau_{ij}^k = \begin{cases} 1/L_k, & \text{如果}(i,j)\text{是蚂蚁 } k \text{ 的解中相邻的两个城市} \\ 0, & \text{其他} \end{cases} \qquad (2.52)$$

其中，ρ 为信息素衰减系数；L_k 为蚂蚁 k 所构造解的路径长度。从式(2.51)可以看出，信息素链表的更新主要由两部分组成：第一部分是衰减项，也即蚂蚁群体完成一轮解构造后，所有路径上的信息素首先都会按比例衰减，衰减速率由 ρ 控制，一般取为 0.1；第二部分是增加项，蚂蚁在其走过的路径上会释放新的信息素来提高这条路径的吸引力。城市 i 和城市 j 之间路径上的信息素释放量为所有经过此路径的蚂蚁所构造解的路径长度倒数之和。同一条路径上任意两城市间的信息素释放量相同，均为该条路径长度的倒数。从式(2.52)可以看出，蚂蚁 k 所构造的解的路径越短，释放的信息素就越多，下一代蚂蚁构造新解时选择这条路径的概率也就越大。

蚂蚁系统作为最原始的蚁群算法，在算法性能上存在一定局限性。之后陆续有学者对其进行改进并提出了性能更好的改进版蚁群算法，包括精英蚂蚁系统[16]、排序蚂蚁系统[17]、最好最坏蚂蚁系统[18]、最大最小蚂蚁系统[19] 以及蚁群系统[20] 等。其中，以最大最小蚂蚁系统和蚁群系统应用最为广泛。

2.5.1.2　最大最小蚂蚁系统

最大最小蚂蚁系统是由 Stützle 教授在经典蚂蚁系统基础上提出的改进版本。最大最小蚂蚁系统与经典蚂蚁系统的种群初始化和解构造方法均相同，最大不同点在于信息素链表的更新方式。在经典蚂蚁系统中，每只蚂蚁得到的结果都将用于信息素链表的更新，而在最大最小蚂蚁系统中，只有本代的最优个体或者是进化到目前为止的最好个体才会用于信息素链表的更新，更新方式如下：

$$\tau_{ij} = (1-\rho)\tau_{ij} + \Delta\tau_{ij}^{\text{Best}} \qquad (2.53)$$

其中,$\Delta \tau_{ij}^{\text{Best}} = 1/L_{\text{Best}}$ 是最优个体蚂蚁在其路径上的信息素释放量。若采用本代的最优个体更新信息素,则 L_{Best} 表示本代最优个体的路径长度;若采用到目前为止的最好个体更新信息素,则 L_{Best} 表示到目前为止的最好个体的路径长度。

更为重要地,为了防止算法过早陷入局部最优,最大最小蚂蚁系统将所有信息素都限制在 $[\tau_{\min}, \tau_{\max}]$ 的范围内。其中,信息素的上下限按如下方式计算:

$$\tau_{\max} = \frac{1}{(1-\rho)L_k} \tag{2.54}$$

$$\tau_{\min} = \tau_{\max} \frac{1 - \sqrt{1/N_{\text{Ant}}}}{(0.5N_{\text{Ant}} - 1)\sqrt{1/N_{\text{Ant}}}} \tag{2.55}$$

为了使算法在陷入局部最优后能跳出局部最优,最大最小蚂蚁系统还设计了信息素链表重初始化操作,也即算法在给定的代数下都没再进化,则将所有信息素值重新初始化为上限 $\tau_{\max}$ 继续搜索。

2.5.1.3 蚁群系统

蚁群系统是 Dorigo 教授在经典蚂蚁系统基础上提出的一个扩展版本。相比最大最小蚂蚁系统,蚁群系统的改进更大。蚁群系统不但在信息素更新方式上进行了改进,在解构造策略上与经典蚂蚁系统也有较大不同。相比经典蚂蚁系统,蚁群系统在解构造时采用了一种更为贪婪的搜索策略。蚂蚁 k 在当前城市 i 按如下方式选择下一个要访问的城市 j:

$$j = \begin{cases} \max_{s \subset G_k(i)} \{\tau_{is}^\alpha \eta_{is}^\beta\}, & R \leqslant q_0 \\ P, & R > q_0 \end{cases} \tag{2.56}$$

其中,R 是 0~1 之间的一个随机数;q_0 是 0~1 之间的一个参数,用于控制蚂蚁在选择下一个城市时的贪婪度,通常取为 0.9;P 为式(2.50)所定义的按概率选择下一个城市的计算方式。式(2.56)表示,若随机数 R 小于给定的参数 q_0,则采用贪婪方式选择信息素浓度和启发式信息指数加权乘积值最大的城市作为下一个访问的城市;若随机数 R 大于给定的参数 q_0,则采用按概率选择的方式选择下一个访问的城市。如果将 q_0 设为 0,则式(2.56)将蜕化为纯按概率选择的方式。

除了解构造方法外,蚁群系统的信息素更新方式也与经典蚂蚁系统不同。在蚁群系统中,信息素更新由两部分组成。第一部分是局部更新。每只蚂蚁走过的每条路径都会作用于局部更新,若某只蚂蚁从城市 i 移动到了下一个城市 j,则信息素 τ_{ij} 将被立即更新,更新方式如下:

$$\tau_{ij} = (1-\xi)\tau_{ij} + \xi\tau_0 \tag{2.57}$$

其中,ξ 为 0~1 之间的信息素局部更新参数。

第二部分是全局更新。只有到目前为止的最好个体才会用于信息素链表的全局更新,更新方式如下:

$$\tau_{ij} = (1-\rho)\tau_{ij} + \rho\Delta\tau_{ij}^{\text{Best}} \qquad (2.58)$$

式中，ρ 和 $\Delta\tau_{ij}^{\text{Best}}$ 的计算方式与式(2.52)相同。

在最大最小蚂蚁系统中，算法通过给定上下界显式地将所有信息素限制在了 $[\tau_{\min}, \tau_{\max}]$ 的范围内。而蚁群系统则是隐式地将所有信息素都限制在了 $[\tau_0, 1/L_{\text{Best}}]$ 的范围内，因此不需要额外给蚁群系统设置信息素上下界。

本书用于求解大规模目标任务规划问题的蚁群算法主要基于最大最小蚂蚁系统和蚁群系统进行改进。具体的算法改进方法以及算法性能测试将在后续章节给出。

2.5.2 遗传算法

遗传算法(Genetic Algorithm，GA)作为一种解决复杂问题的有效方法，由美国密西根大学的 Holland 教授于 1975 年首先提出[21]。遗传算法采用简单的编码方式来表示各种不同问题的复杂结构，群体表述了搜索空间，通过选择、交叉和变异等遗传算子来确定群体的搜索方向，是一种有向的随机搜索。遗传算法具有全局收敛性和并行性，同时原理简单、易操作，已被广泛应用到众多领域中。

2.5.2.1 经典 GA 算法

(1)编码及操作算子

传统的遗传算法采用二进制编码，它将问题空间参数用字符集构成染色体位串进行表示，其编码解码过程较复杂。随着遗传算法应用领域的扩展，其编码方式也在发展，如格雷码、实数编码、整数编码、符号编码、排列编码、工序编码等[22]。本书主要用到实数编码、整数编码与排列编码，其中一般整数编码的操作算子与实数编码基本相同，主要增加了在交叉、变异操作后的取整运算。

(2)实数编码及操作算子

实数编码，也称真实值编码，指个体的每个基因值用某一范围内的一个实数来表示，个体编码长度等于设计变量的个数，个体的基因型与表现型相同。实数编码是遗传算法解决连续参数优化问题时普遍使用的一种编码方式，下面介绍其基本的操作算子。

交叉操作的目的是尽量保证具有优良模式的个体不被完全破坏，同时增大种群的离散程度，以产生新的搜索空间。对实数编码问题，本书主要用到算术交叉算子。首先生成 $[0,1]$ 区间上的均匀分布随机数 $\alpha' \in \text{rand}[0,1]$，对任意两个父个体同一基因位上的基因 x_{j1}、x_{j2}，两个子个体相应位上的基因为：

$$\begin{cases} x'_{j1} = \alpha' x_{j1} + (1-\alpha') x_{j2} \\ x'_{j2} = (1-\alpha') x_{j1} + \alpha' x_{j2} \end{cases} \qquad (2.59)$$

变异操作的目的是实现基因的突变，以增加种群的多样性，变异是遗传算法能够跳出局部最优的主要原因。对实数编码问题,本书主要用到均匀与非均匀变异算子。

均匀变异分别用符合某一范围内均匀分布的随机数,以某一概率替换个体编码串中的各个基因。对个体上的某一位基因 x_j,其定义区间为 $[x_{jL}, x_{jU}]$,首先生成 $[0,1]$ 区间上的均匀分布随机数 $\beta' \in \text{rand}[0,1]$,则均匀变异后的基因为:

$$x_j' = x_{jL} + \beta'(x_{jU} - x_{jL}) \tag{2.60}$$

非均匀变异操作过程类似均匀变异,但重点强调搜索原个体附近的微小区域。在变异操作前,首先生成 $[0,1]$ 区间上的均匀分布随机数 $\gamma \in \text{rand}[0,1]$,新基因基于该随机数计算:

$$x_j' = \begin{cases} x_j + \Delta(N_{\text{gen}}, x_{jU} - x_j), & 0 \leqslant \gamma < 0.5 \\ x_j + \Delta(N_{\text{gen}}, x_j - x_{jL}), & 0.5 \leqslant \gamma \leqslant 1 \end{cases} \tag{2.61}$$

其中,$\Delta(N_{\text{gen}}, y)$ 为进化代数 N_{gen} 及 y(y 表示 $x_{jU} - x_j$ 或 $x_j - x_{jL}$)的函数,表示 $[0,y]$ 范围内符合非均匀分布的一个随机数,要求随着 N_{gen} 的增加 $\Delta(N_{\text{gen}}, y)$ 趋近于零的概率也增加。

(3)排列编码及操作算子

排列编码,也称序列编码、排列序编码、序号编码或顺序整数编码,其对应的问题需要将有限集合内的 N 个元素进行排列,存在 $N!$ 种排列方式,不同的排列方式对应不同的目标函数。应用排列编码的经典实例是求解旅行商问题的遗传算法。N 较小时可以采用穷举法,N 较大时穷举法会失效。与实数编码不同的是,N 个元素需要作为一个整体进行操作,其操作过程需要满足一些约束而较复杂。

排列编码的交叉算子主要有部分匹配交叉、顺序交叉、环交叉等,本书主要采用顺序交叉。设由两个父个体 x_1、x_2 交叉生成两个子个体 x_1'、x_2',N_{chrom} 为染色体中基因个数,其操作过程如下:

① 从 x_1 中随机选择 $N_{\text{cross}}(<N_{\text{chrom}})$ 个无重复编号的位置。

② 将 x_1 中选中位置的编号直接复制到子个体 x_1' 相应位置上。

③ 在 x_2 中查找不包含在 x_1 中选中位置上编号的 $N_{\text{chrom}} - N_{\text{cross}}$ 个编号,依序赋值到 x_1' 上还未赋值的位置,同时根据其在 x_2 中的位置赋值到子个体 x_2' 相应位置。

④ 将 x_1 中被选中位置的编号依次赋值给 x_2' 中还未赋值的位置。

图 2.10 给出了 8 数排列进行顺序交叉的示例,其中阴影部分是选中的 4 个编号。

排列编码的变异算子主要有逆序变异、插入变异、置换变异、交换变异等。本书主要用到交换变异,即随机选择 $N_{\text{mut}}(<N_{\text{chrom}})$ 个点交换彼此的位置。图 2.11 给出了两点交换变异的示例,其中阴影部分是参与交换的编号。

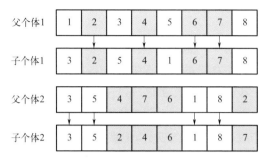

图 2.10　遗传算法排列编码顺序交叉算子示例

图 2.11　遗传算法排列编码交换变异算子示例

（4）选择操作

选择操作主要涉及目标函数的值，而一般与具体编码方式无关。交叉、变异操作增加了种群的多样性，而选择操作则通过优胜劣汰来提高种群的适应度，即适应度高的个体进入下一代种群的概率也高。遗传算法的选择算子主要有轮盘赌选择、锦标赛选择等，本书主要用到锦标赛选择，其基本步骤如下：

① 从种群中随机选出 N_{tour} 个个体。

② 比较选出的 N_{tour} 个个体的适应度，选择其中适应度最大的个体。

③ 将选择的这个个体赋值给下一代种群中的一个个体。

④ 重复①～③直至选出下一代种群的所有个体。

由于交叉、变异的作用，当前种群中较好的个体可能会被破坏。为了在进化中保留较好个体，常在遗传算法的选择阶段采用精英策略。图 2.12 给出了本书采用的一种精英策略：将交叉、变异前后的两个种群合并为增广种群，在增广种群中进行选择操作以获得新一代种群。

2.5.2.2　混合编码 GA 算法

（1）分层式混合编码遗传算法

对上层离散变量采用整数编码遗传算法进行寻优，对下层连续变量采用基于梯度的优化算法（如序列二次规划算法、下山单纯形法等）寻优或基于近似动力学模型及约束条件估计近似解，如图 2.13 所示。

（2）一体式混合编码遗传算法

采用混合编码遗传算法对离散变量与连续变量一同寻优，如图 2.14 所示。

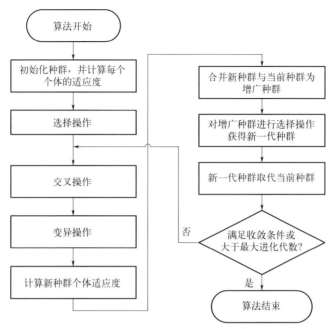

图 2.12　带精英策略的遗传算法流程

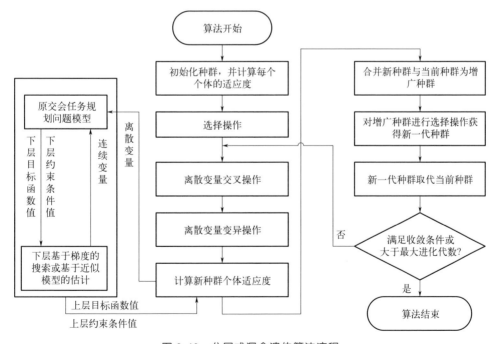

图 2.13　分层式混合遗传算法流程

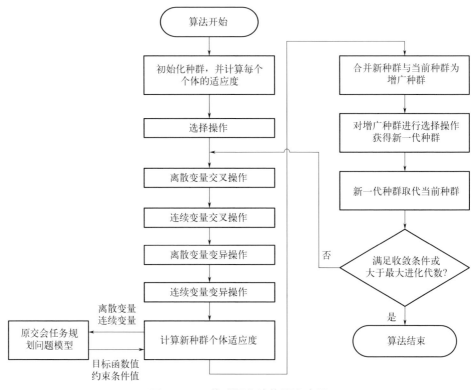

图 2.14　一体式混合遗传算法流程

染色体由两部分组成,一部分编码离散变量,另一部分编码连续变量。在种群的进化过程中,同一个个体的离散变量基因与连续变量基因均分别参与交叉、变异操作。

当总体离散设计变量对问题的影响远大于总体连续设计变量时,本书提出在遗传算法种群中开辟保留区的概念,以保护当前最好解离散变量并增强其对应连续变量的搜索,遗传算法流程如图 2.15 所示。

保留区的初始规模设为 0,进化结束时保留区规模达到最大,设为 $N_{\text{Keep,max}}$。在算法进化的第 N_{gen} 代,保留区规模计算公式为:

$$N_{\text{Keep}} = \text{floor}\left(\frac{N_{\text{gen}}}{N_{\text{gen,max}}} N_{\text{Keep,max}}\right) \tag{2.62}$$

其中,floor(•)表示向下取整函数;$N_{\text{gen,max}}$ 为种群最大进化代数。

保留区对当前最好解的离散变量具有保护作用,在基于增广种群的选择机制影响下,容易造成当前最好解的离散变量迅速遍布保留区及种群的其他一般区域,进而造成算法在离散变量搜索上的早熟。因此,必须限制种群一般区域的离散变

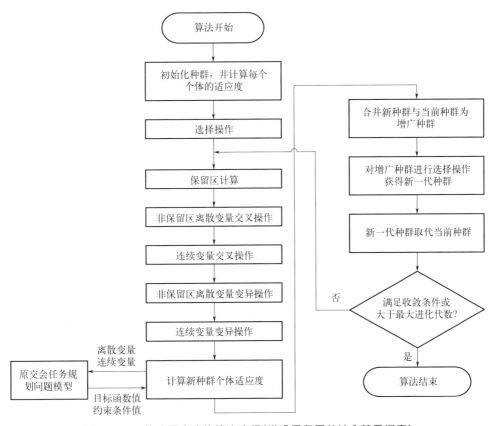

图 2.15　一体式混合遗传算法流程(增设保留区并结合禁忌搜索)

量不能与当前最好解的离散变量相同。这种处理,实质是对种群的一般区域在离散变量搜索上采用了禁忌搜索的思想。

(3)分层-一体式混合编码遗传算法

分层-一体式混合编码遗传算法同时结合了分层式与一体式的特点,算法流程如图 2.16 所示。

2.5.3　差分进化算法

差分进化算法(Differential Evolution,DE)是由 Rainer Storn 和 Kenneth Price 提出的一种简单高效的连续域优化算法[23],在包括航天器轨迹优化领域在内的众多领域都得到了成功的应用[24]。

2.5.3.1　经典 DE 算法

DE 算法的整体流程包括初始化种群、变异操作、交叉操作、越界处理和选择操作五个步骤。

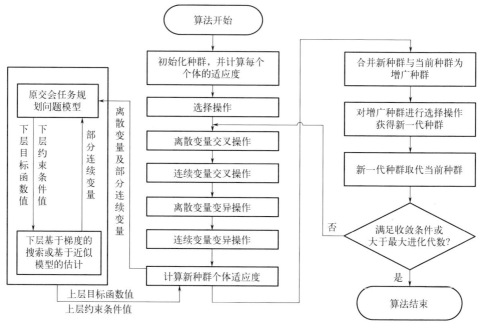

图 2.16 分层-一体式求解框架的混合遗传算法流程

（1）初始化种群

对于一个具有 n 维设计变量的函数 $f(\boldsymbol{X})$，设其种群规模为 Np，则每一代种群中的第 i 个个体可以表示成如下形式的一个 n 维向量 $\boldsymbol{X}_i$：

$$\boldsymbol{X}_i = [x_{i1}, x_{i2}, x_{i3}, \cdots, x_{in}]^T, \quad i = 1, 2, 3, \cdots, Np \qquad (2.63)$$

取值范围可表示成如下两个 n 维向量 $\boldsymbol{X}_{\min}$ 和 $\boldsymbol{X}_{\max}$：

$$\boldsymbol{X}_{\min} = [x_{\min 1}, x_{\min 2}, x_{\min 3}, \cdots, x_{\min n}]^T \qquad (2.64)$$

$$\boldsymbol{X}_{\max} = [x_{\max 1}, x_{\max 2}, x_{\max 3}, \cdots, x_{\max n}]^T \qquad (2.65)$$

式中，每一维分量的初始化通过下式给出：

$$x_{ij} = x_{\min j} + \mathrm{rand}_{ij}[0,1] \times (x_{\max j} - x_{\min j}), \quad j = 1, 2, 3, \cdots, n \qquad (2.66)$$

式中，$\mathrm{rand}_{ij}[0,1]$ 为 0～1 之间服从均匀分布的一个随机数。

（2）变异操作

初始化种群后，种群中的每一个 $\boldsymbol{X}_i$ 作为父代个体按照一定的变异策略进行变异操作，产生相应的变异个体 $\boldsymbol{V}_i = [v_{i1}, v_{i2}, v_{i3}, \cdots, v_{iD}]^T$。经典的 DE 算法中有以下几种常用的变异策略：

"DE/rand/1："

$$\boldsymbol{V}_i = \boldsymbol{X}_{r1} + F_i(\boldsymbol{X}_{r2} - \boldsymbol{X}_{r3}) \qquad (2.67)$$

"DE/rand/2:"

$$V_i = X_{r1} + F_i(X_{r2} - X_{r3}) + F_i(X_{r4} - X_{r5}) \tag{2.68}$$

"DE/best/1:"

$$V_i = X_{best} + F_i(X_{r1} - X_{r2}) \tag{2.69}$$

"DE/best/2:"

$$V_i = X_{best} + F_i(X_{r1} - X_{r2}) + F_i(X_{r3} - X_{r4}) \tag{2.70}$$

"DE/current-to-rand/1:"

$$V_i = X_i + F_i(X_{r1} - X_i) + F_i(X_{r2} - X_{r3}) \tag{2.71}$$

其中，r_1、r_2、r_3、r_4、r_5 是取自 $[1, Np]$ 互不相等且不与 i 相同的随机整数；X_{best} 是该代种群中适应度值最优的个体；F_i 是第 i 个个体的差分系数，是 DE 算法中一个关键的参数，经典的 DE 算法中 F_i 一般取 $[0,1]$ 之间一个固定的值。

（3）交叉操作

交叉操作是在变异操作后对变异个体的进一步操作，通过交叉使新产生的试验个体 $U_i = [u_{i1}, u_{i2}, u_{i3}, \cdots, u_{in}]^T$ 同时具有父代个体 X_i 和变异个体 V_i 的信息。二项式交叉是交叉操作中比较常用的方式，其交叉公式如下：

$$u_{ij} = \begin{cases} v_{ij}, & \text{当 } rand_{ij}[0,1] \leqslant CR_i \text{ 或 } j = j_{rand} \\ x_{ij}, & \text{其他} \end{cases} \tag{2.72}$$

式中，j_{rand} 是取自 $[1, n]$ 的随机整数。这一变异操作中，试验个体的 n 维分量中至少有 1 维分量来自变异个体，保证了变异操作的有效性。CR_i 是第 i 个个体的交叉概率，是 DE 算法中另一个关键的参数，经典的 DE 算法中 CR_i 也是 $[0,1]$ 之间一个固定的值。

（4）越界处理

实际求解的绝大多数问题都是具有边界约束的问题，这就要求变异交叉操作之后产生的试验个体 U_i 满足 $U_i \in [X_{mini}, X_{maxi}]$，如果第 j 维上出现 $u_{ij} < x_{minj}$ 或是 $u_{ij} > x_{maxj}$ 的情况，就要对该维分量进行越界处理，使之回到可行域之内。常用的越界处理方式是利用式（2.28）重新生成一个随机值来替代原来的越界分量。

（5）选择操作

经上述步骤后，对每个试验个体 U_i 进行适应度值评估，并与其父代个体 X_i 的适应度值进行比较，采用"贪心"策略进行选择操作，即只要满足 $f(U_i) \leqslant f(X_i)$，就让子代个体 U_i 进入下一代，否则继续让父代个体 X_i 进入下一代。

2.5.3.2 基于混合策略的改进 DE 算法

经典的 DE 算法由于变异策略和越界处理策略单一，算法参数固定，算法的优化性能还不够强，优化速度也不够快，而且容易陷入局部最优，尤其是在处理复杂多峰优化问题时很难获得全局最优解。本书将采用基于混合策略的 DE 算法求解连续优化问题。改进的 DE 算法同时引入了四种变异策略和四种越界处理策略。通过多种变异策略之间的配合和多种越界处理策略之间的配合,在下一代产生好个体的概率大大提高,算法性能得到显著提升。此外,改进的算法还引入了学习的思想,通过学习上一代成功进化个体的经验来指导确定下一代变异参数和交叉参数的取值,实现了参数随算法进化的自适应调整。

（1）混合变异策略

为了能充分利用多种变异策略的优势,兼顾全局搜索和局部搜索能力,改进的 DE 算法中引入了四种变异策略模式,对同一个个体分别采用多种不同的变异策略产生不同的变异个体。四种策略分别是"DE/rand/1""DE/rand/2""DE/current-to-rand/1"和"DE/current-to-pbest/1"。其中,"DE/current-to-pbest/1"策略来源于 Zhang 和 Sanderson[25] 提出的改进算法 JADE 中的变异策略,$p$best 是从种群中适应度值最好的前 $100 \times p\%$ 个个体中随机选出的个体。根据 Zhang 和 Sanderson 的分析,p 一般取 $0.05 \sim 0.2$ 效果较好。

上述四种策略中,前三种策略偏重全局搜索,一定程度上可以帮助保持种群的多样性,第四种策略偏重局部搜索,可以提高算法局部搜索的速度和精度。当第四种策略向局部极值点收敛时,通过前三种策略的作用可以增大跳出局部极值点的可能而向更优的解进行进一步的优化,两者之间能形成一种相辅相成的关系。

（2）混合越界处理策略

对于有边界约束的问题,将越界的分量处理回可行域内也是算法在优化过程中关键的一步操作,因为从本质上来说,越界处理是对越界分量的重初始化,越界处理方式决定了越界分量经处理后在解空间内的分布,对于复杂的优化问题,不同的越界处理方式在某些情况下对最后的优化结果影响很大。

为了充分利用当前个体和越界个体的信息,改进的 DE 算法引入了四种越界处理方式,即算法会对同一个越界的个体采用多种越界处理方式生成多个试验个体,然后对生成的多个试验个体分别进行适应度值评估,从中选出最优的试验个体再与父代个体比较进入下一代。这四种边界处理方式的表达式分别为:

方式 1:（"whole-rand"）

$$\overline{u}_{ij} = x_{\min j} + \mathrm{rand}_{ij}[0,1] \times (x_{\max j} - x_{\min j}), \quad u_{ij} < x_{\min j} \text{ 或 } u_{ij} > x_{\max j} \quad (2.73)$$

方式 2:（"current-rand"）

$$\overline{u}_{ij} = \begin{cases} x_{\min j} + \mathrm{rand}_{ij}[0,1] \times (x_{ij} - x_{\min j}), & u_{ij} < x_{\min j} \\ \overline{u}_{ij} = x_{\max j} - \mathrm{rand}_{ij}[0,1] \times (x_{\max j} - x_{ij}), & u_{ij} > x_{\max j} \end{cases} \quad (2.74)$$

方式 3:（"reflect-rand"）

$$\overline{u}_{ij} = \begin{cases} x_{\min j} + \mathrm{rand}_{ij}[0,1] \times (u'_{ij} - x_{\min j}), & u'_{ij} - x_{\min j} = x_{\min j} - u_{ij}, & u_{ij} < x_{\min j} \\ x_{\max j} - \mathrm{rand}_{ij}[0,1] \times (x_{\max j} - u'_{ij}), & u'_{ij} - x_{\max j} = x_{\max j} - u_{ij}, & u_{ij} > x_{\max j} \end{cases} \tag{2.75}$$

方式 4：（"cut-off"）

$$\overline{u}_{ij} = \begin{cases} x_{\min j}, & u_{ij} < x_{\min j} \\ x_{\max j}, & u_{ij} > x_{\max j} \end{cases} \tag{2.76}$$

式中，u_{ij} 是第 i 个个体第 j 维越界处理前的分量；$\overline{u}_{ij}$ 是第 i 个个体第 j 维越界处理后的分量；$x_{\min j}$ 是第 j 维分量的下边界；$x_{\max j}$ 是第 j 维分量的上边界。

（3）参数自适应

经典的 DE 算法中，参数 F 和 CR 一般是通过试验或凭经验选取，优化过程中始终为一固定值，算法的优化效率和可靠性比较低，改进的 DE 算法借鉴了 Islam[26] 的参数自适应控制策略，其中参数 F 的自适应策略为：

$$F_i = \mathrm{Cauchy}(\mu F_G, 0.1) \tag{2.77}$$

式中，F_i 服从均值为 μF_G、方差为 0.1 柯西分布，其中 μF_G 每一代按照如下方式更新：

$$\mu F_{G+1} = \omega_F \mu F_G + (1 - \omega_F) \cdot \mathrm{mean}(S_F) \tag{2.78}$$

式中，ω_F 是 $[0.8, 1]$ 之间服从均匀分布的一个随机数；S_F 是该代所有成功进化个体所组成的集合；$\mathrm{mean}(S_F)$ 是对所有成功进化个体对应的 F_i 求幂平均，其计算公式如下：

$$\mathrm{mean}(S_F) = \sum_{x \in S_F} \left(\frac{x^m}{|S_F|} \right)^{\frac{1}{m}}, \quad m = 2 \tag{2.79}$$

式中，$|S_F|$ 表示成功进化个体的个数。

参数 CR 的自适应策略与 F 类似，不同的是 CR_i 服从均值为 μCR_G、方差为 0.1 的高斯分布，其表达式如下：

$$CR_i = \mathrm{Gaussian}(\mu CR_G, 0.1) \tag{2.80}$$

$$\mu CR_{G+1} = \omega_{CR} \mu CR_G + (1 - \omega_{CR}) \times \mathrm{mean}(S_{CR}) \tag{2.81}$$

$$\mathrm{mean}(S_{CR}) = \sum_{x \in S_{CR}} \left(\frac{x^n}{|S_{CR}|} \right)^{\frac{1}{n}}, \quad n = 1.5 \tag{2.82}$$

该自适应策略的基本思想是利用前一代所有成功进化个体对应的参数值来指导下一代进化时参数值的选取。F 由柯西分布产生，有利于保持种群的多样性，CR 由正态分布产生，可以使取值相对集中。若生成的 F 或 CR 超出了 $(0,1)$ 的范围，则重新生成该值，直到生成的值在 $(0,1)$ 内为止。μF_G 和 μCR_G 的初始值一般取为 0.5 和 0.75，之后根据每一代情况进行自适应调整；ω_F 和 ω_{CR} 取 $[0.8, 1]$ 之间的一个随机数是为了控制递推的速率，保证参数更新的稳健性；对成功个体求幂平

均的系数 m 和 n 并没有一个固定的取值,通常取 $1\sim2$ 之间的一个值。经过多次试验发现,当 m 取 2、n 取 1.5 时,算法可取得较好的优化效果。

基于混合策略的改进 DE 算法的总流程如图 2.17 所示。算法的终止条件根据实际问题的需要可设置成不同形式,通常为以下两种形式:一是算法优化到最大适应度评价次数即停止,二是算法一直优化到某个收敛值不再更新为止。

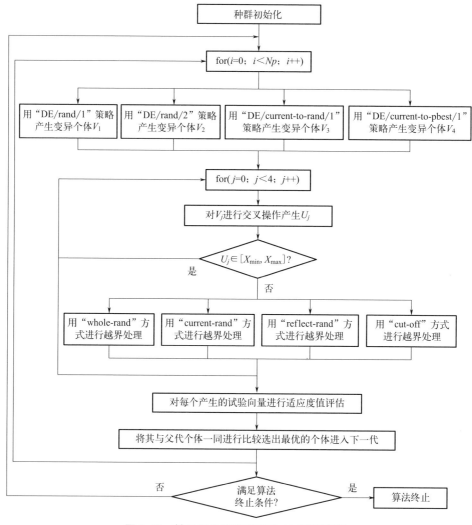

图 2.17　基于混合策略的改进 DE 算法流程

2.5.3.3　约束处理方法

DE 算法本身只能处理无约束的优化问题,对于有约束的优化问题,需要另增加约束处理方法配合 DE 算法一起实现约束优化求解。本书采用罚函数的方法处

理规划问题的各类约束。考虑了惩罚项后,原目标函数需要改写为:

$$F(\boldsymbol{X}_R,M)=f(\boldsymbol{X}_R)+M\left[\sum_{i=1}^{p}|h_i(\boldsymbol{X}_R)|+\sum_{j=1}^{q}\max(0,g_j(\boldsymbol{X}_R))\right] \quad (2.83)$$

其中,M 为约束惩罚系数,本书统一设为 1×10^8。

参 考 文 献

[1]　Vallado D A. Fundamentals of Astrodynamics and Applications(Fifth Edition)[M]. Hawthorne,California,USA:Microcosm Press,2022.

[2]　张进. 空间交会任务解析摄动分析与混合整数多目标规划方法[D]. 长沙:国防科学技术大学,2013.

[3]　黄红选,韩继业. 数学规划[M]. 北京:清华大学出版社,2006.

[4]　邢文训,谢金星. 现代优化计算方法[M]. 北京:清华大学出版社,1999.

[5]　Korte B,Vygen J,Korte B, et al. Combinatorial Optimization[M]. Heidelberg:Springer,2012.

[6]　Chu P C,Beasley J E. A Genetic Algorithm for the Multidimensional Knapsack Problem[J]. Journal of Heuristics,1998,4(1):63-86.

[7]　Gavish B,Pirkul H. Efficient Algorithms for Solving Multiconstraint Zero-One Knapsack Problems to Optimality[J]. Mathematical Programming,1985,31(1):78-105.

[8]　Blum C,Schmid V. Solving the 2D Bin Packing Problem by Means of a Hybrid Evolutionary Algorithm[J]. Procedia Computer Science,2013,18:899-908.

[9]　Gonçalves J F,Resende M G C. A Biased Random Key Genetic Algorithm for 2D and 3D Bin Packing Problems[J]. International Journal of Production Economics,2013,145(2):500-510.

[10]　Glover F,Gutin G,Yeo A,et al. Construction Heuristics for the Asymmetric TSP[J]. European Journal of Operational Research,2001,129(3):555-568.

[11]　Malik W,Rathinam S,Darbha S. An Approximation Algorithm for a Symmetric Generalized Multiple Depot, Multiple Travelling Salesman Problem[J]. Operations Research Letters,2007,35(6):747-753.

[12]　Angus D. Crowding Population-Based Ant Colony Optimisation for the Multi-Objective Travelling Salesman Problem[C]. 2007 IEEE Symposium on Computational Intelligence in Multi-Criteria Decision-Making. IEEE,2007:333-340.

[13]　Papadimitriou C H,Steiglitz K. Combinatorial Optimization:Algorithms and Complexity[M]. Courier Corporation,1998.

[14]　唐国金,罗亚中,雍恩米. 航天器轨迹优化理论、方法及应用[M]. 北京:科学出版

社,2012.

[15] Dorigo M,Maniezzo V,Colorni A. Ant System:Optimization by a Colony of Cooperating Agents[J]. IEEE Transactions on Systems,Man,and Cybernetics,Part B(Cybernetics),1996,26(1):29-41.

[16] Dorigo M,Birattari M,Stutzle T. Ant Colony Optimization[J]. IEEE Computational Intelligence Magazine,2006,1(4):28-39.

[17] Bullnheimer B,Hartl R F,Strauss C. A New Rank Based Version of the Ant System——A Computational Study[J]. Central European Journal of Operations Research,1999,7(1):25-38.

[18] Casillas J,Cordón O,Fernández de Viana I,et al. Learning Cooperative Linguistic Fuzzy Rules using the Best-Worst Ant System Algorithm[J]. International Journal of Intelligent Systems,2005,20(4):433-452.

[19] Stützle T,Hoos H H. MAX-MIN Ant System[J]. Future Generation Computer Systems,2000,16(8):889-914.

[20] Dorigo M,Gambardella L M. Ant Colony System:A Cooperative Learning Approach to the Traveling Salesman Problem[J]. IEEE Transactions on Evolutionary Computation,1997,1(1):53-66.

[21] Holland J H. Adaptation in Natural and Artificial Systems:An Introductory Analysis with Applications to Biology,and Artificial Intelligence [M]. Ann Arbor,MI:the University of Michigan Press,1975.

[22] 王小平,曹立明. 遗传算法——理论、应用与软件实现[M]. 西安:西安交通大学出版社,2002.

[23] Storn R,Price K V. Differential Evolution——A Simple and Efficient Heuristic for Global Optimization over Continuous Spaces[J]. Journal of Global Optimization,1997,11(4):341-359.

[24] Vasile M,Minisci E,Locatelli M. An Inflationary Differential Evolution Algorithm for Space Trajectory Optimization[J]. IEEE Transactions on Evolutionary Computation,2011,15(2):267-281.

[25] Zhang J,Sanderson A C. JADE:Adaptive Differential Evolution with Optional External Archive[J]. IEEE Transaction on Evolutionary Computation,2009,13(5):945-958.

[26] Islam Sk M,Das S,Ghosh S,et al. An Adaptive Differential Evolution Algorithm With Novel Mutation and Crossover Strategies for Global Numerical Optimization[J]. IEEE Transaction on Systems,Man and Cybern,Part B,Cybern,2012,42(2):482-500.

第 **3** 章
摄动交会轨道设计与分析方法

　　单目标交会是多目标交会的基础。在各类摄动因素的影响下,实际交会轨道将偏离标称轨道,当这种影响较小时,基于线性相对动力学方程获得的机动参数可以直接用于实际任务,或通过迭代与摄动轨道积分相结合用于实际任务。然而,当这种影响较大时,由二体轨道简化而来的线性相对动力学方程不能再有效表述交会轨迹的主要特征,其获得的机动参数也不能较好满足摄动轨道的终端,需要重新分析摄动交会轨迹特征并作为摄动交会规划的重要参考。

　　空间多目标交会轨道设计与优化需要快速获得任意两目标在给定初始和终端状态下的转移冲量(速度增量)。对于两目标之间转移为摄动多脉冲交会的问题,转移速度增量不再是一个确定的值,最优转移速度增量需要通过优化获得。采用数值优化的方式获得两目标之间的摄动多脉冲最优转移速度增量通常比较耗时,若嵌套在序列规划之中,优化访问次序的同时优化相邻两目标之间的多脉冲交会轨迹,计算时间消耗将难以接受。因此,求解两目标之间转移为多脉冲交会的序列规划问题,需要一种能快速准确获得多脉冲最优转移速度增量的方法。

　　当考虑实际工程任务时,近圆轨道交会任务的轨道机动方向往往仅沿轨道迹向或法向,即机动受限,此时如何进行交会机动规划,以及机动受限给交会轨道带来的新特性等需要深入研究。

　　本章后续内容安排如下:3.1 节首先对摄动情况下交会速度增量与时间关系进行分析;3.2 节主要对最优速度增量随追踪目标初始升交点赤经差和交会时间的变化规律进行分析;3.3 节介绍基于机器学习的最优速度增量估计方法;3.4 节阐述机动受限情况下的摄动交会机动规划方法。

3.1　基于解析摄动的交会速度增量特性分析

　　在各类摄动因素影响下,航天器实际轨道将偏离二体轨道,而且这一偏离将随时间增大,因而长时间交会问题可能具有一些与短时间交会问题不同的特性。本节分析一个简单的近同圆近共面两冲量长时间交会问题的速度增量与飞行时间的关系,以揭示摄动长时间交会问题的部分特性,进而为实际问题规划模型的建立提供参考。

　　分析计算中,目标器轨道直接作为参考轨道,交会转移时间范围为 $80 \sim 82$ 个目标器轨道周期。目标器与追踪器的初始经典轨道要素分别为:

$$\boldsymbol{E}_{tar}(t_0) = (7792.137\mathrm{km}, 0, 52°, 100°, 0°, 100°)$$

$$\boldsymbol{E}_{cha}(t_0) = (7792.137\mathrm{km}, 0, 52°, 100°, 0°, 20°)$$

其中,下标"cha""tar"分别表示追踪器参数与目标器参数。

　　首先,不考虑 J_2 摄动,将基于轨道要素差分线性方程获得的二体线性解与基于多圈 Lambert 算法获得的二体非线性解在图 3.1～图 3.4 中进行了比较。图 3.1 给出了初始轨道共面时总速度增量与转移时间的关系,图 3.2 给出了在 E_{cha} (t_0) 上施加 $2°$ 升交点赤经差时总速度增量与转移时间的关系,图 3.3 给出了在 E_{cha} (t_0) 上施加 $20km$ 半长轴差时总速度增量与转移时间的关系,图 3.4 给出了在 E_{cha} (t_0) 上施加 $2°$ 初始升交点赤经差时总速度增量与滑行时间及转移时间的关系。

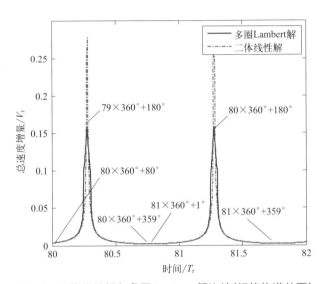

图 3.1　二体线性解与多圈 Lambert 解比较(初始轨道共面)

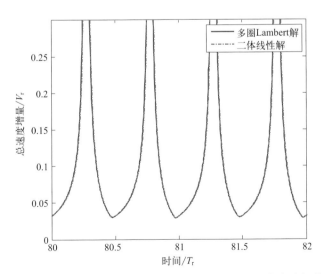

图 3.2　二体线性解与多圈 Lambert 解比较($2°$初始升交点赤经差)

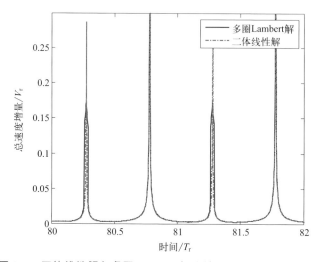

图 3.3　二体线性解与多圈 Lambert 解比较(20km 初始半长轴差)

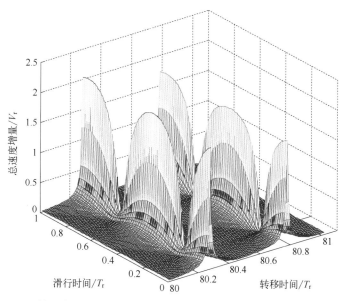

图 3.4　总速度增量与滑行时间及转移时间关系(2°初始升交点赤经差)

从图 3.1~图 3.4 可看出:

① 对近同圆近共面交会问题,基于轨道要素差分的相对动力学方程获得的结果与多圈 Lambert 算法的结果吻合。

② 共面同圆交会转移问题极大速度增量仅出现在多圈 180°转移附近,而考虑升交点赤经偏差或半长轴偏差时,180°与 360°转移附近均出现了极大值。

③ 共面同圆转移交会问题在一个轨道周期内仅一个局部极小点,有轨道面偏

差或轨道高度偏差时一个轨道周期内有两个局部极小点。

④ 从多个轨道周期的角度来看，近同圆近共面长时间交会问题一般具有多个局部极小点。

采用考虑 J_2 摄动的相对动力学方程计算了交会转移总速度增量，并与不考虑 J_2 摄动的结果进行比较。图 3.5 给出了初始轨道共面时总速度增量与转移时间的关系，图 3.6 给出了在 $E_{cha}(t_0)$ 上施加 2°升交点赤经差时总速度增量与转移时间的关系，图 3.7 给出了在 $E_{cha}(t_0)$ 上施加 20km 半长轴差时总速度增量与转移时间的关系。

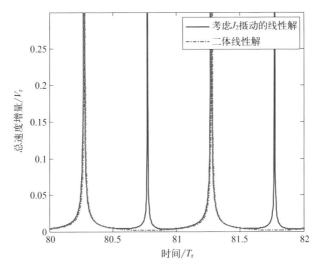

图 3.5　二体线性解与考虑 J_2 摄动的线性解比较（初始轨道共面）

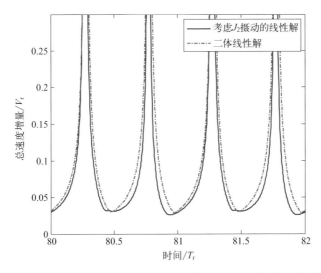

图 3.6　二体线性解与考虑 J_2 摄动的线性解比较（2°初始升交点赤经差）

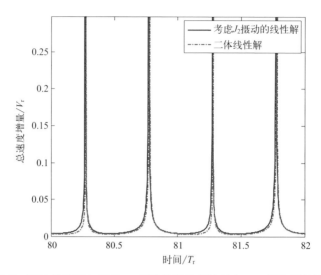

图 3.7　二体线性解与考虑 J_2 摄动的线性解比较(20km 初始半长轴差)

从图 3.5～图 3.7 可看出:

① 在 J_2 摄动影响下,初始同圆共面转移问题在 180°与 360°转移附近均出现了极大值,一个轨道周期内具有两个局部极小点,并且局部极小点的位置不同于二体问题。

② 对初始共面转移问题,考虑 J_2 摄动时的速度增量大于不考虑 J_2 摄动时。

③ 对初始非共面转移问题,考虑 J_2 摄动时的速度增量小于不考虑 J_2 摄动时。

因此,J_2 摄动改变了长时间交会问题速度增量与飞行时间的关系:增加了单个轨道周期内的局部极小点个数,改变了各局部极小点位置及速度增量的值。

3.2　摄动交会最优速度增量变化规律分析

航天器多脉冲交会本质上是航天器在给定时间内通过施加多次机动消除与交会目标的轨道半长轴差、偏心率差、轨道面差以及相位差,最终实现位置速度重合的过程。本章主要研究长时间交会的问题。长时间多脉冲交会的最优速度增量主要取决于航天器与交会目标之间的半长轴差、偏心率差和轨道面差,因为航天器可以通过大量的圈次调整其与交会目标的相位差,因而调整相位差所需要的速度增量可以忽略不计。在二体条件下,由于航天器与交会目标之间的半长轴差、偏心率差和轨道面差为恒定值,多脉冲交会的最优速度增量不会随交会初始时刻的变化而变化。但在考虑 J_2 摄动的条件下,航天器与交会目标的升交点赤经都不再是恒定值,初始轨道面差将随着时间的推移而不断变化,从而导致最优速度增量也将随着时间的推移而不断变化。本节主要研究长时间摄动多脉冲交会的最优速度增量随初始升交点赤经差和转移时间增加的变化规律,以更好地对最优速度增量进行估计。

这里主要考虑升交点赤经变化率不同的两目标之间的多脉冲交会。根据出发目标与交会目标的升交点赤经差变化趋势,摄动多脉冲交会首先可以分为两种类型:第一种类型是出发目标与交会目标升交点赤经差逐渐减小的交会,第二种是出发目标与交会目标升交点赤经差逐渐增大的交会。本节对八组交会算例进行了测试。这八组算例的出发目标与交会目标相同,组与组之间的初始升交点赤经差不同,同一组算例的初始升交点赤经差相同,只是交会时间不同。表 3.1 给出了第一组算例出发目标与交会目标的初始轨道根数。第一组算例出发目标与交会目标的初始升交点赤经差为 $-4°$,后七组算例的初始升交点赤经差依次为 $-3°$、$-2°$、$-1°$、$1°$、$2°$、$3°$ 和 $4°$。每组算例的交会时间从 1 天到几十天甚至上百天不等。所有算例的最优速度增量均通过 2.2.3 节介绍的差分进化算法基于摄动多脉冲交会模型获得。

表 3.1　第一组算例出发目标与交会目标的初始轨道根数

项目	a/m	e	$i/(°)$	$\Omega/(°)$	$\omega/(°)$	$f/(°)$
出发目标	7142116.504	0.006172	98.581	96	257.367	135.368
交会目标	7052562.111	0.007721	97.203	100	13.265	311.656

图 3.8 展示了八组算例最优速度增量随初始升交点赤经差和转移时间增加的变化情况。图中的每一点都对应一个交会算例,例如,第二个三角形所在的点对应初始升交点赤经差为 $-3°$,转移时间为 3 天的交会算例;第四个正方形所在的点对应初始升交点赤经差为 $-1°$,转移时间为 4 天的交会算例。对图 3.8 中最优速度增量的变化规律进行分析,可以得到以下三条结论:

① 对任意的出发目标和交会目标,航天器从出发目标到交会目标的多脉冲最优转移速度增量存在一个下限。无论初始升交点赤经差和交会时间如何变化,最优速度增量都不会突破这个下限。这个下限由出发目标和交会目标之间的半长轴差、偏心率差以及轨道倾角差所决定。

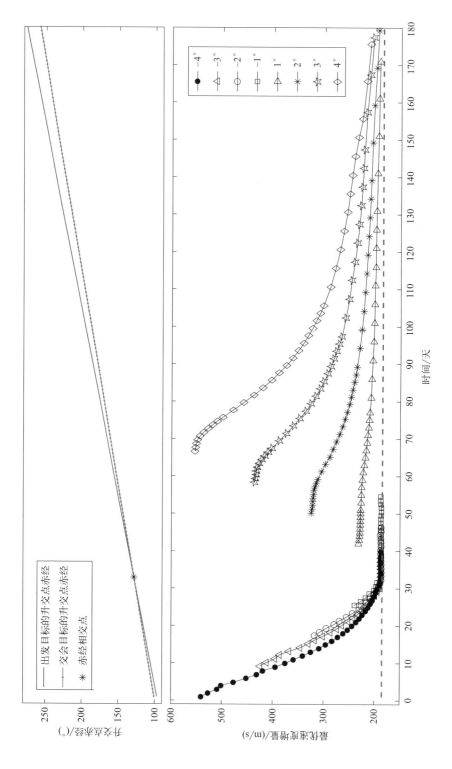

图 3.8　不同初始升交点赤经差和转移时间的最优速度增量

　　② 对于第一种类型的摄动多脉冲交会(前四组算例)，也即出发目标与交会目标的升交点赤经差在初始时刻具有减小趋势的情况，假设 dt 是出发目标与交会目标从初始时刻自由漂移到升交点赤经相交时刻所需的时间，则从图 3.8 中可以看出，当交会时间小于 dt 时，最优速度增量将随着交会时间的增加而减小。当交会时间大于等于 dt 时，最优速度增量达到这两个目标之间转移速度增量的下限。进一步再增加交会时间，最优速度增量也不能再减小。

　　③ 对于第二种类型的摄动多脉冲交会(后四组算例)，也即出发目标与交会目标的升交点赤经差在初始时刻具有增大趋势的情况，最优速度增量总是随着交会时间的增加而减小。当交会时间足够长时，最优速度增量最终也会逼近这两个目标之间转移速度增量的下限。

　　第二条结论表明，根据给定时间内出发目标与交会目标的升交点赤经是否相交，上述第一种类型的摄动多脉冲交会可进一步分为两种子类型。第一种子类型是整个交会过程出发目标和交会目标升交点赤经差不断减小的情况，第二种子类型是升交点赤经差先减小后增大的情况。对该类型进行进一步区分是因为这两种子类型的最优速度增量随交会时间的增加具有不同的变化趋势。因此，任意两目标之间的摄动多脉冲交会总共可以分为三种情况，本章将其分别命名为"赤经渐近型"交会、"赤经相交型"交会和"赤经渐远型"交会。这三种交会出发目标与交会目标的升交点赤经变化情况如图 3.9 所示。其中"赤经渐近型"交会和"赤经渐远型"交会的最优转移速度增量都会随着交会时间的增加而减小，"赤经渐远型"交会的最优转移速度增量随交会时间的增加减小得相对缓慢。"赤经相交型"交会的最优转移速度增量不会随着交会时间的变化而变化。

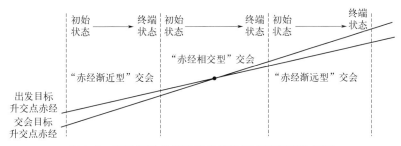

图 3.9　三种摄动多脉冲交会的升交点赤经变化情况

3.3　基于机器学习的摄动交会最优速度增量估计方法

　　从 3.2 节的分析可以看出，长时间摄动多脉冲交会的最优速度增量随初始升交点赤经差和转移时间的变化存在一定的规律。虽然最优速度增量很难通过解析的方法精确求得,但只要存在一定的规律,就有望通过学习的方法以较小的误差估计出来。本节介绍基于机器学习的最优速度增量估计方法。

3.3.1　估计流程

3.2 节的分析表明,摄动多脉冲交会可以分为"赤经渐近型""赤经相交型"和"赤经渐远型"三种交会类型。每种交会类型的最优速度增量随初始升交点赤经差和交会时间的变化不同。因此,需要训练三个不同的神经网络对三种类型的最优速度增量分别进行估计。完整的基于神经网络的摄动多脉冲交会的最优速度增量估计方法总共分为三步,如图 3.10 所示。

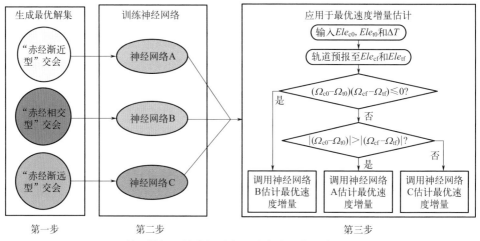

图 3.10　基于神经网络的摄动多脉冲交会最优速度增量估计步骤

第一步是生成包含三种交会类型的最优解集。制作数据集时,需要根据不同的问题设置不同的轨道根数取值范围。该取值范围需要囊括所有序列规划候选目标的轨道根数。

第二步是用生成的最优解数据集训练三个前馈神经网络。每种交会类型的最优解集对应训练一个网络。需要注意的是,采用神经网络求解问题时,网络的学习特征和网络规模(网络隐含层层数和各层节点数)在训练网络前需要事先确定。用于最优速度增量估计的最优学习特征和网络规模将在下一节中给出。

第三步是将训练好的三个网络用于实际序列规划的估计中。图 3.10 给出了最优速度增量的估计流程,其中,Ele_{c0}、Ele_{t0}、Ele_{cf} 和 Ele_{tf} 分别是出发目标和交会目标的初始和终端轨道根数,Ω_{c0}、Ω_{t0}、Ω_{cf} 和 Ω_{tf} 分别是出发目标和交会目标的初始和终端升交点赤经,ΔT 为交会时间。对于任意一个初始状态和转移时间给定的交会,首先需要根据初始升交点赤经差和交会时间判断该交会属于上述三种交会类型中的哪一种，然后再用相对应的神经网络估计该交会的最优速度增量。

3.3.2 数据集生成方法

本研究的数据集包含三种类型的摄动多脉冲最优交会解。如果采用实际序列规划候选目标的轨道数据制作数据集，获得的三种类型的交会解的比例极不均匀，"赤经相交型"交会的比例很小。为了提高"赤经相交型"交会解的生成效率，平衡数据集中三种类型最优交会解的比例，本章采用升交点赤经差控制法独立各自生成三类最优交会解数据集。

算法 3.1～3.3 分别描述了随机生成一个"赤经渐近型"交会解、"赤经相交型"交会解和"赤经渐远型"交会解的流程，其中 $\dot{\Omega}_c$ 和 $\dot{\Omega}_t$ 分别是出发目标和交会目标的升交点赤经变化率，d_1 是算法 3.1 中用于控制"赤经渐近型"交会终端升交点赤经差的一个参数，d_2 是算法 3.3 中用于控制"赤经渐远型"交会初始升交点赤经差的一个参数，dt 是算法 3.2 中用于控制"赤经相交型"交会相交时间的一个参数。算法 3.1 首先在给定的取值范围内随机生成出发目标和交会目标的终端轨道根数、交会时间和一个终端升交点赤经差，然后根据终端升交点赤经差重设交会目标终端升交点赤经并逆推出出发目标和交会目标的初始轨道根数。算法 3.2 首先在给定的取值范围内随机生成出发目标和交会目标的赤经相交点轨道根数和消除初始升交点赤经差所需的时间，然后根据消除初始升交点赤经差所需的时间逆推出出发目标和交会目标的初始轨道根数。算法 3.3 在给定的取值范围内随机生成出发目标和交会目标的初始轨道根数、交会时间和一个初始升交点赤经差，然后根据初始升交点赤经差重设交会目标的初始升交点赤经。三个算法完成对升交点赤经的调整后，再采用本书第 3 章介绍的优化方法获得各自类型的摄动多脉冲最优交会解。

算法 3.1 随机生成一个最优"赤经渐近型"交会样本的流程

1： 根据问题参数配置在取值范围内随机生成出发目标和交会目标的终端轨道根数 Ele_{cf}、Ele_{tf} 和交会时间 ΔT

2： 计算出发目标和交会目标的升交点赤经漂移率 $\dot{\Omega}_c$ 和 $\dot{\Omega}_t$

3： 随机生成一个终端升交点赤经差 $\Delta \Omega_f (\Delta \Omega_f \in (0, d_1])$

4： 如果 $\dot{\Omega}_c < \dot{\Omega}_t$
  重置 $\Omega_{tf} = \Omega_{cf} - \Delta \Omega_f$
 否则
  重置 $\Omega_{tf} = \Omega_{cf} + \Delta \Omega_f$

5： 根据 Ele_{cf}、Ele_{tf} 和交会时间 ΔT 逆推得到初始轨道根数 Ele_{c0}、Ele_{t0}

6： 采用第 3 章介绍的优化方法获得该样本的最优解并放入最优"赤经渐近型"交会数据库中

算法 3.2　随机生成一个最优"赤经相交型"交会样本的流程

1： 根据问题参数配置在取值范围内随机生成出发目标和交会目标的赤经相交点轨道根数 Ele_{cm}、Ele_{tm} 和交会时间 ΔT

2： 计算出发目标和交会目标的升交点赤经漂移率 $\dot{\Omega}_c$ 和 $\dot{\Omega}_t$

3： 随机生成一个消除初始升交点赤经差所需的时间 dt ($dt \in (0, \Delta T]$)

4： 重置 $\Omega_{tm} = \Omega_{cm}$

5： 根据 Ele_{cm}、Ele_{tm} 和 dt 逆推得到初始轨道根数 Ele_{c0}、Ele_{t0}

6： 采用第 3 章介绍的优化方法获得该样本的最优解并放入最优"赤经相交型"交会数据库中

算法 3.3　随机生成一个最优"赤经渐远型"交会样本的流程

1： 根据问题参数配置在取值范围内随机生成出发目标和交会目标的终端轨道根数 Ele_{c0}、Ele_{t0} 和交会时间 ΔT

2： 计算出发目标和交会目标的升交点赤经漂移率 $\dot{\Omega}_c$ 和 $\dot{\Omega}_t$

3： 随机生成一个初始升交点赤经差 $\Delta \Omega_0$ ($\Delta \Omega_0 \in (0, d_2]$)

4： 如果 $\dot{\Omega}_c < \dot{\Omega}_t$

　　　重置 $\Omega_{t0} = \Omega_{c0} + \Delta \Omega_0$

否则

　　　重置 $\Omega_{t0} = \Omega_{c0} - \Delta \Omega_0$

5： 采用第 3 章介绍的优化方法获得该样本的最优解并放入最优"赤经渐远型"交会数据库中

　　需要注意的是,采用上述算法获得的解并不是实际两序列规划候选目标之间的摄动多脉冲交会最优解,而是两个虚拟目标之间的摄动多脉冲交会最优解。事实上,用于训练神经网络的最优解数据集没有必要非得采用实际两序列规划候选目标的轨道参数进行制作,只要虚拟目标的轨道根数取值范围能够囊括实际序列规划候选目标的轨道根数,由虚拟目标之间最优交会解训练出的神经网络模型同样可以很好地估计出实际两序列规划候选目标之间的最优转移速度增量。

3.3.3　神经网络模型与训练方法

　　神经网络是由大量神经元(节点)相互连接组成的一个复杂非线性表征系统。每个节点从其他节点获取一个或多个输入,通过加权求和以及作用在节点上的激活函数来产生输出。神经网络具有多种不同的网络结构,绝大多数的神经网络都包含输入层、隐含层和输出层三个层次。对于一些特定的问题,学者们提出了特定的网络模型,这些网络用于求解这些特定的问题效果更好。例如,卷积神经网络特别适合用于解决图像分类问题[1],循环神经网络则更适合用于语音识别、机器翻译等问题[2]。对于一般的回归问题,全连接的多层感知机通常是比较适用的网络模型。一个网络规模适中且经过良好训练的多层感知器可以逼近任意复杂的非线性函数。图 3.11 给出了两输入单输出的多层感知机示意图。本章用于摄动多脉冲交会最优速度增量估计的三个神经网络均采用多层感知机模型。

在多层感知机中,某个节点的激活过程计算如下:

$$x_j = f\left(\sum_{i=1}^{N} w_{ij} x_i + b_j\right) \tag{3.1}$$

其中,x_j 表示当前层第 j 个节点的输出,x_i 表示上一层第 i 个节点的输出,w_{ij} 表示节点 i 和节点 j 之间的连接权值,b_j 是节点 j 的偏置量,N 是上一层的总节点个数,f 是节点 j 的激活函数。本章采用修正线性单元(Rectified Linear Unit,ReLU)[3] 作为隐含层的激活函数,采用线性函数作为输出层的激活函数。

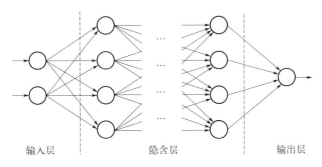

图 3.11　两输入单输出的多层感知机

神经网络训练可以看作是通过多轮迭代,不断调整网络各节点之间的连接权值,最小化损失函数的一个过程。本章采用均方差函数作为三个多层感知机的损失函数,均方差函数的表达式如下所示:

$$F_r = \frac{1}{b} \sum_{i=1}^{b} (o_p(i) - o_m(i))^2 \tag{3.2}$$

其中,b 是批量处理规模,本章在训练三个多层感知机时统一将批量规模设为 32,$o_p(i)$ 是神经网络的输出估计值,$o_m(i)$ 是真实的最优速度增量。

网络的训练采用交叉验证的方法,每一代都会随机选取训练集中 90% 的数据作为训练样本,而剩下 10% 的数据作为测试样本。早停值设为 50,也即当前代估计误差如果不好于前 50 代的估计误差,训练即终止。本章采用自适应矩估计算法(Adaptive Moment Estimation,Adam)[4] 来优化各节点权值,基于 Keras[5] 和 TensorFlow[6] 神经网络计算库搭建和训练三个多层感知机,其中 TensorFlow 为 Keras 提供后台数据计算支撑。

3.3.4　算例

3.3.4.1　数据集生成

本节采用 GTOC-9 的算例验证基于神经网络的最优速度增量估计方法的有效性。参考 GTOC-9 中的碎片轨道根数及其他相关参数,用于生成训练数据集的出发目标和交会目标轨道根数的取值范围如表 3.2 所示。最大交会时间 $\Delta T_{\max}$ 设为 30 天,允许的交会终端位置误差和速度误差分别设为 1m 和 0.01m/s。

表 3.2　出发目标和交会目标轨道根数的取值范围

a/km	e	i/(°)	Ω/(°)	ω/(°)	f/(°)
6900~7300	0~0.02	96~101	0~360	0~360	0~360

算法 3.1 中用于控制"赤经渐近型"交会终端升交点赤经差的 d_1 和算法 3.3 中用于控制"赤经渐远型"交会初始升交点赤经差的 d_2 均设为 20°。对于每种类型的交会,我们均生成了超过 10 万个最优解样本,其中,随机选择了各 1000 个样本作为三个多层感知机训练时的测试集,剩余的样本作为训练集。

3.3.4.2　学习特征选择

选择恰当的学习特征对于一个新的学习问题来说非常重要,因为关键特征的缺失或是冗余无用特征的存在都将影响网络模型的训练效果和估计性能。基于神经网络的摄动多脉冲交会最优速度增量估计是一个全新的学习问题,本小节主要对用于估计最优速度增量的最优学习特征组合进行确定。

轨道领域知识表明两目标之间的摄动多脉冲交会最优速度增量可能会与两目标的初始状态和终端状态都有关系。为了寻找最优的学习特征组合,我们需要把可能相关的学习特征尽可能多地先列出来,然后进行对比测试。表 3.3 给出了可能适合用于估计摄动多脉冲交会最优速度增量的特征值,其中前六个参数是必选参数,其他参数是对比选择参数。比较不同特征组合的估计性能时,三个多层感知机的网络隐含层层数统一设为两层,每层为 30 个节点。训练集规模设为 5000。

表 3.3　最优速度增量估计候选特征值列表

特征	含义
a_c	出发目标的半长轴
a_t	交会目标的半长轴
e_c	出发目标的偏心率
e_t	交会目标的偏心率
i_c	出发目标的轨道倾角

特征	含义
i_t	交会目标的轨道倾角
$\Delta\Omega_{c0t0}$	出发目标和交会目标的初始升交点赤经差
$\Delta\Omega_{cftf}$	出发目标和交会目标的终端升交点赤经差
$\Delta\Omega_{c0tf}$	出发目标初始升交点赤经和交会目标终端升交点赤经的差
$\dot{\Omega}_c$	出发目标的升交点赤经漂移率
$\dot{\Omega}_t$	交会目标的升交点赤经漂移率
$\Delta\varphi_0$	出发目标和交会目标的初始相位差
$\Delta\varphi_f$	出发目标和交会目标的终端相位差
ΔT	交会时间

本章采用平均相对误差(Mean Relative Error,MRE)作为训练评价指标,平均相对误差指标表示如下:

$$\varepsilon_{MRE} = \frac{1}{N}\sum_{i=1}^{N}\frac{|\Delta V_{Esti}^i - \Delta V_{Opti}^i|}{\Delta V_{Opti}^i} \quad (3.3)$$

其中,N 为测试样本数;ΔV_{Esti}^i 和 ΔV_{Opti}^i 分别是第 i 个测试样本的最优速度增量估计值和真实值。

根据表 3.3 中所列的特征,本章测试了七种组合情况。表 3.4～表 3.6 给出了七种特征组合对于三种交会类型各自的估计结果。从表 3.4～表 3.6 的第 5 组和第 6 组估计结果与其他各组结果的对比可以看出,$\dot{\Omega}_c$、$\dot{\Omega}_t$、$\Delta\varphi_0$ 和 $\Delta\varphi_f$ 对于三种交会类型的最优速度增量估计来说都不是敏感参数,对提高估计精度都没有帮助。这一结果更加说明长时间摄动多脉冲交会的最优转移速度增量与出发目标和交会目标的初始和终端相位差关系不大,两目标之间的相位差总是可以通过大量的圈次以很小的速度增量调整消除。结果同时也说明了最优转移速度增量与出发目标和交会目标的升交点赤经漂移率关系也不大。

表 3.4　不同特征组合估计"赤经渐近型"交会最优速度增量的平均相对误差

组号	特征组合	MRE
1	a_c,a_t,e_c,e_t,i_c,i_t	46.22%
2	$a_c,a_t,e_c,e_t,i_c,i_t,\Delta\Omega_{c0t0}$	28.49%
3	$a_c,a_t,e_c,e_t,i_c,i_t,\Delta\Omega_{c0t0},\Delta\Omega_{cftf}$	12.54%
4	$a_c,a_t,e_c,e_t,i_c,i_t,\Delta\Omega_{c0t0},\Delta\Omega_{cftf},\Delta\Omega_{c0tf}$	13.15%

组号	特征组合	MRE
5	$a_c, a_t, e_c, e_t, i_c, i_t, \Delta\Omega_{c0t0}, \Delta\Omega_{cftf}, \dot{\Omega}_c, \dot{\Omega}_t$	12.51%
6	$a_c, a_t, e_c, e_t, i_c, i_t, \Delta\Omega_{c0t0}, \Delta\Omega_{cftf}, \Delta\varphi_0, \Delta\varphi_f$	12.49%
7	$a_c, a_t, e_c, e_t, i_c, i_t, \Delta\Omega_{c0t0}, \Delta\Omega_{cftf}, \Delta T$	5.98%

表 3.5　不同特征组合估计"赤经相交型"交会最优速度增量的平均相对误差

组号	特征组合	MRE
1	$a_c, a_t, e_c, e_t, i_c, i_t$	5.95%
2	$a_c, a_t, e_c, e_t, i_c, i_t, \Delta\Omega_{c0t0}$	5.94%
3	$a_c, a_t, e_c, e_t, i_c, i_t, \Delta\Omega_{cftf}$	6.04%
4	$a_c, a_t, e_c, e_t, i_c, i_t, \Delta\Omega_{c0tf}$	6.09%
5	$a_c, a_t, e_c, e_t, i_c, i_t, \dot{\Omega}_c, \dot{\Omega}_t$	5.99%
6	$a_c, a_t, e_c, e_t, i_c, i_t, \Delta\varphi_0, \Delta\varphi_f$	5.97%
7	$a_c, a_t, e_c, e_t, i_c, i_t, \Delta T$	6.00%

表 3.6　不同特征组合估计"赤经渐远型"交会最优速度增量的平均相对误差

组号	特征组合	MRE
1	$a_c, a_t, e_c, e_t, i_c, i_t$	44.54%
2	$a_c, a_t, e_c, e_t, i_c, i_t, \Delta\Omega_{c0t0}$	14.64%
3	$a_c, a_t, e_c, e_t, i_c, i_t, \Delta\Omega_{c0t0}, \Delta\Omega_{cftf}$	11.25%
4	$a_c, a_t, e_c, e_t, i_c, i_t, \Delta\Omega_{c0t0}, \Delta\Omega_{cftf}, \Delta\Omega_{c0tf}$	8.54%
5	$a_c, a_t, e_c, e_t, i_c, i_t, \Delta\Omega_{c0t0}, \Delta\Omega_{cftf}, \Delta\Omega_{c0tf}, \dot{\Omega}_c, \dot{\Omega}_t$	8.53%
6	$a_c, a_t, e_c, e_t, i_c, i_t, \Delta\Omega_{c0t0}, \Delta\Omega_{cftf}, \Delta\Omega_{c0tf}, \Delta\varphi_0, \Delta\varphi_f$	8.52%
7	$a_c, a_t, e_c, e_t, i_c, i_t, \Delta\Omega_{c0t0}, \Delta\Omega_{cftf}, \Delta\Omega_{c0tf}, \Delta T$	5.51%

从表 3.4 和表 3.6 的第 1 组、第 2 组、第 3 组、第 4 组和第 7 组估计结果可以看出，$\Delta\Omega_{c0t0}$、$\Delta\Omega_{cftf}$ 和 ΔT 这三个特征对提高"赤经渐近型"交会和"赤经渐远型"交会的最优速度增量估计精度都有帮助，但是 $\Delta\Omega_{c0tf}$ 只对提高"赤经渐远型"交会的最优速度增量估计精度有帮助。这说明，除了出发目标和交会目标的半长轴、偏心率和轨道倾角外，只要再加上出发目标和交会目标的初始升交点赤经差和终端升交点赤经差，以及交会时间，就可以较为准确地估计出"赤经渐近型"交会的最优速度增量，而对于"赤经渐远型"交会，除了上述特征外，加上出发目标初始升交点赤经和交会目标

终端升交点赤经的差这一特征可以进一步提高最优速度增量估计的精度。

　　表 3.5 中的七组估计结果表明,对于"赤经相交型"交会,只需要用出发目标和交会目标的半长轴、偏心率和轨道倾角六个特征就可以较为准确地估计其最优速度增量。这一结果也进一步验证了 3.2 节中阐述的第一条结论的正确性。

　　基于上述结果,本章将表 3.4 中的第 7 组特征组合确定为"赤经渐近型"交会最优速度增量的学习特征,将表 3.5 中的第 1 组特征组合确定为"赤经相交型"交会最优速度增量的学习特征,将表 3.6 中的第 7 组特征组合确定为"赤经渐远型"交会最优速度增量的学习特征。可以看出,三种交会类型的最优学习特征都不一样。这进一步说明了本章对摄动多脉冲交会所分类型的合理性,也说明了对其进行分类估计最优速度增量的必要性。

3.3.4.3　网络规模与训练集规模确定

　　为了避免在训练过程中出现欠拟合或是过拟合,用于估计三种交会类型最优速度增量的多层感知机需要确定适合各自的网络规模,也即是网络的隐含层数目和节点数目。本小节基于上一小节确定的三组特征,对不同的隐含层数目和节点数目进行测试,以确定三个多层感知机的最优网络规模。比较不同隐含层数目和节点数目的估计性能时,训练集规模也设为 5000。

　　图 3.12～图 3.14 给出的隐含层分别为两层、三层和四层,节点数目分别取

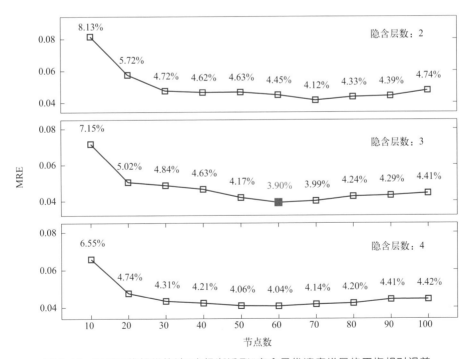

图 3.12　不同网络规模估计"赤经渐近型"交会最优速度增量的平均相对误差

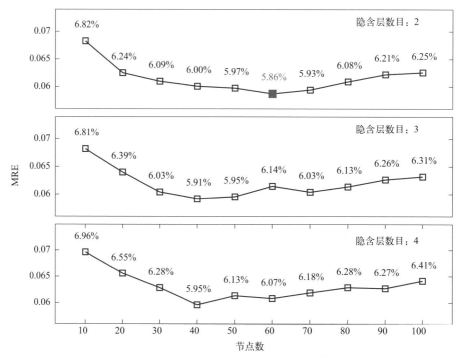

图 3.13 不同网络规模估计"赤经相交型"交会最优速度增量的平均相对误差

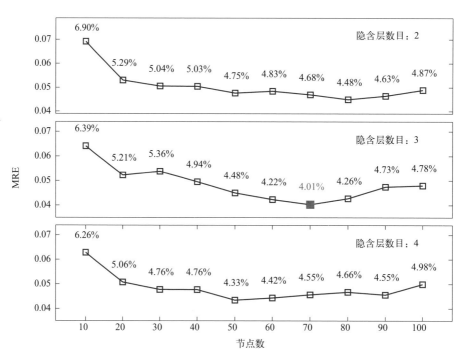

图 3.14 不同网络规模估计"赤经渐远型"交会最优速度增量的平均相对误差

10～100 时三种交会类型的平均相对估计误差。从图中的结果可以看出,对于"赤经相交型"交会,隐含层层数取为两层,每层节点数取为 60 个是一个比较适合的网络规模。但对于"赤经渐近型"交会和"赤经渐远型"交会,隐含层层数取为 3 层更好。"赤经渐近型"交会每层的节点数依然取为 60 个,但"赤经渐远型"交会取为 70 个估计精度更高。因此,三个多层感知机的网络规模分别设为 3×60、2×60 和 3×70。考虑到三个多层感知机的特征也即输入数目分别为 9、6 和 10,这说明,随着特征数目的增多,最优的网络规模也要相应地扩大。

图 3.15 给出了网络规模确定后,三类交会最优速度增量估计精度随训练集规模变化的情况。图 3.15 中的结果表明,只要训练样本足够,三类交会的最优速度增量估计误差都可以降到 3% 以下。对于"赤经相交型"交会,5 万个训练样本就能基本收敛到最佳的估计精度,但对于"赤经渐近型"交会和"赤经渐远型"交会,分别至少需要 7 万和 8 万个样本。这说明,随着特征数目的增多,网络规模的扩大,所需要的训练数据样本量也要相应地增大。而更大的网络规模和训练数据需求也说明准确估计"赤经渐近型"交会和"赤经渐远型"交会的最优速度增量比准确估计"赤经相交型"交会的最优速度增量难度更大。

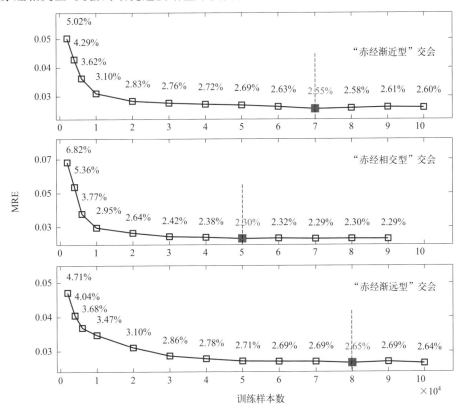

图 3.15　不同训练集规模估计三种交会类型最优速度增量的平均相对误差

图 3.15 显示,当训练集达到一定规模后,再增加训练数据对于三种交会类型都不能进一步减小网络的估计误差。考虑到训练集中的最优解由数值优化获得,训练样本的最优速度增量与真实的这两个目标之间摄动多脉冲交会的最优速度增量可能还存在微小的误差,再加上所研究的最优速度增量估计问题本身可能存在一定的系统随机性,学习特征和最优速度增量之间不是特别严格的函数对应关系,因此,这部分估计误差无法避免。但是,对于空间多目标交会轨道设计时确定最优序列来说,不高于 3% 的估计误差已可以接受。

此外,在 GTOC-9 比赛中,冠军获得者 JPL 尝试制作一个用于估计两两目标之间摄动多脉冲最优交会的庞大数据库,然后在序列规划的时候直接从数据库中读取相应目标之间的最优转移速度增量[7,8]。对于上百个空间目标在长达八年时间里的序列规划问题,如果要制作一个能全面覆盖解空间的两两目标交会的数据库,需要至少获得数十亿个最优交会解,这种时间消耗对于争分夺秒的竞赛来说是难以承受的。而采用本章的基于神经网络学习的方法,只需要获得数万个最优交会解就能以较小的误差估计出任意两目标在任意时刻和任意交会时间下的最优转移速度增量。从这个角度来说,基于神经网络学习的最优速度增量估计方法在实际序列规划应用中具有明显的优势。

3.3.4.4 与解析估计方法的比较

在 GTOC-9 比赛中,国防科技大学代表队(National University of Defense Technology,NUDT)和西安卫星测控中心代表队(Xi'an Satellite Control Center,XSCC)都采用了解析方法估计两目标之间的最优转移速度增量,分别获得了比赛的第二和第三名。国防科技大学代表队主要采用基于高斯变分方程的解析估计方法,西安卫星测控中心代表队主要采用基于 Edelbaum 脉冲增量分析的解析估计方法。为了说明方便,本节将上述解析估计方法分别命名为 NUDT 估计方法和XSCC 估计方法。

表 3.7 给出了两种解析估计方法与神经网络估计方法在三类交会测试集上的估计误差对比。从表 3.7 中可以看出,对于三种交会类型,两种解析估计方法的估计精度都要比本章提出的神经网络估计方法差得多。由于两种解析估计方法都是将调整轨道参数差的速度增量分开进行估计,且估计每一部分的时候缺乏考虑其他关键的特征,如交会时间。因此,两种解析估计方法的估计精度不高,在估计"赤经渐近型"交会和"赤经渐远型"交会时的估计误差甚至超过了 20%。

表 3.7 两种解析估计方法与神经网络估计方法在三类交会测试集上的估计误差

项目	"赤经渐近型"交会	"赤经相交型"交会	"赤经渐远型"交会
NUDT 估计方法	20.37%	17.93%	20.82%

续表

项目	"赤经渐近型"交会	"赤经相交型"交会	"赤经渐远型"交会
XSCC 估计方法	21.96%	16.28%	22.43%
神经网络估计方法	2.56%	2.29%	2.64%

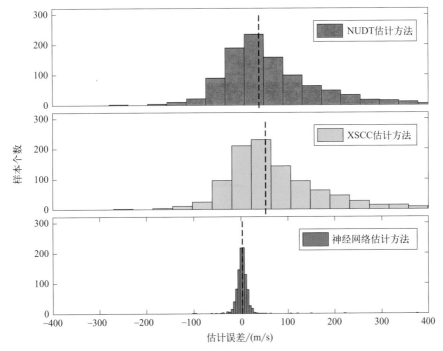

图 3.16　三种估计方法估计"赤经渐近型"交会最优速度增量的误差分布

　　图 3.16～图 3.18 给出了三种估计方法在三类交会测试集上的估计误差分布情况。明显地,两种解析估计方法获得的估计误差的分布比神经网络方法获得的估计误差的分布要宽得多,并且分布的中心都偏离 0,而神经网络估计方法的分布中心基本在 0 附近。这说明神经网络估计方法在估计最优速度增量时是无偏估计,而 NUDT 估计方法和 XSCC 估计方法都存在系统估计误差,并且NUDT 估计方法和 XSCC 估计方法的随机估计误差也要比神经网络估计方法大得多。

3.3.4.5　多目标交会估计实例测试

　　为了进一步验证训练的三个多层感知机在实际交会序列估计应用中的估计效果,本小节对两条实际的摄动多脉冲交会序列进行测试。这两条交会序列均由JPL 在 GTOC-9 比赛中获得。第一条交会序列包含 14 个空间碎片,由 13 段多脉

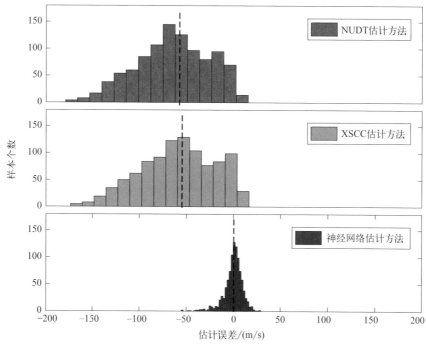

图 3.17 三种估计方法估计"赤经相交型"交会最优速度增量的误差分布

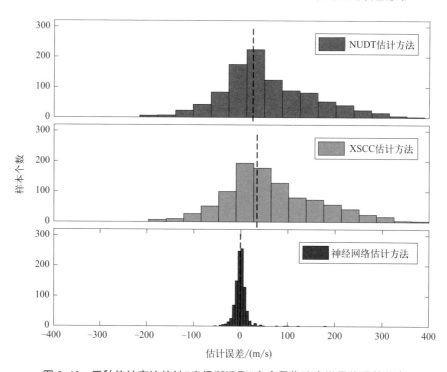

图 3.18 三种估计方法估计"赤经渐远型"交会最优速度增量的误差分布

冲交会组成；第二条交会序列包含 12 个空间碎片，由 11 段多脉冲交会组成。表 3.8 给出了两条序列中各碎片的编号、每段交会的从当前碎片出发的时刻以及到达下一颗碎片的时刻。碎片的轨道参数可通过 GTOC Portal 网站获得。

表 3.8　交会序列碎片编号及各出发与到达时刻

序列	碎片编号	到达时刻，MJD2000	出发时刻，MJD2000
1	23	—	23557.18
	55	23587.04	23592.04
	79	23617.02	23622.06
	113	23644.48	23649.49
	25	23674.48	23679.49
	20	23679.78	23684.81
	27	23695.44	23700.44
	117	23725.44	23730.44
	121	23733.14	23738.14
	50	23739.65	23744.68
	95	23746.09	23751.12
	102	23775.79	23780.83
	38	23805.14	23810.18
	97	23816.04	—
2	33	—	25951.06
	68	25973.75	25979.26
	116	25983.50	25989.03
	106	26013.50	26019.03
	14	26043.49	26049.02
	52	26073.49	26079.04
	120	26103.48	26109.02
	80	26133.48	26139.01
	16	26163.47	26169.01
	94	26193.47	26199.02
	83	26217.56	26223.08
	89	26232.30	—

　　图 3.19 和图 3.20 分别给出了两条交会序列 JPL 优化的速度增量和神经网络估计的速度增量的累计变化情况。从图中可以看出,第一条交会序列的总速度增量误差为 9m/s,相对误差仅为 0.29%,第二条交会序列的总速度增量误差为 8m/s,相对误差仅为 0.31%。结果表明,神经网络估计的结果与 JPL 优化的结果基本吻合,这说明基于虚拟访问目标最优交会解集训练得到的神经网络用于实际的两目标估计可以达到比较好的估计效果,这一结果也验证了所训练的三个多层感知机的泛化能力。

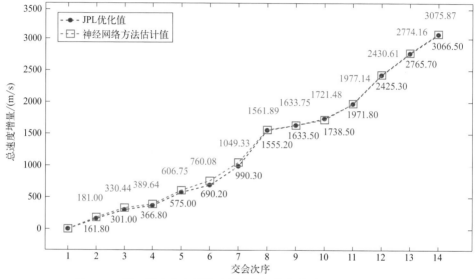

图 3.19　第一条交会序列速度增量优化值与估计值累计变化情况

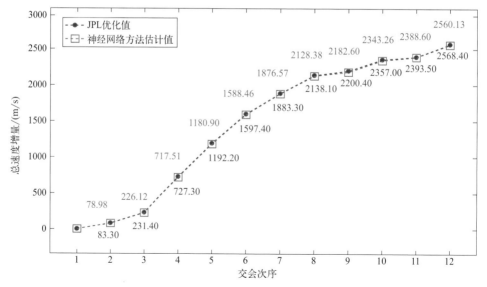

图 3.20　第二条交会序列速度增量优化值与估计值累计变化情况

进一步地,我们可以发现,第一条交会序列估计的速度增量和实际优化的速度增量的吻合效果没有第二条交会序列来得好,尤其是第一条交会序列中的前 6 段交会,估计的总速度增量与实际优化的总速度增量有 70m/s 左右的误差。但是,从图 3.16~图 3.18 可以看出,采用神经网络方法估计最优转移速度增量时,估计结果只有随机误差,没有系统误差。虽然前 6 段交会的估计误差累计值偏高,但通过后面几段交会的误差中和,整条交会序列的总速度增量误差最终还是可以达到一个比较小的值。需要强调的是,对于用于序列规划的估计工具,我们更关注的是整条序列总速度增量的估计误差,而不是序列中每段交会各自的估计误差,因此,上一小节中对比的两种解析估计方法不适用于序列规划问题的估计,因为从图 3.16~图 3.18 中可以看出两种解析估计方法都存在系统误差,随着交会序列长度的增加,总速度增量的累计估计误差会越来越大。而本章提出的基于神经网络学习的估计方法不存在这样的问题,对于神经网络估计方法来说,序列越长反而越好,因为总速度增量的估计结果受随机误差的影响会越小。

3.4　机动受限的摄动交会机动规划方法

3.4.1　典型摄动交会任务

3.4.1.1　远距离导引任务

追踪器位置矢量在目标轨道平面内的投影与目标器位置矢量之间的夹角称为相位角。"调相"指调整相位角,利用轨道高度较低(较高)的航天器角速度较大(较小)的性质,在适当的地方调整追踪器的轨道高度,可以调整相位角变化率,以在预定的时刻获得期望的相位角。

远距离导引段,也称远程导引段,国际上通常称为调相段或地面导引段。在远距离导引段,追踪器在地面测控(或卫星定位系统及中继卫星)的支持下,进行数次变轨,修正入轨时的轨道偏差,到达目标器后下方几十千米处的近距离交会段初始位置[9]。

如图 3.21 所示,追踪器需要执行四次迹向机动与一次法向机动,以在远距离导引终端到达初始瞄准点,具体过程如下:

① 在第 N_1 圈远地点纬度幅角 u_1 施加迹向冲量 Δv_{t1},调整近地点高度;

② 在第 N_2 圈近地点纬度幅角 u_2 施加迹向冲量 Δv_{t2},调整远地点高度;

③ 在第 N_3 圈纬度幅角 u_3 处施加法向冲量 Δv_{z3},同时调整轨道倾角和升交点赤经;

④ 在第 N_4 圈近地点纬度幅角 u_4 处施加迹向冲量 Δv_{t4}，调整远地点高度；

⑤ 在第 N_5 圈远地点纬度幅角 u_5 处施加迹向冲量 Δv_{t5}，调整偏心率，进行轨道圆化。

方案中，Δv_{t1}、Δv_{t2}、Δv_{t4}、Δv_{t5} 为面内轨道控制变量，u_3、Δv_{z3} 为面外轨道控制变量。

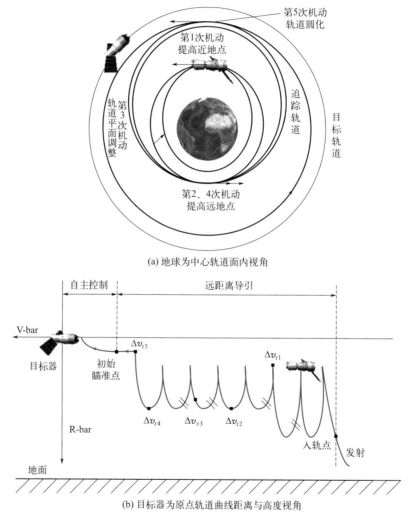

(a) 地球为中心轨道面内视角

(b) 目标器为原点轨道曲线距离与高度视角

图 3.21　远距离导引任务机动过程

3.4.1.2　目标调相任务

载人交会对接任务常要求目标器在近圆回归轨道上运行，而追踪器的交会机动方案对交会初始相位角也有一定要求。交会初始相位角为追踪器入轨时目标器与追踪器的纬度幅角差，因此对交会初始相位角的要求可以由调整目标器的纬度幅角满足。在交会对接任务前,如果目标器使用较少的推进剂进行数次机动来调整其纬度幅角,将便于交会轨道设计,如:拓宽追踪器发射窗口、标准化交会轨道机动计划等。目标器的这个机动任务被称为"目标调相任务"。以前,目标调相操作经常在载人交会任务前执行,却较少在无人交会任务前采用,这是由于载人追踪器的交会飞行时间一般远短于无人追踪器,其交会机动方案的相位兼容能力相对较小,因而需要目标器的相位配合。近年来,俄罗斯和中国各成功执行了多次短时间快速交会任务,大多需要目标器的相位配合,以节省交会过程任务时间,减少天地测控团队的负荷[10]。

如图 3.22 所示,为了配合追踪器的入轨,目标器需要执行四次迹向机动,N_j、u_j 与 $\Delta v_{tj}(j=1,2,3,4)$ 分别为第 j 次机动的圈次、纬度幅角与冲量大小,其中下标"t"表示迹向。以 t_0 与 t_f 分别表示目标调相任务的初始时刻与终端时刻,t_f 同时也代表着追踪器的入轨时刻,以 t_j 表示第 j 次机动的执行时刻。四次机动安排如下[11]:

① 第 1 次机动安排在任务开始后数圈内执行,以提供最大的相位调整能力。

② 第 2 次机动在任务中期执行,以提供较好的相位调整能力,同时误差扩散时间小于第 1 次机动。第 1 次机动后,通过修正第 2 次机动的冲量大小可以有效地修正第 1 次机动的误差。

③ 第 3、4 次机动相位调整能力较弱,安排在较接近任务终端的圈次执行,可以有效地调整半长轴与偏心率,同时其执行误差引起的相位误差扩散时间较小。

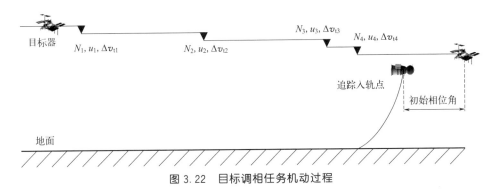

图 3.22　目标调相任务机动过程

3.4.2　建模分析与求解分析

（1）建模分析

对上面给出的远距离导引任务与目标调相任务,设计变量主要为机动位置与冲量大小,目标函数为总速度增量或总推进剂消耗,约束条件主要为终端位置速度要求。

根据设计变量的搜索便利原则,机动位置选择为机动圈次与机动点纬度幅角,有利于算法跳出长时间交会问题的局部最优。

由于任务过程中没有涉及非轨道机动类质量变化,目标函数可选择为总速度增量或推进剂消耗。

在约束条件的处理上,必须有效利用相对动力学方程中机动冲量对终端条件的影响关系。

(2)求解分析

轨道摄动是长时间交会问题必须考虑的因素,其给交会轨迹规划问题的求解带来三个难题:

① 由二体轨道动力学模型简化而来的相对动力学方程(可用于描述数天交会任务),已难以表述长时间交会问题的主要特性,需要有考虑主要摄动因素的相对动力学方程;

② 采用高精度数值轨道积分计算长时间交会轨道时,单次轨道积分计算量较大,不便于规划计算中多次调用;

③ 短时间交会任务中,轨道面内外的相对运动常做解耦处理,以简化问题的分析与求解,但在长时间交会任务中轨道面内外相对运动的耦合效应不能忽略。

针对第一个难题,本章推导了考虑 J_2 摄动的相对动力学方程,该方程可以表征长时间交会问题的主要特性。远距离导引任务与目标调相任务均对机动方向进行了限制,因此在问题求解过程中利用相对动力学方程时,需要进行适应性处理。

针对第二个难题,拟建立保持长时间交会主要特性的近似规划问题,通过求解近似规划问题来获得原问题的近似优化解。这样的处理却带来了另外一个问题,即如何将近似解改进为精确解。拟将近似解与数值摄动轨道积分结合通过打靶迭代改进为精确解。

针对第三个难题,拟从两方面进行处理:一方面在近似规划问题的建立过程中需要考虑轨道面内外相对运动的耦合,另一方面在将近似解改进为精确解的打靶迭代中考虑轨道面内外相对运动的耦合。

当近似规划问题的设计变量中同时含有总体参数类离散变量(机动圈次)、总体参数类连续变量(机动点纬度幅角)、局部参数类连续变量(机动冲量大小)时,需要采用分层-混合式求解框架;当近似规划问题中仅同时含有总体参数类离散变量(机动圈次)、局部参数类连续变量(机动冲量大小)时,可以采用分层式求解框架。

3.4.3　远距离导引机动规划

3.4.3.1　规划问题模型

设计变量为各次机动的圈次、冲量大小及法向机动的纬度幅角:

$$\boldsymbol{x} = (\boldsymbol{x}_{rev}, \boldsymbol{x}_{\Delta v}, x_{arg}) \tag{3.4}$$

其中，$\boldsymbol{x}_{rev} = (N_1, N_2, N_3, N_4, N_5)$，$\boldsymbol{x}_{\Delta v} = (\Delta v_{t1}, \Delta v_{t2}, \Delta v_{z3}, \Delta v_{t4}, \Delta v_{t5})$，$x_{arg} = u_3$。

目标函数为最小化总速度增量：

$$f = \Delta v_{total} = \sum_{j=1}^{2} |\Delta v_{tj}| + |\Delta v_{z3}| + \sum_{j=4}^{5} |\Delta v_{tj}| \tag{3.5}$$

在远距离导引终端，追踪器需要与目标器共面，并进入目标后下方数十千米处的近圆轨道。该要求可表述为对终端半长轴、偏心率、纬度幅角、轨道倾角及升交点赤经的约束：

$$\bar{a}_{cha}(t_f) - \bar{a}_{tar}(t_f) = \Delta \bar{a}_{aimf} \tag{3.6}$$

$$\bar{e}(t_f) < \varepsilon_e \tag{3.7}$$

$$u_{cha}(t_f) - u_{tar}(t_f) = \Delta u_{aimf} \tag{3.8}$$

$$i_{cha}(t_f) - i_{tar}(t_f) = 0 \tag{3.9}$$

$$\Omega_{cha}(t_f) - \Omega_{tar}(t_f) = 0 \tag{3.10}$$

其中，$\Delta \bar{a}_{aimf}$、Δu_{aimf} 分别为瞄准半长轴差与纬度幅角差。

各次机动位置受到测控条件及机动计划的约束，表现为机动圈次只能在一定范围内变化，即：

$$N_{jL} \leqslant N_j \leqslant N_{jU}, \quad j = 1, 2, 3, 4, 5 \tag{3.11}$$

3.4.3.2 求解策略

首先基于考虑 J_2 摄动的相对动力学方程建立近似规划问题，采用整数遗传算法获得近似问题的解，再采用打靶迭代将近似解拓展为高精度解。

(1) 近似规划问题及求解策略

相对目标调相任务，远距离导引任务的终端时刻固定，考虑升交点漂移时轨道机动对终端相位角的影响关系同式(2.34)的第二个方程。为了简化构建近似规划问题的过程，忽略轨道机动通过高度衰减的间接影响，但轨道面内外机动的耦合作用需要在近似问题中考虑。

近似规划问题的设计变量及约束条件与原问题基本相同，但将终端圈次的变化也作为设计变量，下面依据分层式求解框架制定求解策略。近似规划问题的上层设计变量为：

$$\boldsymbol{x}' = (\Delta N_1, \Delta N_2, \Delta N_3, \Delta N_4, \Delta N_5, l) \tag{3.12}$$

其中，$\Delta N_j = N_f - N_j \approx \dfrac{\Delta t_j}{T_r}$ 为第 j 次机动距终端的圈次，N_f 为任务终端圈次，$\Delta t_j = t_f - t_j$；l 为通过轨道机动引起的追踪器轨道终端圈数变化量。

近似规划问题的下层设计变量为第 3 次机动的纬度幅角及各次机动的冲量大小。忽略面外机动对相位角的影响，面内机动冲量可根据式(2.35)表示为终端脱靶量与上层设计变量的显式函数：

$$(\Delta v_{t1},\Delta v_{t2},\Delta v_{t4},\Delta v_{t5})^{\mathrm{T}}=-\left[\boldsymbol{\psi}_1,\boldsymbol{\psi}_2,\boldsymbol{\psi}_4,\boldsymbol{\psi}_5\right]^{-1}\Delta \boldsymbol{S}_{\mathrm{in}}v_r \qquad (3.13)$$

其中

$$\Delta \boldsymbol{S}_{\mathrm{in}}=\left(\frac{\delta a}{a_r},\delta\theta-2k\pi,\delta\xi,\delta\eta\right)^{\mathrm{T}}$$

$$\boldsymbol{\psi}_j=\begin{bmatrix} 2 \\ \left[-3n_r-7C_r(3-4\sin^2 i_r)\right]T_r\Delta N_j \\ 2\cos(u_j+\dot{\omega}_{J_2}T_r\Delta N_j) \\ 2\sin(u_j+\dot{\omega}_{J_2}T_r\Delta N_j) \end{bmatrix},\quad j=1,2,4,5$$

面内机动对升交点赤经的影响为：

$$\begin{aligned}\Delta\Omega_{\mathrm{in}}&=\sum_{j=1}^{2}7C_r\cos i_r T_r\Delta N_j\Delta v_{tj}+\sum_{j=4}^{5}7C_r\cos i_r T_r\Delta N_j\Delta v_{tj}\\&=7C_r\cos i_r\frac{T_r}{v_r}\left(\sum_{j=1}^{2}\Delta N_j\Delta v_{tj}+\sum_{j=4}^{5}\Delta N_j\Delta v_{tj}\right)\end{aligned} \qquad (3.14)$$

因此，面外冲量、机动点纬度幅角与终端面外脱靶量关系为：

$$\begin{pmatrix}0\\ \Delta\Omega_{\mathrm{in}}\end{pmatrix}+\begin{bmatrix}\cos u_3\\ \sin u_3/\sin i_r+C_r\sin i_r\cos u_3 T_r\Delta N_3\end{bmatrix}\frac{\Delta v_{z3}}{v_r}=-\Delta\boldsymbol{S}_{\mathrm{out}} \qquad (3.15)$$

其中，$\Delta\boldsymbol{S}_{\mathrm{out}}=(\delta i,\delta\Omega)^{\mathrm{T}}$。

当 $\delta i=0$ 时，式(3.15)的解为：

$$\begin{cases}u_3=90°\\ \Delta v_{z3}=-(\delta\Omega+\Delta\Omega_{\mathrm{in}})\sin i_r v_r\end{cases}\quad 或\quad \begin{cases}u_3=270°\\ \Delta v_{z3}=(\delta\Omega+\Delta\Omega_{\mathrm{in}})\sin i_r v_r\end{cases}\quad \delta i=0$$

$$(3.16)$$

当 $\delta i\neq 0$ 时，式(3.15)的解为：

$$\begin{cases}u_3=\arctan\left[\sin i_r\left(\dfrac{\delta\Omega+\Delta\Omega_{\mathrm{in}}}{\delta i}-C_r\sin i_r T_r\Delta N_3\right)\right]\\ \Delta v_{z3}=\dfrac{-\delta i}{\cos u_3}v_r\end{cases}\quad \delta i\neq 0 \qquad (3.17)$$

式(3.15)一般有两个解，两个解的机动点纬度幅角相差 180°，冲量大小相等方向相反，可以通过测控条件或指定机动点纬度幅角范围来确定采用哪个解。

（2）近似规划优化算法

近似问题上层优化的设计变量均为整数，这里采用整数编码遗传算法进行寻优。设计变量 x' 直接作为染色体，交叉、变异算子采用实数编码的算术交叉与均匀变异，选择算子为锦标赛选择，在初始化、交叉、变异后所有变量均需要进行取整操作。遗传算法的流程参见 2.5.2.2 节：分层式混合编码遗传算法，其中，下层连续变量的寻优对应求解线性方程式(3.13)与式(3.15)。

（3）原问题的精确解

近似问题的解不能精确满足高精度轨道积分的终端条件。下面建立一种考虑轨道面内外耦合的打靶迭代流程，以将近似解改进为精确解。迭代流程如下：

① 数值积分目标轨道到终端；不考虑轨道机动，大气阻力影响仅考虑一半，数值积分追踪器轨道到终端，计算轨道面内外的脱靶量 $\delta \boldsymbol{S}_{\text{in},0} = (\delta a_0/a_r, \delta \theta_0, \delta \xi_0, \delta \eta_0)^{\text{T}}$ 与 $\delta \boldsymbol{S}_{\text{out},0} = (\delta i_0, \delta \Omega_0)^{\text{T}}$，根据式(3.14)计算面内机动对升交点漂移的影响 $\delta \Omega_{\text{in},0}$；$k=0$，给用于计算机动冲量的偏差赋值 $\Delta \boldsymbol{S}'_{\text{in},k} = \delta \boldsymbol{S}_{\text{in}0}, \Delta \boldsymbol{S}_{\text{out},k} = \delta \boldsymbol{S}_{\text{out},0}$ 与 $\Delta \Omega'_{\text{in},k} = \delta \Omega_{\text{in},0}$。

② 采用遗传算法优化近似问题。当算法给出近似问题的一组设计变量值时，$\Delta \boldsymbol{S}_{\text{in},k} = \Delta \boldsymbol{S}'_{\text{in},k} + (0, -2l\pi, 0, 0)^{\text{T}}$，将 $\Delta \boldsymbol{S}_{\text{in},k}$ 代入式(3.13)计算 $(\Delta v_{t1}, \Delta v_{t2}, \Delta v_{t4}, \Delta v_{t5})^{\text{T}}$；根据式(3.14)计算 $\Delta \Omega_{\text{in},k}$，并用 $\Delta \Omega'_{\text{in},k}$ 进行更新：$\Delta \Omega_{\text{in},k} = \Delta \Omega_{\text{in},k} - \Delta \Omega'_{\text{in},k}$；将 $\Delta \boldsymbol{S}_{\text{out},k}$ 与 $\Delta \Omega_{\text{in},k}$ 代入式(3.16)与式(3.17)计算 $u_3, \Delta v_{z3}$。

③ 根据求解近似问题获得的机动参数积分追踪器轨道，计算轨道面内外脱靶量 $\delta \boldsymbol{S}_{\text{in},k} = (\delta a_k/a_r, \delta \theta_k, \delta \xi_k, \delta \eta_k)^{\text{T}}$ 与 $\delta \boldsymbol{S}_{\text{out},k} = (\delta i_k, \delta \Omega_k)^{\text{T}}$。

④ 如果脱靶量各分量均达到收敛标准，则停止迭代，将此时近似问题的解作为原问题的精确解；否则，进入⑤。

⑤ 若 $k<3$ 或 k 为偶数，$\Delta \boldsymbol{S}'_{\text{in},k} = \Delta \boldsymbol{S}'_{\text{in},k} + \delta \boldsymbol{S}_{\text{in},k}$；若 $k<3$ 或 k 为奇数，$\Delta \boldsymbol{S}_{\text{out},k} = \Delta \boldsymbol{S}_{\text{out},k} + \delta \boldsymbol{S}_{\text{out},k}$。根据式(3.14)更新 $\Delta \Omega'_{\text{in},k}$，$k=k+1$，返回②。

3.4.3.3　算例：远距离导引机动规划

（1）问题配置

初始时刻 $t_0 = 0\text{s}$，对应的协调世界时为 2010-06-21 00:00:00.00，终端时刻 $t_f = 1209600\text{s}$(14 天)。货运飞船或空间站舱段作为无人追踪器，在轨飞行时间不受限于航天员生活消耗品限制，允许长达 14 天的飞行时间，以在交会对接前进行充分的在轨测试，并可以获得兼容性相对较好的远距离导引飞行方案。初始圈次为 1，目标器与追踪器的初始轨道要素分别为：

$$\boldsymbol{E}_{\text{tar}}(t_0) = (6720.14\text{km}, 0.00001, 42°, 169.2°, 100°, 145°)$$

$$\boldsymbol{E}_{\text{cha}}(t_0) = (6638.14\text{km}, 0.009039, 42.05°, 171°, 120°, 1°)$$

考虑的摄动因素包括地球非球形摄动及大气阻力摄动，引力场为 10×10 阶次的 JGM3 模型，大气模型为 NRLMSISE-00 模型。轨道积分采用带 8 阶误差控制的 7 阶 RKF(Runge-Kutta-Fehlberg)积分器，时间步长为 60s，地磁指数 $Kp=4$，其他力学模型参数如表3.9所示。

表3.9　远距离导引规划航天器力学模型参数

参数名	参数值	参数名	参数值
目标器质量	10000kg	目标器阻力面积	$30m^2$
追踪器质量	8000kg	追踪器阻力面积	$20m^2$
阻力系数 C_d	2.2	日均F10.7	150
发动机比冲	3000m/s	平均F10.7	150

各机动圈次的搜索区间分别为[3,15]、[17,30]、[90,105]、[180,195]与[197,210],法向机动的纬度幅角范围为[90°,270°]。两个航天器终端平均半长轴差要求为 $\Delta\bar{a}_{aimf}=-15km$,纬度幅角差要求为 $\Delta u_{aimf}=-0.445°$,瞄准点对应目标器轨道下方15km后方约50km的近圆轨道。终端平均半长轴、纬度幅角、轨道倾角、升交点赤经与平均偏心率的收敛标准分别为 $\varepsilon_a=0.2km$、$\varepsilon_u=0.002°$、$\varepsilon_i=0.001°$、$\varepsilon_\Omega=0.001°$ 与 $\varepsilon_e=1.0\times10^{-4}$。

(2)近最优解

采用提出的求解策略获得的最小速度增量为72.517m/s,相应的推进剂消耗为191.061kg,表3.10给出了具体机动参数,表3.11给出了迭代各步的终端脱靶量。图3.23与图3.24分别给出了相位角与追踪器平均半长轴的变化过程。

表3.10　远距离导引规划近最优解轨道机动参数

机动序号	机动圈次	机动点纬度幅角/(°)	脉冲/(m/s)
1	3	303.74706	18.89535
2	17	122.99677	1.19176
3	95	257.44008	30.40866
4	195	220.22528	5.21506
5	198	33.69355	16.86289

由表3.11可知,终端脱靶量随着迭代次数增加而稳定减小;当 $k=9$ 时,终端脱靶量满足设定的收敛标准,算法正常退出。追踪器的终端圈次由无机动时的226调整为收敛时的224,即 $l=-2$。

表3.10中,所有的迹向冲量均为正值,均用于提高轨道高度,因此面内转移是近最优的。当 l 固定为 -1 时,采用类似的优化过程获得的最小速度增量为102.008m/s;当 l 固定为 -3 时,采用类似的优化过程获得的最小速度增量为152.831m/s。这两个值均大于提出方法获得的近最优解。因此,获得的解为有效

的近最优解。

表 3.11　远距离导引规划迭代终端条件变化过程

迭代次数	$\delta a/\mathrm{km}$	e	$\delta\theta/(°)$	$\delta i/(°)$	$\delta\Omega/(°)$	N_f
0	−70.01985	0.0073555	−46.57391	0.04910	−1.37730	226
1	−3.13130	0.0012368	18.13322	−0.00052	−0.00779	224
2	0.20957	0.0005815	−2.20220	0.00007	0.00589	224
3	−0.40632	0.0018350	4.16025	0.00028	−0.00648	224
4	−0.41242	0.0017999	4.26009	−0.00005	−0.00030	224
5	0.04197	0.0000344	−0.86618	−0.00008	0.00208	224
6	0.04309	0.0000340	−0.87707	−0.00007	3.11×10^{-6}	224
7	−0.01173	0.0000346	0.10697	−0.00005	−0.00030	224
8	−0.01191	0.0000320	0.10732	0.00016	0.00007	224
9	0.00121	0.0000321	−0.01130	$−2.08\times10^{-7}$	0.00003	224
10	0.00123	0.0000321	−0.01144	$−4.43\times10^{-6}$	$−1.58\times10^{-6}$	224
11	0.00106	0.0000319	0.00150	$−4.20\times10^{-6}$	$−5.90\times10^{-6}$	224

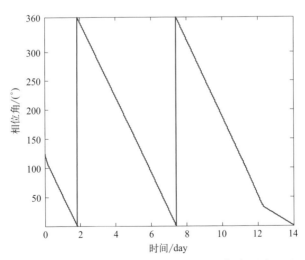

图 3.23　远距离导引规划近最优解相位角变化过程

（3）特性分析

① 相位角的影响。为了分析初始相位角对速度增量的影响，在目标器初始纬度幅角上增加变化量 $\Delta u_{t0}\in[-180°,180°]$，同时保持其他轨道要素的平根数值不变。图 3.25 给出了总速度增量（$\Delta v_{\mathrm{total}}$）、面外速度增量（$|\Delta v_z|$）及面内速度增量

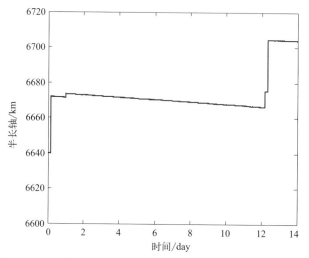

图 3.24   远距离导引规划近最优解追踪器平均半长轴变化过程

$(\Delta v_{\text{in-plane}} = \Delta v_{\text{total}} - |\Delta v_z|)$ 与目标器初始纬度幅角变化量的关系。图 3.26 给出了用于对比的算例的结果，对比算例中，总飞行时间为 172800s(两天)，轨道机动圈次分别为 3、6、15、24 与 28，目标初始升交点赤经为 169.2°。

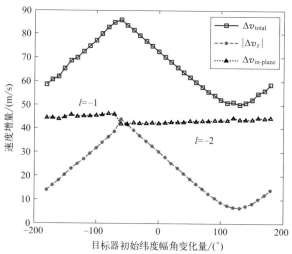

图 3.25   远距离导引速度增量与目标器初始纬度幅角变化量的关系(两周任务)

从图 3.25 可以看出，总速度增量的变化规律与面外速度增量的变化规律是一致的，而面内速度增量几乎保持不变。这说明，从面内转移的角度，长时间交会任务可以兼容任意初始相位。然而，两天交会任务并不具有这样的特性：当相位角变化量大于约 50°时(即 $|\Delta u_{t0}| > 50°$)，图 3.26 中面内速度增量具有显著的变化。从

面外调整的角度,通过面内机动对升交点漂移的间接作用,初始相位角(一个面内设计参数)对面外速度增量有显著影响。这一特性确认了在近似问题中引入式(3.14)以考虑轨道面内外相对运动耦合作用的必要性。

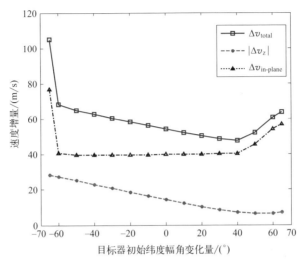

图 3.26　远距离导引速度增量与目标器初始纬度幅角变化量的关系(两天任务)

　② 升交点赤经差的影响。为了分析初始升交点赤经差对速度增量的影响,在追踪器初始升交点赤经上增加变化量 $\Delta\Omega_{c0} \in [-1.5°, 1.0°]$,同时保持其他轨道要素的平根数值不变。图 3.27 给出了总速度增量 Δv_{total}、面外速度增量 $|\Delta v_z|$ 及面内速度增量 $\Delta v_{in\text{-}plane}$ 与追踪器初始升交点赤经变化量的关系。图 3.28 给出了其对比算例的情况,对比算例的问题配置同图 3.26 的问题配置。

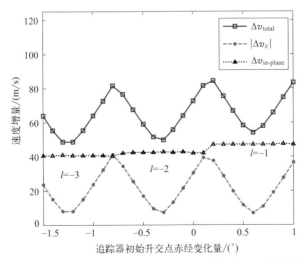

图 3.27　远距离导引速度增量与追踪器初始升交点赤经变化量的关系(两周任务)

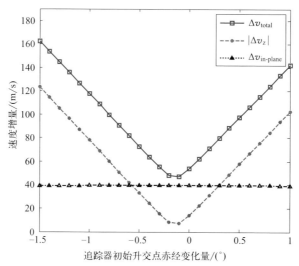

图 3.28　远距离导引速度增量与追踪器初始升交点赤经变化量的关系(两天任务)

　　从图 3.27 可以看出,随着追踪器初始升交点赤经变化,总速度增量与面外速度增量有三个局部极小值,而每个极小值对应不同的终端圈次(l 值不同)。然而,图 3.28 中的两天调相任务,只有一个极小值。因此,长时间交会任务通过瞄准不同的终端圈次,可以兼容相对较宽的追踪器初始升交点赤经区间。一个局部极小值在实际任务中一般对应追踪器的一个共面发射窗口,因而长时间交会任务中的追踪器可以具有多个连续的发射窗口。这一特性将有利于交会任务的实施。

3.4.4　目标调相机动规划

3.4.4.1　规划问题模型

设计变量为各次机动的圈次、纬度幅角、冲量大小以及任务终端时刻:

$$\boldsymbol{x} = (N_1, N_2, N_3, N_4, u_1, u_2, u_3, u_4, \Delta v_{t1}, \Delta v_{t2}, \Delta v_{t3}, \Delta v_{t4}, t_f) \tag{3.18}$$

目标函数为最小化任务总速度增量:

$$f = \Delta v_{total} = \sum_{j=1}^{4} |\Delta v_{tj}| \tag{3.19}$$

约束条件包括以下几方面。

首先,终端时刻的目标器纬度幅角 $u(t_f)$ 需要满足追踪器入轨时的初始相位角要求:

$$u(t_f) = u_{aimf} \tag{3.20}$$

其中,u_{aimf} 为瞄准纬度幅角。

其次,近圆回归轨道要求可表述为对半长轴及偏心率的要求:

$$\overline{a}(t_f) = \overline{a}_{aimf} \tag{3.21}$$

$$\overline{e}(t_f) < \varepsilon_e \tag{3.22}$$

其中,上标"—"表示拟平根数;$\overline{a}_{aimf}$ 为瞄准平均半长轴;ε_e 为允许的偏心率上界。

追踪器进入目标器轨道平面,意味着两个航天器具有相同的轨道倾角与升交点赤经。轨道倾角要求主要由调整运载火箭的发射方向满足,而升交点赤经要求主要由调整追踪器入轨时间(或追踪器发射时间)来满足。由于追踪器入轨升交点地理经度基本不随目标器轨道变化,追踪器入轨时刻的共面要求主要表现为对该时刻目标器轨道升交点地理经度的要求,即:

$$\lambda(t_f) = \lambda_{c0} \tag{3.23}$$

其中,$\lambda(t_f)$ 为目标器在追踪入轨时刻的升交点地理经度;λ_{c0} 为追踪入轨点升交点地理经度。

另外,各次机动位置受到测控条件及机动计划的约束,表现为机动圈次只能在一定范围内变化,即:

$$N_{jL} \leqslant N_j \leqslant N_{jU}, \quad j = 1,2,3,4 \tag{3.24}$$

其中,N_{jL} 与 N_{jU} 为第 j 次机动的圈次的下界与上界。

3.4.4.2　求解策略

由于目标调相任务一般在追踪器入轨前数周开始执行,该问题实质为轨道长时间两点边值问题;另一方面,由于其终端时刻不确定,该问题又不同于一般的固定时间交会问题。此外,机动圈次这一类整数变量的引入,使该问题成为复杂的混合整数非线性规划问题。

实际任务常需要采用高精度轨道积分来计算轨道,将式(3.23)作为轨道积分终止条件,则 $\lambda(t_f)$ 约束可以自动满足,此时终端时刻 t_f 虽然不再是常量并在计算过程中将随着机动参数的变化而变化,但是不再需要优化算法对其进行搜索。

目标调相任务时间较长,单次目标函数评价的轨道积分计算量相对较大,不适合直接采用需要评价目标函数多次的非线性优化算法或进化算法进行求解。为了用相对较小的计算量获得近最优解,本书提出基于近似模型与数值积分相结合的混合快速求解策略[11]。

(1)近似动力学模型

① 机动的直接相位角影响。

令 $\Delta N_j = N_f - N_j$ 为第 j 次机动距终端的圈次,其中 N_f 为任务终端圈次。根据式(2.34),该次机动对终端的相位角影响约为:

$$\Delta\theta_j \approx -\frac{6\pi\Delta N_j}{v_r}\Delta v_{tj} \tag{3.25}$$

② 机动通过轨道高度衰减的间接相位角影响。

大气阻力为:

$$a_{\text{drag}} = -\frac{1}{2} \times \frac{\rho_r C_d A}{m} v_r^2 \tag{3.26}$$

其中,ρ_r 为参考大气密度;C_d 为阻力系数;A 为航天器有效横截面积。在一个周期内,由于大气阻力的影响,航天器半长轴衰减约为:

$$\Delta a_d = -2\pi \frac{C_d A}{m} \rho_r a_r^2 \tag{3.27}$$

轨道平均角速度变化量约为:

$$\Delta n_d = -\frac{3}{2} \sqrt{\frac{\mu}{a_r^5}} \Delta a_d = 3\pi \frac{C_d A}{m} \rho_r \sqrt{\frac{\mu}{a_r}} \tag{3.28}$$

在 ΔN_j 个轨道周期后,轨道高度衰减引起的相位角变化约为:

$$\Delta \theta_{dj} = \left(n_r + \frac{\Delta n_d}{2} \Delta N_j \right) \Delta N_j T_r - n_r \Delta N_j T_r \approx \frac{3}{4} \times \frac{C_d A}{m} \rho_r \frac{\mu}{a_r^2} (\Delta N_j T_r)^2 \tag{3.29}$$

其中,$T_r = 2\pi \sqrt{a_r^3 / \mu}$ 为参考轨道周期。

因此,轨道机动通过高度衰减的间接相位角影响约为:

$$\delta \theta_{dj} \approx -12\pi^2 \frac{C_d A}{m} \rho_r \sqrt{\frac{a_r^3}{\mu}} (\Delta N_j)^2 \Delta v_{tj} \tag{3.30}$$

其中,进行差分操作时,式(3.29)中的项 $\Delta N_j T_r$ 作为常量处理,不对机动速度进行差分。

③ 机动通过升交点漂移的间接相位角影响。

地心赤道惯性坐标系中的升交点赤经 Ω 与地固系中的升交点地理经度 λ 关系为:

$$\Omega = \lambda + \overline{S}_{\text{GMST}} \tag{3.31}$$

其中,$\overline{S}_{\text{GMST}}$ 为格林尼治平恒星时角。

目标器升交点赤经在非球形引力摄动影响下随时间漂移,而追踪器入轨点升交点地理经度不随目标器轨道的漂移而变化。这意味着按照与目标共面的方式发射追踪器入轨的时刻,即目标调相任务的终端时刻 t_f,将受到目标轨道漂移的影响。

从第 j 个机动点到终端,目标器升交点赤经漂移约为:

$$\Delta \Omega_j = -\frac{3 J_2 R_\oplus^2}{2} \sqrt{\mu} \cos i_r a_r^{-\frac{7}{2}} \Delta N_j T_r \tag{3.32}$$

而该次机动对这个漂移量的影响为:

$$\delta(\Delta \Omega_j) = -7\Delta \Omega_j \frac{\Delta v_{tj}}{v_r} \tag{3.33}$$

根据式(3.31),这次机动对终端时刻的影响为:

$$\delta t_{fj} = \frac{\delta(\overline{S}_{GMST})}{\omega_\oplus} = \frac{\delta(\Delta \Omega_j)}{\omega_\oplus} \tag{3.34}$$

因此,轨道机动通过升交点漂移对相位的间接影响为:

$$\delta \theta_{Ij} \approx n_r \delta t_{fj} = \frac{21\Delta N_j \pi J_2 R_\oplus^2 \cos i_r}{\omega_\oplus a_r^3} \Delta v_{tj} \tag{3.35}$$

综上,基于式(3.25)、式(3.30)与式(3.35),轨道机动对终端相位角的综合影响为:

$$\Delta \theta_j = -\left[\frac{6\pi \Delta N_j}{v_r} + 12\pi^2 \frac{C_d A}{m} \rho_r \sqrt{\frac{a_r^3}{\mu}} (\Delta N_j)^2 - \frac{21\pi J_2 R_\oplus^2 \cos i_r}{a_r^3 \omega_\oplus} \Delta N_j \right] \Delta v_{tj} \tag{3.36}$$

根据式(3.36)及式(2.34)中机动对半长轴及偏心率矢量的影响,基于终端脱靶量计算机动量的目标调相近似动力学模型为:

$$\begin{cases} \sum_{j=1}^{4} \frac{2}{n_r} \Delta v_{tj} \approx -\delta a \\ -\sum_{j=1}^{4} g(\Delta N_j) \Delta v_{tj} \approx 2l\pi - \delta \theta \\ \sum_{j=1}^{4} 2 \frac{\Delta v_{tj}}{v_r} \cos\left(u_j + \frac{2\pi \Delta N_j}{n_r} \dot{\omega}_{J_2}\right) = -\delta \xi \\ \sum_{j=1}^{4} 2 \frac{\Delta v_{tj}}{v_r} \sin\left(u_j + \frac{2\pi \Delta N_j}{n_r} \dot{\omega}_{J_2}\right) = -\delta \eta \end{cases} \tag{3.37}$$

其中,δa、$\delta \theta$、$\delta \xi$、$\delta \eta$ 分别为终端半长轴偏差、相位角偏差与偏心率矢量偏差的两个分量;l 为表征机动引起终端圈次变化的参数;$g(\Delta N_j)$ 由下式给出:

$$g(\Delta N_j) = \frac{6\pi \Delta N_j}{v_r} + c_1(\Delta N_j)^2 + c_2 \Delta N_j \tag{3.38}$$

其中,$c_1 = 12\pi^2 \frac{C_d A}{m} \rho_r \sqrt{\frac{a_r^3}{\mu}}$,$c_2 = -\frac{21\pi J_2 R_\oplus^2 \cos i_r}{a_r^3 \omega_\oplus}$。

(2)近似规划问题及求解策略

近似规划问题的设计变量及约束条件与原问题基本相同,但将终端时刻 t_f 的变化用终端圈次的变化 l 来代替。下面依据分层-混合式求解框架制定求解策略。

上层设计变量为

$$\boldsymbol{x}' = (\Delta N_1, \Delta N_2, \Delta N_3, \Delta N_4, u_1, u_2, u_3, u_4, l) \tag{3.39}$$

下层设计变量为各次机动冲量。根据动力学模型式(3.37)，下层设计变量可表示为上层设计变量及终端条件的显式函数：

$$\Delta v_{t1} = \frac{p_2 q_3 - p_3 q_2}{p_2 q_1 - p_1 q_2} \tag{3.40}$$

$$\Delta v_{t2} = \frac{p_1 q_3 - p_3 q_1}{p_1 q_2 - p_2 q_1} \tag{3.41}$$

$$\Delta v_{t3} = \frac{\delta\theta - 2l\pi + g(\Delta N_4)\left(\frac{n_r}{2}\delta a + \Delta v_{t1} + \Delta v_{t2}\right)}{g(\Delta N_3) - g(\Delta N_4)} - \frac{\left[g(\Delta N_1)\Delta v_{t1} + g(\Delta N_2)\Delta v_{t2}\right]}{g(\Delta N_3) - g(\Delta N_4)} \tag{3.42}$$

$$\Delta v_{t4} = \frac{\delta\theta - 2l\pi + g(\Delta N_3)\left(\frac{n_r}{2}\delta a + \Delta v_{t1} + \Delta v_{t2}\right)}{g(\Delta N_4) - g(\Delta N_3)} - \frac{\left[g(\Delta N_1)\Delta v_{t1} + g(\Delta N_2)\Delta v_{t2}\right]}{g(\Delta N_4) - g(\Delta N_3)} \tag{3.43}$$

其中，p_1、p_2、p_3、q_1、q_2 和 q_3 的表达式分别为：

$$p_1 = [g(\Delta N_4) - g(\Delta N_1)]\cos u_3' - [g(\Delta N_3) - g(\Delta N_1)]\cos u_4' + [g(\Delta N_3) - g(\Delta N_4)]\cos u_1'$$

$$p_2 = [g(\Delta N_4) - g(\Delta N_2)]\cos u_3' - [g(\Delta N_3) - g(\Delta N_2)]\cos u_4' + [g(\Delta N_3) - g(\Delta N_4)]\cos u_2'$$

$$p_3 = [g(\Delta N_4) - g(\Delta N_3)]\frac{v_r}{2}\delta\xi + \frac{n_r}{2}\delta a[g(\Delta N_3)\cos u_4' - g(\Delta N_4)\cos u_3'] + (\delta\theta - 2l\pi)(\cos u_4' - \cos u_3')$$

$$q_1 = [g(\Delta N_4) - g(\Delta N_1)]\sin u_3' - [g(\Delta N_3) - g(\Delta N_1)]\sin u_4' + [g(\Delta N_3) - g(\Delta N_4)]\sin u_1'$$

$$q_2 = [g(\Delta N_4) - g(\Delta N_2)]\sin u_3' - [g(\Delta N_3) - g(\Delta N_2)]\sin u_4' + [g(\Delta N_3) - g(\Delta N_4)]\sin u_2'$$

$$q_3 = [g(\Delta N_4) - g(\Delta N_3)]\frac{v_r}{2}\delta\eta + \frac{n_r}{2}\delta a[g(\Delta N_3)\sin u_4' - g(\Delta N_4)\sin u_3'] + (\delta\theta - 2l\pi)(\sin u_4' - \sin u_3')$$

式中，$u_j' = u_j + 2\pi\Delta N_j \dot{\omega}_{J_2}/n_r$，$(j = 1, 2, 3, 4)$。

当优化算法给出了上层设计变量 x' 的一组值时，根据式(3.40)～式(3.43)可以直接得到机动冲量，进而由式(3.19)得到目标函数的值，同时近似问题的终端条件也自动满足。

(3)近似规划优化算法

构建的近似问题仍然是一个混合整数非线性规划问题，这里采用分支定界

(Branch-and-Bound,B&B)与序列二次规划(Sequential Quadratic Programming, SQP)相结合的混合求解策略进行求解。

分支定界算法是基于树形结构的搜索算法,常用于求解整数规划问题,有两个基本步骤。第一步是分割问题:树的根节点代表原问题,节点生成子节点的过程对应一个问题被分割为多个子问题,父节点的最优解一定存在于子节点的最优解中。在每个节点上,放开圈次变量的整数要求,采用序列二次规划算法求解近似规划问题,获得的目标函数值作为该节点的值。第二步是剪支:设置一个边界值,比较所有的叶节点(不含子节点的节点)与边界值的关系,差于边界值的节点在下一步中不生成子节点,以减少评价节点的个数。

分支定界过程如图 3.29 所示,具体步骤如下:

① 根据原近似规划问题 P_0,枚举终端圈次变量 l 的值获得节点 P_1、P_2、P_3 等,不考虑机动圈次变量的整数特性,采用序列二次规划求解 P_1、P_2、P_3 等节点对应的近似问题,将 P_1、P_2、P_3 等节点存储到叶节点数组 PV 中。

② 遍历 PV,找到其中目标函数最小的节点,标记为 P_b。

③ 如果 P_b 中每个圈次变量均为整数,则停止迭代,将 P_b 的解作为原近似问题的解;否则,选择一个非整数圈次变量 ΔN_j^*。

④ 令 $[\Delta N_j^*]$ 表示 ΔN_j^* 向下取整后对应的整数,让 P_b 所在节点生成两个子节点:P^- 与 P^+,其中 P^- 相对 P_b 附加了约束 $\Delta N_j \leqslant [\Delta N_j^*]$,而 P^+ 相对 P_b 附加了约束 $\Delta N_j \geqslant [\Delta N_j^*]+1$;忽略圈次变量的整数特性要求,采用序列二次规划算法分别求解 P^- 与 P^+。

⑤ 从 PV 中删除 P_b,将 P^- 与 P^+ 作为叶节点存储到 PV 中,返回②。

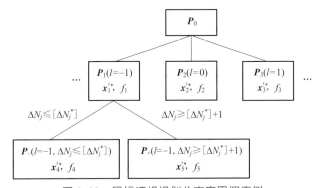

图 3.29　目标调相规划分支定界搜索树

(4)原问题的精确解

根据上述过程可以获得近似问题的解,但还不能精确满足高精度数值积分轨迹的终端条件。采用图 3.30 所示的打靶迭代流程,将近似解改进为高精度解。

图 3.30 中,$\Delta \boldsymbol{S} = (\delta a, \delta \theta, \delta \xi, \delta \eta)^{\mathrm{T}}$ 为用于近似问题中计算机动参数的偏差,而 $\delta \boldsymbol{S}(t_{\mathrm{f}}) = [\delta a(t_{\mathrm{f}}), \delta \theta(t_{\mathrm{f}}), \delta \xi(t_{\mathrm{f}}), \delta \eta(t_{\mathrm{f}})]^{\mathrm{T}}$ 为根据获得的机动参数积分轨道到终端的脱靶量。数值积分轨道到追踪器入轨日零点后,积分往前推进过程中不断检查 $\lambda(t)$,当满足 $\lambda(t) = \lambda_{c0}$ 时,停止积分,对应时间作为任务终端时刻。

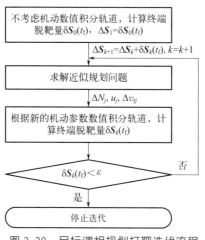

图 3.30　目标调相规划打靶迭代流程

令 t_{f0} 为不考虑机动时的任务终端时刻,t_{ff} 为迭代收敛时的任务终端时刻,则 $\Delta t_{\mathrm{f}} = t_{\mathrm{ff}} - t_{\mathrm{f0}}$ 代表轨道机动引起的任务终端时刻调整量。

3.4.4.3　目标调相机动规划

(1)问题配置

初始时刻 $t_0 = 0$ s,对应的协调世界时为 2010-06-21 12:00:00.00,初始圈次为 1。目标器初始轨道拟平根数为:

$$\boldsymbol{E}_{\mathrm{mean}}(t_0) = (6705.609 \mathrm{km}, 0.0013039, 41.979096°, 50.000216°, 48.984569°, 0°)$$

在开始轨道积分时,拟平根数转为吻切轨道根数。

考虑的摄动因素包括地球非球形摄动及大气阻力摄动,引力场为 21×21 阶次的 JGM3 模型(Joint Gravity Model 3),大气模型为 NRLMSISE-00 模型。轨道积分采用带 8 阶误差控制的 7 阶 RKF 积分器,时间步长为 60s。地磁指数 $Kp = 4$,其他力学模型参数如表 3.12 所示。

表 3.12　目标调相规划航天器力学模型参数

参数名	参数值	参数名	参数值
质量	10000kg	发动机比冲	2941.995m/s
阻力系数 C_d	2.2	日均 F10.7	150
阻力面积	30m²	平均 F10.7	150

追踪器预定在 2010 年 7 月 10 日发射，入轨点升交点地理经度为 100°；当追踪器入轨时，要求目标器纬度幅角为 200°，运行在近圆两天回归轨道上。根据两天回归轨道要求，目标轨道倾角对应的轨道高度约为 336km（地球半径按 6378.137km 考虑），这个值也作为近似模型中的参考轨道高度。

各机动圈次的搜索区间分别为 [1,20]、[120,150]、[270,280] 与 [285,295]，终端平均半长轴、纬度幅角与平均偏心率的收敛标准分别为 $\varepsilon_a = 0.5\text{km}$、$\varepsilon_u = 1°$ 与 $\varepsilon_e = 0.0001$。

（2）近最优解

首先不考虑机动积分目标器轨道，当目标器轨道于 2010 年 7 月 10 日达到要求的升交点地理经度时，$t_f = 1661267\text{s}$，$N_f = 305$，$u(t_f) = 102.48°$，终端平均轨道高度为 328.85km，终端脱靶量为：

$$\delta \boldsymbol{S}_0(t_f) = (-7.15\text{km}, -97.52°, -0.000644, 0.000799)^{\mathrm{T}}$$

$\Delta \boldsymbol{S}_1 = \delta \boldsymbol{S}_0(t_f)$，并在近似问题中基于 $\Delta \boldsymbol{S}_1$ 计算机动数据，相应的第 1 次分支定界过程如图 3.31 所示。为了清晰地显示分支树，每个节点仅给出了设计变量中的机动圈次，而没有显示纬度幅角与冲量，其中 $\Delta \boldsymbol{N}_k$、$\Delta \boldsymbol{N}_{kL}$ 及 $\Delta \boldsymbol{N}_{kU}$ 分别表示第 l 次迭代近似问题的圈次变量向量及其上下界向量，括号中加粗的数字 **[1]**、**[2]**、**[3]** 等标记了被扩展的节点，同时也给出了分支的顺序。图 3.31 中，节点 **[4]** 中的圈次变量都为整数，因此分支定界算法在此退出。

根据上一步获得的机动数据再次数值积分目标器轨道，获得的终端脱靶量为 $\delta \boldsymbol{S}_1(t_f)$，基于 $\Delta \boldsymbol{S}_2 = \Delta \boldsymbol{S}_1 + \delta \boldsymbol{S}_1(t_f)$ 再次求解近似问题，继续执行迭代流程。

整个迭代流程在第 3 次迭代时结束，此时原问题终端脱靶量满足要求，总速度增量 9.0m/s，推进剂消耗 30.5kg。表 3.13 给出了迭代过程中用于计算机动数据的偏差、近似问题及原问题设计变量的值，表 3.14 给出了迭代过程中轨道数值积分终端条件的变化情况。

表 3.13　目标调相规划迭代的轨道偏差及设计变量取值变化情况

迭代次数	近似问题中的输入偏差	近似问题设计变量	原问题设计变量
1	$(-7.15\text{km}, -97.52°, -0.000644, 0.000799)^{\mathrm{T}}$	$(303, 176, 35, 10, 156.9°, 285.7°, 108.4°, 280.4°, -1)$	$(1, 128, 269, 294, 156.9°, 285.7°, 108.4°, 280.4°, 6.38\text{m/s}, 0.222\text{m/s}, 0.072\text{m/s}, -2.570\text{m/s})$

续表

迭代次数	近似问题中的输入偏差	近似问题设计变量	原问题设计变量
2	$(-5.412\text{km}, -117.125°, -0.000735, 0.000892)^{\text{T}}$	$(303, 175, 31, 10, 141.2°, 190.3°, 30.5°, 233.0°, -1)$	$(1,129, 273, 294, 141.2°, 190.3°, 30.5°, 233.0°, 6.050\text{m/s}, -0.001\text{m/s}, -0.002\text{m/s}, -2.942\text{m/s})$
3	$(-5.581\text{km}, -114.940°, -0.000705, 0.000888)^{\text{T}}$	$(303, 175, 34, 10, 141.2°, 190.3°, 30.5°, 233.0°, -1)$	$(1,129, 270, 294, 142.8°, 282.4°, 89.1°, 238.9°, 6.103\text{m/s}, 0.002\text{m/s}, -0.045\text{m/s}, -2.858\text{m/s})$

表 3.14　目标调相规划迭代的终端条件变化情况

迭代次数	终端时间/s	圈次	纬度幅角/(°)	平均轨道高度/km	终端脱靶量
1	1661445.0	304	180.400	337.74	$(1.74\text{km}, -19.60°, -9\times10^{-5}, 9\times10^{-5})^{\text{T}}$
2	1661437.3	304	202.172	335.83	$(-0.17\text{km}, 2.185°, 3\times10^{-5}, -4\times10^{-5})^{\text{T}}$
3	1661438.0	304	199.769	336.02	$(0.02\text{km}, 0.231°, 1.0\times10^{-6}, -1.0\times10^{-6})^{\text{T}}$

（3）方法验证

为了验证方法的有效性，首先将提出方法与混合编码遗传算法的求解结果进行比较，表 3.15 给出了所用遗传算法的参数。遗传算法中，设计变量 x' 直接作为染色体，交叉、变异算子分别为算术交叉与均匀变异，选择算子为锦标赛选择。整数变量对应的基因在初始化、交叉、变异后均需要进行取整操作。

表 3.15　目标调相规划混合编码遗传算法参数

参数名	参数值	参数名	参数值
种群规模	500	交叉概率	0.5
最大进化代数	100	变异概率	0.3
锦标赛选择规模	3		

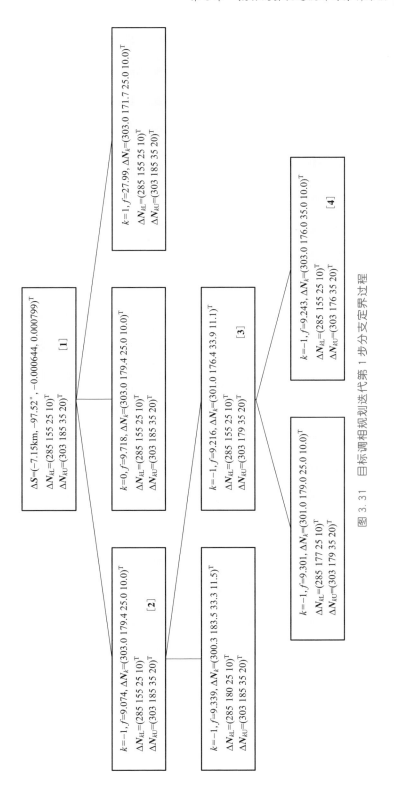

图 3.31　目标调相规划迭代第 1 步分支定界过程

在这个比较分析中，将初始真近点角固定为 0，初始半长轴改变量由 -10km 逐渐增加到 28km，对比方法中近似问题由混合编码遗传算法进行求解。图 3.32 给出了两种方法获得的推进剂消耗量，由该图可知，提出的方法可以获得与混合编码遗传算法接近的结果。由于遗传算法的计算量大于基于序列二次规划的分支定界算法，所以提出的方法能以相对较小的计算量获得近最优解。

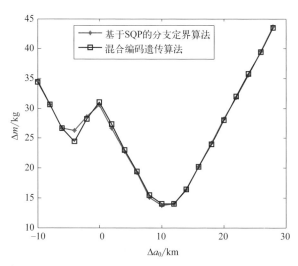

图 3.32　目标调相规划基于 SQP 的分支定界算法与混合编码遗传算法结果比较

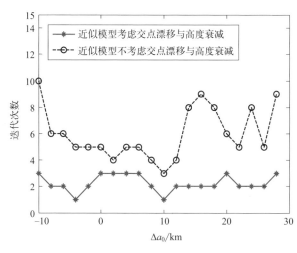

图 3.33　目标调相规划升交点漂移与高度衰减模型对收敛速度的影响

为了说明方法的收敛效率，将提出的方法与不考虑升交点漂移和高度衰减的方法进行比较。同样，固定初始真近点角为 0，初始半长轴改变量由 -10km 逐渐增加到 28km,采用对比方法进行规划计算。在对比方法中,近似模型不考虑升交点漂移与高度衰减。图 3.33 给出了两种方法收敛时的迭代次数,由该图可知,将升交点漂移与高度衰减引入近似模型大大提高了算法的收敛速度。

（4）特性分析

对每一个初始半长轴改变量 $\Delta a_0 \in [-10\mathrm{km}, 28\mathrm{km}]$,均计算其对应四个不同初始真近点角情况下($0°,90°,180°,270°$)的推进剂消耗与终端时刻。图 3.34～图 3.36 分别给出了初始半长轴改变量与推进剂消耗的关系、与终端时刻的关系及与终端时刻调整量的关系。

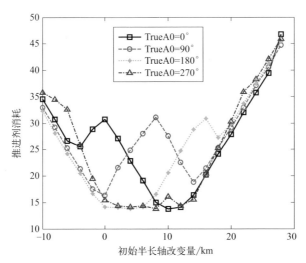

图 3.34　目标调相初始半长轴改变量与推进剂消耗关系

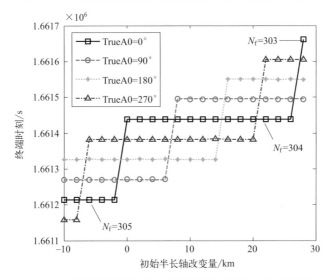

图 3.35　目标调相初始半长轴改变量与调相终端时刻关系

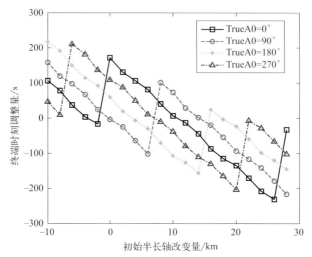

图 3.36　目标调相初始半长轴改变量与调相终端时刻调整量关系

图 3.34 说明,推进剂消耗随着初始半长轴增加而振荡,因此不存在某个半长轴对所有的相位角都消耗最少的推进剂,初始半长轴及相位角对目标调相推进剂消耗均有较大影响。

由图 3.35 可知,终端圈次发生了变化。由图 3.36 可知,终端时刻存在近似线性变化与跳变。图 3.35 与图 3.36 说明,当初始半长轴在一定范围内变化时,目标调相任务终端时刻基本保持不变,终端时刻调整量随着初始半长轴变化而线性变化;当初始半长轴变化超过一定量时,终端时刻存在突变,且突变点总是对应着终端圈次的变化。如图 3.35 中初始真近点角 0°对应的曲线,终端圈次随着初始半长轴的增大由 305 逐渐变为 303。

参 考 文 献

[1]　Krizhevsky A, Sutskever I, Hinton G E. Imagenet Classification with Deep Convolutional Neural Networks[C]. Advances in Neural Information Processing Systems. 2012:1097-1105.

[2]　Graves A, Mohamed A, Hinton G. Speech Recognition with Deep Recurrent Neural Networks[C]. 2013 IEEE International Conference on Acoustics, Speech and Signal Processing. IEEE,2013:6645-6649.

[3]　Karlik B,Olgac A V. Performance Analysis of Various Activation Functions in Generalized MLP Architectures of Neural Networks [J]. International Journal of Artificial Intelligence

and Expert Systems,2011,1(4):111-122.

［4］　Kingma D P,Ba J. Adam:A Method for Stochastic Optimization[J]. arXiv preprint arXiv:
1412. 6980,2014.

［5］　Ketkar N. Deep Learning with Python[M]. Berkeley,CA:Apress,2017.

［6］　Abadi M,Agarwal A,Barham P,et al. Tensorflow:Large-Scale Machine Learning on Heter-
ogeneous Distributed Systems[J]. arXiv preprint arXiv:1603. 04467,2016.

［7］　Petropoulos A E,Grebow D,Jones D,et al. GTOC9:Methods and Results from the Jet Pro-
pulsion Laboratory Team[J]. Acta Futura,2018,11:25-35.

［8］　Bertolazzi E,Biral F,Ragni M. GTOC9:Results from University of Trento(team ELF-
MAN)[J]. Acta Futura,2018,11:79-90.

［9］　Zhang J,Tang G J,Luo Y Z. Optimization of An Orbital Long-Duration Rendezvous Mis-
sion [J]. Aerospace Science and Technology 2016,58:482-489.

［10］　汤溢,商帅,陈伟跃,等. 我国载人航天器飞行轨道设计[J]. 航天器工程,2022,31(6):
54-61.

［11］　Zhang J,Wang X,Ma X B,et al. Spacecraft Long-Duration Phasing Maneuver Optimization
using Hybrid Approach[J]. Acta Astronautica,2012,72:132-142.

第**4**章
多星补给任务轨道设计与优化

在轨服务已成为航天领域的一个重要发展方向,而多航天器交会服务技术可以明显增加在轨服务任务的经济回报。多航天器交会问题可以分为一对多式、多对多式及分布式,在当前的航天科技发展水平下一对多式最有可能实现[1]。

已有的多航天器交会研究没有考虑交会窗口约束,忽略了轨道摄动的影响,且常将交会次序(排列整数变量)与交会时间(连续变量)的寻优分开进行,而大大改变了问题本来的解空间。

目前针对在轨加注的研究,大多数是仅考虑服务星的机动,目标星不机动。由于服务星初始携带大量推进剂,机动成本较高,若考虑目标星仍具有机动的能力,即目标星机动到某一位置接受服务星的服务,则可能会减少任务的成本,提升在轨加注任务的效益。

本章研究交会窗口约束下不考虑推进剂补给的多航天器交会服务编排问题,交会窗口约束下考虑推进剂补给与站位重构的星座补给重构编排问题,以及考虑目标星主动机动配合的多航天器合作加注编排问题。

本章后续内容安排如下:4.1 节描述多航天器交会服务与补给问题;4.2 节介绍多航天器交会服务编排问题模型与求解方法;4.3 节介绍星座补给重构编排问题模型与求解方法;4.4 节介绍多航天器合作加注编排问题模型与求解方法。

4.1　多航天器交会服务与补给问题

4.1.1　多航天器交会服务任务

如图 4.1 所示,有 Q 个目标器在近地近圆轨道上运行,各目标器纬度幅角不同,具有较小的升交点赤经差异,$p \in \{1, 2, \cdots, Q\}$ 为各目标器的编号。追踪器(服务航天器)也在该近圆轨道附近运行,需要依次对多个目标器进行交会服务。在每次交会任务中追踪器通过 4 次机动进行轨道转移,完成交会后进行一定时间在轨服务,然后再进行下一次交会服务。

设 t_0 为任务的总初始时间,$E_C(t_0)$ 为追踪器的初始轨道参数,$E_{Tp}(t_0)$ 为编号为 p 的目标器的初始轨道参数。

对第 $q(<Q)$ 次交会任务,t_{q0} 与 t_{qf} 分别为该次交会初始、终端时刻,p_q、dur_q 与 ser_q 分别为该次交会的目标器编号、轨道转移时间与交会后服务时间,t_{qj} 与 $\Delta v_{qj}(j = 1, 2, 3, 4)$ 分别为该次交会第 j 次机动的执行时刻与冲量,$\Delta t_{qj} = t_{qf} - t_{qj}$ 为从第 j 次机动到该次交会终端的飞行时间。该次交会的初始、终端时刻可表示为:

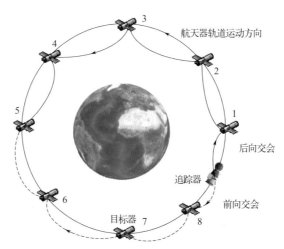

航天器轨道运动方向

后向交会

追踪器

前向交会

目标器

图 4.1 多航天器交会服务任务场景

$$t_{q0} = \begin{cases} t_0, & q = 1 \\ t_0 + \sum_{q_i=1}^{q-1} (dur_{q_i} + ser_{q_i}), & q > 1 \end{cases} \qquad (4.1)$$

$$t_{qf} = t_{q0} + dur_q \qquad (4.2)$$

其中，$q_i \in \{1, 2, \cdots, q-1\}$ $(q > 1)$为已执行交会任务的序号。

第 q 次交会目标器的初始、终端状态基于拟平根数法按绝对轨道进行计算[2]：

$$\boldsymbol{E}_{\mathrm{T}p_q}(t_{q0}) = G\left[\boldsymbol{E}_{\mathrm{T}p_q}(t_0), t_{q0} - t_0\right] \qquad (4.3)$$

$$\boldsymbol{E}_{\mathrm{T}p_q}(t_{qf}) = G\left[\boldsymbol{E}_{\mathrm{T}p_q}(t_0), t_{qf} - t_0\right] \qquad (4.4)$$

第 1 次交会追踪器的初始状态为 $\boldsymbol{E}_{\mathrm{C}}(t_0)$，而第 q $(q > 1)$ 次交会追踪器的初始状态等于第 $q-1$ 次交会目标器在追踪器离开时的状态[3]：

$$\boldsymbol{E}_{\mathrm{C}}(t_{q0}) = \begin{cases} \boldsymbol{E}_{\mathrm{C}}(t_0), & q = 1 \\ G\left[\boldsymbol{E}_{\mathrm{T}p_{q-1}}(t_0), t_{q0} - t_0\right], & q > 1 \end{cases} \qquad (4.5)$$

4.1.2 星座补给重构任务

如图 4.2 所示，含有 Q 颗星的目标星座在圆轨道上运行，各目标器经过长时间在轨运行后其自身携带的推进剂已经快耗尽了，由于各种摄动的影响，该星座已不能保持预定的构型。追踪器携带有大量推进剂，可以对各目标器进行补给，使星座重构，恢复原有功能。每次补给重构任务包括三步：首先追踪器进行轨道机动与一个目标器交会；然后追踪器对目标器进行推进剂补给；最后追踪器与目标器分离继续其下一次任务，而该目标器进行轨道机动返回一个星座期望构型位置，

$s \in \{1,2,\cdots,Q\}$ 为期望位置的编号[4]。

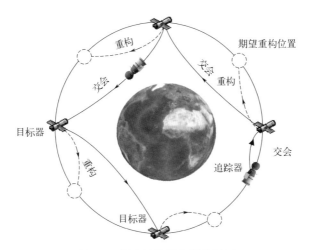

图 4.2　星座补给重构任务场景

以 dur'_q 表示第 q 次补给重构任务的重构轨道转移时间,t'_{qj} 与 $\Delta \boldsymbol{v}'_{qj}$ $(j=1,$ $2,\cdots,N)$ 分别表示重构轨道转移的机动时刻与冲量,$\boldsymbol{E}_{\mathrm{R}s}(t_0)$ 表示星座期望位置 s 的初始状态。各次交会与补给服务时间关系与上一节相同,即式(4.1)与式(4.2)。对第 q 次补给重构任务的重构操作,其初始时刻为该次交会终端时刻与服务时间的和:

$$t'_{q0} = t_{qf} + ser_q \tag{4.6}$$

而重构终端时刻可相应表示为:

$$t'_{qf} = t'_{q0} + dur'_q \tag{4.7}$$

各次交会的初始终端状态关系与上一节相同,即式(4.3)~式(4.5)。重构位置的初始终端状态同样由拟平均根数法计算:

$$\boldsymbol{E}_{\mathrm{R}s_q}(t'_{q0}) = \boldsymbol{G}\left[\boldsymbol{E}_{\mathrm{R}s_q}(t_0), t'_{q0} - t_0\right] \tag{4.8}$$

$$\boldsymbol{E}_{\mathrm{R}s_q}(t'_{qf}) = \boldsymbol{G}\left[\boldsymbol{E}_{\mathrm{R}s_q}(t_0), t'_{qf} - t_0\right] \tag{4.9}$$

而目标器在其重构任务初始时刻的状态为:

$$\boldsymbol{E}_{\mathrm{T}p_q}(t'_{q0}) = \boldsymbol{G}\left[\boldsymbol{E}_{\mathrm{T}p_q}(t_0), t'_{q0} - t_0\right] \tag{4.10}$$

以 m_{p0} 表示目标器 p 的初始质量,Δm_{p0} 为整个任务结束后该目标器日常运行需要的推进剂,m_{cqf} 为追踪器在每次补给结束时的质量。基于齐奥尔科夫斯基公式,目标器在第 q 次重构任务前的质量为任务后的质量与机动冲量的函数,表示为:

$$m_{p_q}(t'_{q0}) = (m_{p_q0} + \Delta m_{p_q0}) \exp\left(\sum_{j=1}^{N} |\Delta \boldsymbol{v}'_{qj}| / I_{sp}\right) \tag{4.11}$$

因此,追踪器实际补给目标器的推进剂质量为：

$$\Delta m_{p_q} = (m_{p_q 0} + \Delta m_{p_q 0}) \exp\left(\sum_{j=1}^{N} |\Delta \boldsymbol{v}'_{qj}| / I_{sp}\right) - m_{p_q 0} \tag{4.12}$$

由于追踪器在第 $q(q>1)$ 次任务开始时的质量等于第 $q-1$ 次任务结束时的质量,同样基于齐奥尔科夫斯基公式,考虑第 q 次任务的交会轨道转移推进剂消耗,可得：

$$m_{c(q-1)f} = (m_{cqf} + \Delta m_{p_q}) \exp\left(\sum_{j=1}^{N} |\Delta \boldsymbol{v}_{qj}| / I_{sp}\right), q > 1 \tag{4.13}$$

因此,整个补给重构任务需要追踪器的初始质量达到：

$$m_{c0} = (m_{c1f} + \Delta m_{p_1}) \exp\left(\sum_{j=1}^{N} |\Delta \boldsymbol{v}_{1j}| / I_{sp}\right) \tag{4.14}$$

4.1.3　多航天器合作加注任务

如图 4.3 所示,多颗目标星与一颗服务星运行在一个圆轨道上。服务星访问多个服务位置去服务目标星,目标星同时也前往服务位置去获取推进剂。目标星获取推进剂后返回原位置,服务星在任务结束也返回原位置。服务星在一个服务

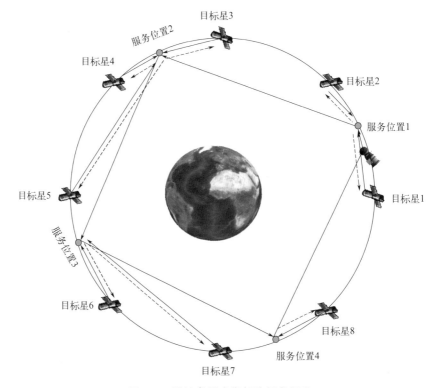

图 4.3　近地多星合作加注任务场景

位置上可服务多颗目标星,所有的目标星会寻找一个最优的服务位置来获取推进剂。

每次加注过程可以分为三部分。第一,服务星前往一个服务位置,与此同时,相对应的目标星也前往该位置。第二,当对应目标星到达该位置后,开始进行推进剂加注。第三,加注结束后,目标星返回原位置,服务星继续服务该位置的下一颗目标星或访问下一个服务位置。所有加注任务结束,服务星返回原位置。

在合作加注任务中,$p_i \in \{[0,2\pi], i \in (1,2,\cdots,m)\}$ 为服务位置的真近点角,m 为服务位置的个数。$q_j \in \{(1,2,\cdots,m), j \in (1,2,\cdots,n)\}$ 表示每颗目标星选择的服务位置的序号,Q 为目标星的个数。例如,当 $q_3 = 2$ 时,表示第三颗目标星选择第二个位置作为服务位置。

在每次加注过程中,Δt_{ci}、$sert_i$、Δt_{t1j} 和 Δt_{t2j} 分别表示服务星的转移时间、服务时间、目标星前往服务位置与返回原位置的轨道转移时间。T_0 为整个任务的初始时刻,$T_{c0}(i)$ 和 $T_{cf}(i)$ 表示服务星前往服务位置的起始、终端时刻,$T_s(i)$ 为每次加注操作的开始时刻。$T_{t10}(j)$ 和 $T_{t1f}(j)$ 分别为目标星前往服务位置的起始、终端时刻,$T_{t20}(j)$ 和 $T_{t2f}(j)$ 分别为目标星返回原位置的起始、终端时刻。

服务星每次前往服务位置的起始、终端时刻可表示为:

$$T_{c0}(i) = \begin{cases} T_0, & i=1 \\ T_0 + \sum_{k=1}^{i} [T_s(k) + sert_k], & i>1 \end{cases} \tag{4.15}$$

$$T_{cf}(i) = T_{c0}(i) + \Delta t_{ci} \tag{4.16}$$

为了保证所有目标星都被服务,当服务星与所有相关的目标星都到达之后,才进行加注操作,开始加注时刻表示为:

$$T_s(i) = \max\{T_{cf}(i), \max[T_{t1f}(j), q_j = i]\} \tag{4.17}$$

其中,$T_s(i)$ 为每次加注操作的开始时刻。

目标星前往服务位置与返回原位置的起始、终端时刻表示为:

$$T_{t10}(j) = T_{c0}(i), \quad q_j = i \tag{4.18}$$

$$T_{t1f}(j) = T_{t10}(j) + \Delta t_{t1j} \tag{4.19}$$

$$T_{t20}(j) = T_{c0}(i+1), \quad q_j = i \tag{4.20}$$

$$T_{t2f}(j) = T_{t20}(j) + \Delta t_{t2j} \tag{4.21}$$

在每次加注过程中,服务星与目标星往往位于不同的位置。$E_{c0}(i)$ 和 $E_{cf}(i)$ 分别表示服务星前往下一个位置的起始、终端位置,$E_{t10}(j)$ 和 $E_{t1f}(j)$ 分别表示目标星前往服务位置的起始、终端位置，$E_{t20}(j)$ 和 $E_{t2f}(j)$ 分别表示目标星返回原位置的起始、终端位置。

服务星每次转移的起始、终端位置为：

$$E_{c0}(i)=\begin{cases}E_{c00}, & i=1 \\ P[E_{s0}(i),T_{c0}(i)], & i>1\end{cases} \tag{4.22}$$

$$E_{cf}(i)=\begin{cases}P[E_{s0}(i),T_{cf}(i)], & i\leqslant m \\ P[E_{c00},T_{cf}(m+1)], & i=m+1\end{cases} \tag{4.23}$$

其中，$P(,)$ 为考虑 J_2 项摄动的轨道外推函数。

目标星前往服务位置和返回原位置的起始、终端位置为：

$$E_{t10}(j)=P[E_{t00}(j),T_{t10}(j)], \quad j\in(1,n) \tag{4.24}$$

$$E_{t1f}(j)=P[E_{s0}(i),T_{t1f}(j)], \quad q_j=i \tag{4.25}$$

$$E_{t20}(j)=P[E_{s0}(i),T_{t20}(j)], \quad q_j=i \tag{4.26}$$

$$E_{t2f}(j)=P[E_{t00}(j),T_{t2f}(j)], \quad j\in(1,n) \tag{4.27}$$

在合作多星加注任务中，假设服务星会返回其原始位置。m_{c0} 和 m_{cf} 分别表示服务星在整个任务中的初始和最后的质量。$m_c(i)$ 为每次在服务位置加注完之后的质量，$\Delta m_a(j)$ 为每颗目标星需求的推进剂质量，$\Delta m_{at}(j)$ 为每颗目标星获取的推进剂质量，$m_{t0}(j)$ 为目标星的初始质量，$\Delta m_t(i)$ 为服务星在每个服务位置加注的推进剂质量，ΔM 为整个任务总的推进剂消耗，ΔV_c 和 ΔV_t 分别是服务星和目标星在整个任务中的速度增量。

服务星的初始质量可以根据下面流程计算得到：

首先，利用齐奥尔科夫斯基公式，服务星最后一次加注完成后的质量计算如下：

$$m_c(m)=m_{cf}\exp\frac{\sum_{k=1}^{N}\|\Delta v_{c,m+1}^k\|}{I_{spc}} \tag{4.28}$$

其中，N 为每次轨道转移的机动次数；$\Delta v_{c,m+1}^k$ 为服务星返回原始位置施加的脉冲。

目标星不机动时，其最终质量应该为初始质量与所需推进剂质量之和。但合作交会任务中，目标星在轨道转移过程中会消耗掉一部分推进剂，每颗目标星获得的推进剂质量计算如下：

$$\left[m_{t0}(j)\exp\frac{-\sum\limits_{k=1}^{N}\|\Delta v_{t1,j}^{k}\|}{I_{spt}}+\Delta m_{at}(j) \right]\exp\frac{-\sum\limits_{k=1}^{N}\|\Delta v_{t2,j}^{k}\|}{I_{spt}}=m_{t0}(j)+\Delta m_a(j) \tag{4.29}$$

$$\Delta m_{at}(j)=[m_{t0}(j)+\Delta m_a(j)]\exp\frac{\sum\limits_{k=1}^{N}\|\Delta v_{t2,j}^{k}\|}{I_{spt}}-m_{t0}(j)\exp\frac{-\sum\limits_{k=1}^{N}\|\Delta v_{t1,j}^{k}\|}{I_{spt}} \tag{4.30}$$

其中，$\Delta v_{t1,j}^{k}$ 和 $\Delta v_{t2,j}^{k}$ 分别为目标星前往服务位置与返回原位置的脉冲大小；I_{spt} 为目标星发动机的比冲。

在每个服务位置服务星加注的推进剂为：

$$\Delta m_t(i)=\sum_{q_j=i}\Delta m_{at}(j),\quad i\leqslant m,j\leqslant n \tag{4.31}$$

服务星每次加注完的质量等于下次加注过程的初始质量：

$$m_c(i-1)\exp\frac{-\sum\limits_{k=1}^{N}\|\Delta v_{c,i}^{k}\|}{I_{spc}}=m_c(i)+\Delta m_t(i) \tag{4.32}$$

$$m_c(i-1)=[m_c(i)+\Delta m_t(i)]\exp\frac{\sum\limits_{k=1}^{N}\|\Delta v_{c,i}^{k}\|}{I_{spc}} \tag{4.33}$$

其中，$\Delta v_{c,i}^{k}$ 为服务星每次机动的速度增量。

服务星的初始质量可以通过迭代计算获得，计算公式如下：

$$m_{c0}=[m_c(m)+\Delta m_t(m)]\exp\left(\sum_{i=1}^{m}\frac{\sum\limits_{k=1}^{N}\|\Delta v_{c,i}^{k}\|}{I_{spc}}\right) \tag{4.34}$$

总的推进剂消耗为：

$$\Delta M=m_{c0}-m_{cf}-\sum_{j=1}^{n}\Delta m_a(j) \tag{4.35}$$

服务星与目标星总的速度增量 ΔV 可表示为：

$$\Delta V=\Delta V_c+\Delta V_t$$

$$=\sum_{i=1}^{m}\sum_{k=1}^{N}\|\Delta v_{c,i}^{k}\|+\sum_{j=1}^{n}\sum_{k=1}^{N}\|\Delta v_{t1,j}^{k}\|+\sum_{j=1}^{n}\sum_{k=1}^{N}\|\Delta v_{t2,j}^{k}\| \tag{4.36}$$

4.1.4　建模分析与求解分析

（1）建模分析

设计变量主要有交会次序、交会轨道转移时间、服务时间，以及各次交会轨道机动的冲量。当涉及目标器的位置重构时，设计变量还包括重构位置匹配关系、重构轨道转移时间、重构轨道机动冲量。目标函数包括总速度增量（或推进剂消耗）、总飞行时间。约束条件主要包括各次交会任务的终端状态约束，以及交会时间窗口约束。

交会次序、重构次序决定各次轨道转移的具体航天器，进而影响轨道转移的初始状态；轨道转移时间对转移速度增量有较大影响，而服务时间会影响下一次轨道转移的初始时刻，因而也对轨道转移有影响。因此，经初步分析，目标函数对上面列举的所有变量均敏感。从粒度匹配的角度，除了轨道机动冲量外的其余变量都属于总体参数类变量。交会次序、重构次序属于离散变量，其他变量属于连续变量。

多航天器交会服务任务没有考虑推进剂补给，其目标函数可以为总速度增量或推进剂消耗；星座补给重构任务含有推进剂补给这一类非轨道机动类质量变化，因此其目标函数应为推进剂消耗。在两个任务中，总飞行时间均可以作为目标函数。如果需要比较不同航天器数目任务的性能，目标函数可以选为平均速度增量（或平均推进剂消耗）、平均任务时间。

在约束条件的处理上，必须有效利用相对动力学方程中机动冲量对终端条件的影响关系，同时需要提供快速计算交会时间窗口约束的方法。

（2）求解分析

在窗口约束及轨道摄动的影响下，多航天器交会问题的求解有三大难点：

① 在轨道摄动的影响下，单次轨道转移的特性不同于二体问题，需要有高效的考虑轨道摄动的单次轨道转移计算模型，便于优化算法多次调用；

② 交会次序（总体排列整数变量）、交会时间（总体连续变量）、机动冲量（局部连续冲量）同时作为设计变量进行寻优时，多航天器交会问题呈现出混合整数规划的特点，多极小值及搜索空间的不连续使得该类问题难以求解；

③ 窗口约束减小了多航天器交会问题的可行解空间，使问题呈现出一些新的特性，进一步增加了问题的求解难度。

对第一个难题，本书第 2 章给出的考虑 J_2 摄动的相对动力学模型可以解决。

对第二、三个难题，拟基于分层-混合式求解框架设计求解策略。

4.2　多航天器交会服务编排

4.2.1　编排问题模型

设计变量包括交会次序、轨道转移时间、交会任务后服务时间,以及各次交会中的轨道机动执行时刻与机动冲量,如式(4.37)所示。

$$\boldsymbol{x} = (p_1, p_2, \cdots, p_Q; dur_1, dur_2, \cdots, dur_Q; ser_1, ser_2, \cdots, ser_Q; \boldsymbol{s}_1, \boldsymbol{s}_2, \cdots, \boldsymbol{s}_Q)$$
$$(4.37)$$

其中,$\boldsymbol{s}_q = (\Delta t_{q2}, \Delta t_{q3}, \Delta \boldsymbol{v}_{q1}^{\mathrm{T}}, \Delta \boldsymbol{v}_{q2}^{\mathrm{T}}, \Delta \boldsymbol{v}_{q3}^{\mathrm{T}}, \Delta \boldsymbol{v}_{q4}^{\mathrm{T}})$。由于每次交会首末两次机动分别在该次交会的初始与终端时刻执行,$\Delta t_{q1} = dur_q$ 与 $\Delta t_{q4} = 0$ 不作为设计变量。

目标函数为总速度增量:

$$\min \quad f = \sum_{q=1}^{Q} \sum_{k=1}^{4} \| \Delta \boldsymbol{v}_{qk} \| \tag{4.38}$$

考虑的第一类约束条件为交会终端条件约束,即每次交会追踪器通过轨道转移后达到的终端状态,要求与其访问的目标器一致:

$$g_q(\boldsymbol{x}) = \boldsymbol{E}_C(t_{qf}) - \boldsymbol{E}_{Tp_q}(t_{qf}) = 0, \quad q = 1, 2, \cdots, Q \tag{4.39}$$

第二类约束条件为追踪器电源分系统对交会末段轨道阳光 β 角的要求:

$$g_{q+Q}(\boldsymbol{x}) = |\beta(t_q)| - \beta_u \leqslant 0, \quad t_q \in [t_{qf} - dur_{\mathrm{ter}}, t_{qf}], q = 1, 2, \cdots, Q \tag{4.40}$$

其中,β_u 为电源分系统要求的 β 角上限;dur_{ter} 为交会末段持续时间。

第三类约束条件为交会末段光学导航传感器的阳光抑制角要求:

$$g_{q+2Q}(\boldsymbol{x}) = \begin{cases} FOV/2 - \alpha(t_q) \leqslant 0 & \text{后下方} \\ FOV/2 + \alpha(t_q) - \pi \leqslant 0 & \text{前上方} \end{cases} \quad \begin{pmatrix} t_q \in [t_{qf} - dur_{\mathrm{ter}}, t_{qf}] \\ q = 1, 2, \cdots, Q \end{pmatrix} \tag{4.41}$$

其中,"后下方"对应追踪器首先降低轨道从后方"追赶"目标器的情况,此时在交会末段追踪器从后下方接近目标器;"前上方"对应追踪器首先提高轨道从前方"等待"目标器的情况,此时在交会末段追踪器从前上方接近目标器。

第二类与第三类约束条件实质是对交会时间的约束,即交会窗口约束。

4.2.2　分层-混合式求解策略

近地多航天器交会规划问题是一类复杂的混合整数非线性规划问题,本书提出分层-混合式优化求解策略。

4.2.2.1　上层优化

上层优化以交会次序、交会轨道转移时间及交会后服务时间为设计变量:

$$\boldsymbol{x}'=(p_1,p_2,\cdots,p_Q;dur_1,dur_2,\cdots,dur_Q;ser_1,ser_2,\cdots,ser_Q)$$

$$(4.42)$$

目标函数为

$$\min f=\sum_{q=1}^{Q}f_q''$$

$$(4.43)$$

其中,f_q''为第q次交会总速度增量,由下层优化计算获得。

上层优化考虑的约束条件为轨道阳光β角约束及光学导航传感器的阳光抑制角要求,采用罚函数法处理约束条件,总目标函数为:

$$F(\boldsymbol{x})=f(\boldsymbol{x}')+M_{\mathrm{p}}\left\{\sum_{q=1}^{Q}\max\left[0,g_{q+Q}(\boldsymbol{x})\right]+\sum_{q=1}^{Q}\max\left[0,g_{q+2Q}(\boldsymbol{x})\right]\right\}$$

$$(4.44)$$

其中,M_{p}为罚因子。

由于设计变量同时含有离散变量与连续变量,上层问题仍然是一个复杂的混合整数非线性规划问题,本书采用一种混合编码遗传算法进行求解。

将$\boldsymbol{x}'$直接作为个体的染色体,选择算子为锦标赛选择。连续变量部分的交叉算子为均匀交叉,离散变量部分的交叉算子为顺序交叉;连续变量部分的变异算子为均匀变异,离散部分的变异算子为交换变异。适应度为一个大常数减去目标函数。遗传算法的流程参见第2章图2.16:分层-混合式求解框架的混合遗传算法流程。

4.2.2.2　下层优化

下层优化以单次交会的机动执行时刻与机动冲量为设计变量:

$$\boldsymbol{s}_q=(\Delta t_{q2},\Delta t_{q3},\Delta\boldsymbol{v}_{q1}^{\mathrm{T}},\Delta\boldsymbol{v}_{q2}^{\mathrm{T}},\Delta\boldsymbol{v}_{q3}^{\mathrm{T}},\Delta\boldsymbol{v}_{q4}^{\mathrm{T}})$$

$$(4.45)$$

目标函数为该次交会的总速度增量:

$$\min f_q''=\sum_{k=1}^{4}\|\Delta\boldsymbol{v}_{qk}\|$$

$$(4.46)$$

需要满足该次交会的终端条件约束。

基于2.2.5.2节给出的考虑J_2摄动的相对动力学方程,第q次交会轨道转移任务可近似表述为:

$$\boldsymbol{\Phi}_{e}(dur_q)\boldsymbol{X}_{q0} + \sum_{j=1}^{4}\boldsymbol{\Phi}_{ev}(\Delta t_{qj}, u_{qf})\Delta\boldsymbol{v}_{qj} = \boldsymbol{0}_{6\times1} \tag{4.47}$$

其中,$\boldsymbol{X}_{q0}$ 为第 q 次交会初始时刻追踪器与目标器的轨道要素差。

对近圆近共面交会任务,如果各次机动方向均沿迹向施加,机动过程类似霍曼变轨,具有推进剂近最优的特性。因此,各次机动仅考虑冲量迹向与法向分量,对应的机动冲量状态转移矩阵为:

$$\boldsymbol{\Phi}'_{ev}(\Delta t_j, u_f) = \begin{bmatrix} 2 & 0 \\ [-3n_r - 7C_r(3 - 4\sin^2 i_r)]\Delta t_j & -4C_r\sin(2i_r)\cos u_j\Delta t_j \\ 2\cos(u_j + \dot\omega_{J_2}\Delta t_j) & 0 \\ 2\sin(u_j + \dot\omega_{J_2}\Delta t_j) & 0 \\ 0 & \cos u_j \\ 7C_r\cos i_r\Delta t_j & \dfrac{\sin u_j}{\sin i_r} + C_r\sin i_r\cos u_j\Delta t_j \end{bmatrix} \tag{4.48}$$

近似下层优化问题的设计变量考虑为中间两次机动的执行时刻及其冲量法向分量:

$$\boldsymbol{s}''_q = (\Delta t_{q2}, \Delta t_{q3}, \Delta v_{qz2}, \Delta v_{qz3}) \tag{4.49}$$

其余冲量机动分量可以表示为 $\boldsymbol{s}''_q$ 的显式函数:

$$(\Delta v_{qy1}, \Delta v_{qz1}, \Delta v_{qy2}, \Delta v_{qy3}, \Delta v_{qy4}, \Delta v_{qz4})^{\mathrm{T}} =$$

$$-\boldsymbol{F}^{-1}\left\{\boldsymbol{\Phi}_e(dur_q)\boldsymbol{X}_{q0} + [\boldsymbol{\Phi}'_{ev2}(\Delta t_{q2}, u_{qf}), \boldsymbol{\Phi}'_{ev2}(\Delta t_{q3}, u_{qf})]\begin{pmatrix} \Delta v_{qz2} \\ \Delta v_{qz3} \end{pmatrix}\right\} \tag{4.50}$$

其中,$\boldsymbol{\Phi}'_{ev1}(\Delta t_{qk}, u_{qf})$,$\boldsymbol{\Phi}'_{ev2}(\Delta t_{qk}, u_{qf})$ 分别为 $\boldsymbol{\Phi}'_{ev}(\Delta t_{qk}, u_{qf})$ 的第 1、2 列($k=1,2,3,4$);$\boldsymbol{F} = [\boldsymbol{\Phi}'_{ev}(\Delta t_{q1}, u_{qf}), \boldsymbol{\Phi}'_{ev1}(\Delta t_{q2}, u_{qf}), \boldsymbol{\Phi}'_{ev1}(\Delta t_{q3}, u_{qf}), \boldsymbol{\Phi}'_{ev}(\Delta t_{q4}, u_{qf})]$,$\boldsymbol{F}^{-1}$ 为 $\boldsymbol{F}$ 的逆。

经过上述处理后,下层问题设计变量个数大大减少,而且终端条件自动满足,仅含设计变量上下界约束,本书采用下山单纯形算法求解。

4.2.3　算例

4.2.3.1　问题配置

追踪器与需要服务的 8 个目标器运行在半长轴 7792.137km、倾角 52°的近地圆轨道上,该轨道类似 Globalstar 星座运行轨道[1]。在初始时刻 2011-06-21

00:00:00.00(协调世界时),各目标器的纬度幅角、升交点赤经如表 4.1 所示,追踪器纬度幅角与升交点赤经分别为 20°与 100°。

表 4.1　多航天器交会服务编排目标器初始纬度幅角与升交点赤经

目标器编号	初始纬度幅角/(°)	初始升交点赤经/(°)
1	10	99.5
2	55	101.0
3	100	101.5
4	145	99.0
5	190	100.0
6	235	101.5
7	280	99.5
8	325	100.5

参考轨道周期为 $T_r = 6845.353s$,交会末段持续时间为 $dur_{ter} = 0.5T_r$,每次交会的转移时间区间为 $[10T_r, 600T_r]$,每次交会后的服务时间区间为 $[2T_r, 600T_r]$,最后一次交会后服务时间固定为 $2T_r$,每次交会中间两次机动时间寻优范围分别为 $\Delta t_{q2} \in [0.05dur_q, 0.15dur_q]$、$\Delta t_{q3} \in [0.85dur_q, 0.95dur_q]$。$\beta_u = 30°$,$FOV/2 = 10°$,罚因子 $M_p = 10^4$,遗传算法参数如表 4.2 所示。目标器在各交会时刻的轨道参数采用仅考虑 J_2 摄动的拟平根数法计算,太阳位置基于美国喷气推进实验室星历根据绝对时间计算。

表 4.2　多航天器交会服务编排混合编码遗传算法参数

参数名	参数值	参数名	参数值
种群规模	500	整数变异概率	0.15
最大进化代数	200	实数交叉概率	0.5
锦标赛选择规模	3	实数变异概率	0.15
整数交叉概率	0.5		

4.2.3.2　近最优解

根据上一节给出的条件,获得的近最优解的交会次序为(7,4,1,5,8,2,3,6),各次交会轨道转移时间与服务时间如表 4.3 所示。总速度增量为 118.435m/s,总任务时间为 $4700.192T_r$,各次交会的轨道机动过程如表 4.4 所示。

图 4.4 给出了追踪器的轨道阳光 β 角变化过程,"○"标出了各交会时刻的轨道阳光 β 角,该图说明获得的解满足航天器电源分系统的要求。图 4.5 给出了各次交会末段的阳光入射角变化过程,该图说明获得的解满足光学传感器的要求。因此,各次交会均在交会时间窗口内完成。

表 4.3 多航天器交会服务编排推进剂近最优解轨道转移时间与服务时间

任务顺序	目标器编号	轨道转移时间/T_r	服务时间/T_r
1	7	397.9925	334.8564
2	4	355.0143	281.7320
3	1	362.7064	346.4252
4	5	234.7452	280.6969
5	8	363.5730	2.0000
6	2	405.2365	73.1834
7	3	426.5085	239.8917
8	6	593.6324	2.0000

表 4.4 多航天器交会服务编排推进剂近最优解轨道机动过程

目标编号	Δt_{q2} /T_r	Δt_{q3} /T_r	Δv_{qy1} /(m/s)	Δv_{qz1} /(m/s)	Δv_{qy2} /(m/s)	Δv_{qz2} /(m/s)	Δv_{qy3} /(m/s)	Δv_{qz3} /(m/s)	Δv_{qy4} /(m/s)	Δv_{qz4} /(m/s)
7	39.500	358.434	−3.165	−2.414	−1.542	1.435	2.440	−2.704	2.267	1.652
4	35.515	319.524	−2.176	−2.440	−2.435	2.697	1.864	−3.605	2.747	4.028
1	36.293	326.765	0.000	−0.009	2.745	8.234	−0.179	1.222	−2.566	14.586
5	23.212	211.269	0.000	−0.001	5.616	8.608	0.000	−3.352	−5.616	7.943
8	36.186	327.351	4.397	4.862	−0.379	0.080	0.305	−0.132	−4.323	6.955
2	40.774	364.607	1.315	0.413	3.969	3.046	−4.808	3.034	−0.476	−0.166
3	42.667	383.859	5.345	0.746	0.082	0.022	−5.350	0.036	−0.077	0.012
6	59.310	534.327	−1.480	0.002	−0.034	−0.001	0.035	−0.002	1.479	−0.002

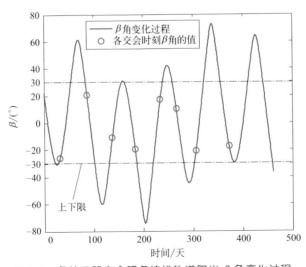

图 4.4 多航天器交会服务编排轨道阳光 β 角变化过程

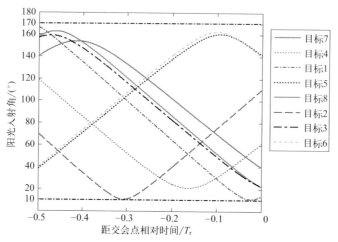

图 4.5　多航天器交会服务编排阳光入射角变化过程

由图 4.4 可知,各次交会均满足轨道阳光角要求。由图 4.5 可知,各次交会均满足阳光入射角要求。

4.2.3.3　精度验证

根据表 4.3 的变轨数据,采用拟平根数法对各次交会中追踪器轨道进行绝对轨道预报。表 4.5 给出了获得的追踪器与目标器在各交会时刻的状态。从表 4.5 可以看出,在各交会时刻追踪器与目标器的状态相差很小,说明采用的考虑 J_2 摄动的线性相对动力学方程是原问题良好的一阶近似,反映了考虑 J_2 摄动长时间轨道交会问题的主要动力学特性。因此,采用的动力学模型是有效的。

表 4.5　多航天交会服务编排目标器与追踪器在各交会时刻的状态

状态名	a/km	$\theta/(°)$	ξ	η	$i/(°)$	$\Omega/(°)$
$E_{\mathrm{T7}}(t_{1\mathrm{f}})$	7792.137	357.9117	0.000	0.000	52.0000	3.4681
$E_{\mathrm{C}}(t_{1\mathrm{f}})$	7792.140	357.7307	-4.808×10^{-5}	8.786×10^{-5}	52.0025	3.4716
$E_{\mathrm{T4}}(t_{2\mathrm{f}})$	7792.137	316.0940	0.000	0.000	52.0000	196.5086
$E_{\mathrm{C}}(t_{2\mathrm{f}})$	7792.143	315.9729	6.453×10^{-5}	-1.587×10^{-5}	52.0007	196.5101
$E_{\mathrm{T1}}(t_{3\mathrm{f}})$	7792.137	109.4462	0.000	0.000	52.0000	41.5115
$E_{\mathrm{C}}(t_{3\mathrm{f}})$	7792.180	109.1498	3.250×10^{-4}	6.334×10^{-5}	52.0118	41.5110
$E_{\mathrm{T5}}(t_{4\mathrm{f}})$	7792.137	108.5037	0.000	0.000	52.0000	261.7804
$E_{\mathrm{C}}(t_{4\mathrm{f}})$	7792.161	108.4474	4.893×10^{-4}	8.316×10^{-5}	52.0028	261.7771
$E_{\mathrm{T8}}(t_{5\mathrm{f}})$	7792.137	111.1618	0.000	0.000	52.0000	106.8240
$E_{\mathrm{C}}(t_{5\mathrm{f}})$	7792.148	111.1495	-2.042×10^{-5}	-1.779×10^{-5}	52.0006	106.8231
$E_{\mathrm{T2}}(t_{6\mathrm{f}})$	7792.137	8.7858	0.000	0.000	52.0000	9.0615
$E_{\mathrm{C}}(t_{6\mathrm{f}})$	7792.141	8.8329	5.207×10^{-4}	2.893×10^{-4}	52.0007	9.0571

续表

状态名	a/km	$\theta/(°)$	ξ	η	$i/(°)$	$\Omega/(°)$
$\boldsymbol{E}_{\mathrm{T}3}(t_{7\mathrm{f}})$	7792.137	44.0802	0.000	0.000	52.0000	248.9904
$\boldsymbol{E}_{\mathrm{C}}(t_{7\mathrm{f}})$	7792.137	44.1397	3.946×10^{-5}	1.272×10^{-4}	51.9999	248.9892
$\boldsymbol{E}_{\mathrm{T}6}(t_{8\mathrm{f}})$	7792.137	176.5829	0.000	0.000	52.0000	47.8687
$\boldsymbol{E}_{\mathrm{C}}(t_{8\mathrm{f}})$	7792.137	176.8434	-2.500×10^{-5}	-1.156×10^{-4}	52.0000	47.8865

综上,提出的基于解析摄动的分层混合式求解策略可以有效地求解考虑摄动的多航天器交会服务任务规划问题。

4.3　星座补给重构编排

4.3.1　编排问题模型

设计变量包括补给次序、重构次序、交会轨道转移时间、服务时间、重构轨道转移时间及各次轨道机动冲量:

$$\boldsymbol{x}=(\boldsymbol{x}_1,\boldsymbol{x}_2,\boldsymbol{x}_3,\boldsymbol{x}_4) \tag{4.51}$$

其中,$\boldsymbol{x}_1=(p_1,p_2,\cdots,p_Q)$,$\boldsymbol{x}_2=(s_1,s_2,\cdots,s_Q)$,$\boldsymbol{x}_3=(dur_1,dur_2,\cdots,dur_Q;ser_1,ser_2,\cdots,ser_Q;dur'_1,dur'_2,\cdots,dur'_Q)$,$\boldsymbol{x}_4=(\Delta\boldsymbol{v}_{01}^{\mathrm{T}},\Delta\boldsymbol{v}_{02}^{\mathrm{T}},\Delta\boldsymbol{v}'^{\mathrm{T}}_{01},\Delta\boldsymbol{v}'^{\mathrm{T}}_{02},\cdots,$ $\Delta\boldsymbol{v}_{Q1}^{\mathrm{T}},\Delta\boldsymbol{v}_{Q2}^{\mathrm{T}},\Delta\boldsymbol{v}'^{\mathrm{T}}_{Q1},\Delta\boldsymbol{v}'^{\mathrm{T}}_{Q2})$,每次轨道转移仅考虑两次机动,即 $N=2$。交会次序与重构次序为离散变量,而其他变量均为连续变量,因此星座补给重构编排实质是一个混合整数非线性规划问题。

考虑的目标函数包括两个,第 1 个设计目标为最小化平均任务时间:

$$\min f_1(\boldsymbol{x})=t'_{Q\mathrm{f}}/Q \tag{4.52}$$

第 2 个设计目标为最小化任务过程中用于轨道转移的推进剂的均值:

$$\min f_2(\boldsymbol{x})=\Big(m_{c0}-m_{cQ\mathrm{f}}-\sum_{p=1}^{Q}\Delta m_{p0}\Big)/Q \tag{4.53}$$

考虑的约束条件包括两类:第一类是各次补给的推进剂应小于目标器的推进剂储箱容量 $\Delta m_{\max}$:

$$g_q(\boldsymbol{x})=\Delta m_{p_q}-\Delta m_{\max}\leqslant0,\quad q=1,2,\cdots,Q \tag{4.54}$$

第二类是交会时间窗口约束:各次补给重构中交会操作的末段应满足轨道阳光 β 角要求,同式(4.40)。

4.3.2 分层-混合式求解策略

4.3.2.1 上层优化

上层问题以补给次序、重构次序、交会轨道转移时间、服务时间及重构轨道转移时间为设计变量:

$$\boldsymbol{x}' = (\boldsymbol{x}_1, \boldsymbol{x}_2, \boldsymbol{x}_3) \tag{4.55}$$

目标函数同原问题的目标函数,采用罚函数处理推进剂储箱容量约束与交会时间窗口约束,处理后的目标函数为:

$$
\begin{cases}
F_1(\boldsymbol{x}) = f_1(\boldsymbol{x}) + M_p \left\{ \sum_{q=1}^{Q} \max[0, g_q(\boldsymbol{x})] + \sum_{q=1}^{Q} \max[0, g_{q+Q}(\boldsymbol{x})] \right\} \\
F_2(\boldsymbol{x}) = f_2(\boldsymbol{x}) + M_p \left\{ \sum_{q=1}^{Q} \max[0, g_q(\boldsymbol{x})] + \sum_{q=1}^{Q} \max[0, g_{q+Q}(\boldsymbol{x})] \right\}
\end{cases}
$$

$$\tag{4.56}$$

上层问题的目标函数 $f_1(\boldsymbol{x})$ 可以由上层问题的时间变量直接计算。对目标函数 $f_2(\boldsymbol{x})$,需要由下层问题提供各次机动冲量,进而根据式(4.11)~式(4.14)进行计算。

对上层优化问题采用混合编码遗传算法寻优。设计变量 $\boldsymbol{x}'$ 直接作为染色体,对 $\boldsymbol{x}_1$ 与 $\boldsymbol{x}_2$ 采用排列编码,对 $\boldsymbol{x}_3$ 采用实数编码;$\boldsymbol{x}_1$ 与 $\boldsymbol{x}_2$ 对应的交叉、变异算子为顺序交叉与交换变异,$\boldsymbol{x}_3$ 对应的交叉、变异算子为算术交叉与非均匀变异。选择算子为锦标赛选择,并采用了精英策略以在进化过程中保留好解。对单目标问题,适应度为一个大常数减去目标函数;对多目标问题,基于 NSGA-II 算法中的非优超排序算法计算适应度。关于算法每一步骤的具体信息,参见第 2 章。

4.3.2.2 下层优化

基于考虑 J_2 摄动的相对动力学方程,即式(2.35),可以直接根据各次轨道转移的初始终端条件计算冲量大小。

根据第 2 章的分析结果,考虑轨道摄动后,长时间交会问题在单个轨道周期及多个轨道周期的尺度上均具有多峰性。为了克服单个轨道周期内的多峰性,将每次转移中的第 1 次机动时间 t_{q1} 从 t_{q0} 按步长 T_r/N_{enum} 逐渐增加到 $t_{q0}+T_r$,其中 N_{enum} 为枚举次数。对每个 t_{q1},可以根据转移的首末条件基于式(2.35)获得一组机动冲量,记为 $\Delta \boldsymbol{v}_{q1}(t_{q1})$ 与 $\Delta \boldsymbol{v}_{q2}(t_{q1})$。比较所有 $N_{enum}+1$ 组机动冲量,找出 $\|\Delta \boldsymbol{v}_{q1}(t_{q1})\| + \|\Delta \boldsymbol{v}_{q2}(t_{q1})\|$ 的最小值作为这次转移的机动冲量,即:

$$\|\Delta \boldsymbol{v}_{q1}\| + \|\Delta \boldsymbol{v}_{q2}\| = \min_{t_{q1}=t_{q0}}^{t_{q0}+T_r} \left[\|\Delta \boldsymbol{v}_{q1}(t_{q1})\| + \|\Delta \boldsymbol{v}_{q2}(t_{q1})\|\right] \tag{4.57}$$

这个局部搜索同样被应用于重构轨道转移：

$$\|\Delta \boldsymbol{v}'_{q1}\| + \|\Delta \boldsymbol{v}'_{q2}\| = \min_{t'_{q1}=t'_{q0}}^{t'_{q0}+T_r} \left[\|\Delta \boldsymbol{v}_{q1}(t'_{q1})\| + \|\Delta \boldsymbol{v}_{q2}(t'_{q1})\|\right] \tag{4.58}$$

4.3.3　算例

4.3.3.1　问题配置

目标器及追踪器的初始条件同 4.2.3 节,追踪器结构质量为 $m_{cQf} = 500\text{kg}$,每个目标器的结构质量均为 $m_{p0} = 350\text{kg}$,整个任务结束后目标器日常运行需要的推进剂为 $\Delta m_{p0} = 100\text{kg}$,目标器推进剂储箱容量为 $\Delta m_{max} = 200\text{kg}$。

星座重构期望位置的初始纬度幅角及升交点赤经在表 4.6 中给出,遗传算法参数如表 4.7 所示。交会轨道转移时间与服务时间的搜索范围同 4.3.1 节,重构转移时间的搜索范围为 $[10T_r, 600T_r]$,枚举参数为 $N_{enum} = 81$。

表 4.6　星座补给重构编排期望重构位置的初始纬度幅角与升交点赤经

重构位置编号	初始纬度幅角/(°)	初始升交点赤经/(°)
1	0	100.0
2	45	100.0
3	90	100.0
4	135	100.0
5	180	100.0
6	225	100.0
7	270	100.0
8	315	100.0

表 4.7　星座补给重构编排混合编码遗传算法参数

参数名	参数值	参数名	参数值
种群规模	800	整数变异概率	0.4
最大进化代数	400	实数交叉概率	0.7
锦标赛选择规模	3	实数变异概率	0.3
整数交叉概率	0.8		

4.3.3.2　推进剂近最优解

采用混合编码遗传算法,获得的最少平均推进剂消耗为 8.333kg,对应的平均任务时间为 761.855T_r,该解的设计变量及补给的推进剂在表 4.8 中给出。

表 4.8 星座补给重构编排推进剂近最优解

任务顺序	目标器编号	重构位置编号	交会转移时间/T_r	服务时间/T_r	重构转移时间/T_r	补给的推进剂/kg	补给后的追踪质量/kg
1	7	8	367.3707	348.5435	599.8790	101.0806	1260.1538
2	4	7	527.3570	107.9008	594.8790	105.9364	1149.4766
3	1	2	538.6228	35.6928	598.3575	101.0826	1041.0946
4	5	5	492.9951	69.2412	586.9337	100.1490	935.5024
5	8	4	508.5361	36.6822	597.0267	102.2304	829.6262
6	2	1	514.2852	17.3105	591.0211	104.9601	722.2612
7	3	3	564.7588	307.5448	598.4690	108.8860	611.5939
8	6	6	597.0606	463.7384	597.2026	108.8963	500.0000

追踪器交会转移的总速度增量为 99.231m/s，各目标器重构转移的总速度增量为 219.826m/s。各次交会的机动时刻与冲量如表 4.9 所示，图 4.6 给出了最优交会过程与重构过程示意图，其中"c"与"w"分别代表后下方交会（追赶）与前上方交会（等待）。

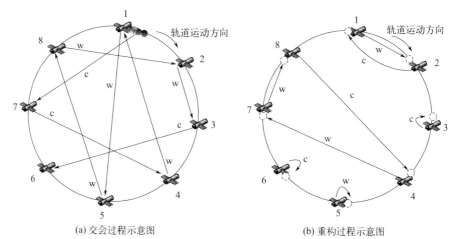

(a) 交会过程示意图 (b) 重构过程示意图

图 4.6 星座补给重构编排推进剂近最优解交会与重构过程示意图

表 4.9 星座补给重构编排推进剂近最优解交会机动时刻与冲量

任务顺序	$t_{q1}-t_{q0}$ /T_r	$t_{q2}-t_{q0}$ /T_r	Δv_{q1x} /(m/s)	Δv_{q1y} /(m/s)	Δv_{q1z} /(m/s)	Δv_{q2x} /(m/s)	Δv_{q2y} /(m/s)	Δv_{q2z} /(m/s)
1	0.1111	367.3707	0.280619	-4.679333	-4.057736	0.280619	4.679333	-3.304581
2	0.0247	527.3570	-0.049378	-2.817000	-4.795751	-0.049378	2.817000	-5.007118
3	0.2840	538.6228	-0.047652	1.648708	-9.542944	-0.047652	-1.648708	-9.281453
4	0.5309	492.9951	-0.021733	2.410153	7.511500	-0.021733	-2.410153	7.457778
5	0.9630	508.5361	0.248097	2.927131	-4.408284	0.248097	-2.927131	-5.704895

续表

任务顺序	$t_{q1}-t_{q0}$ /T_r	$t_{q2}-t_{q0}$ /T_r	Δv_{q1x} /(m/s)	Δv_{q1y} /(m/s)	Δv_{q1z} /(m/s)	Δv_{q2x} /(m/s)	Δv_{q2y} /(m/s)	Δv_{q2z} /(m/s)
6	0.5679	514.2852	−0.133370	3.473406	2.586470	−0.133370	−3.473406	2.658672
7	0.9259	564.7588	−0.012373	3.694667	−0.277543	−0.012373	−3.694667	−0.249085
8	0.4938	597.0606	−0.123947	−1.503605	6.397138	−0.123947	1.503605	6.516676

图 4.7 给出了轨道阳光 β 角变化过程,由图可知,各次交会均满足轨道阳光角要求。

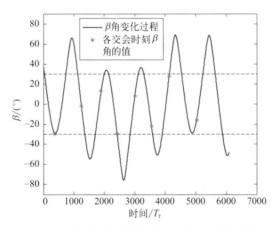

图 4.7　星座补给重构编排轨道阳光 β 角变化过程

图 4.8 给出了追踪器质量变化过程,由图可知,追踪器质量随着交会任务开展而逐渐减小。

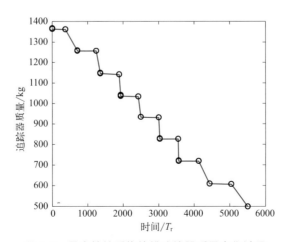

图 4.8　星座补给重构编排追踪器质量变化过程

　　图 4.9 给出了遗传算法可行解个数变化过程,由图可知,算法进化时维持了数量较多的可行解。

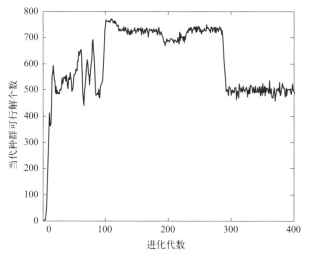

图 4.9　星座补给重构编排遗传算法可行解个数进化过程

　　图 4.10 给出了遗传算法的收敛过程。

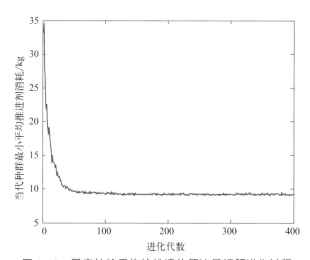

图 4.10　星座补给重构编排遗传算法最好解进化过程

4.3.3.3　不同模型结果比较

　　为了揭示 J_2 摄动与窗口约束对结果的影响,计算了问题在采用不同动力学模型与不同初始条件情况下的规划结果,并在表 4.10 中进行比较。表 4.10 中,带"∗"的结果的交会重构次序在优化过程中被固定了,主要用于给出二体共面最优交会重构次序在考虑 J_2 摄动后的推进剂消耗情况,便于对比分析。

表 4.10　星座补给重构编排不同模型最小平均推进剂解比较

动力学模型	初始轨道类型	窗口约束	平均推进剂消耗/kg	平均任务时间/T_r	交会次序	重构次序
线性 J_2	非共面	是	8.333	761.855	(7,4,1,5,8,2,3,6)	(8,7,2,5,4,1,3,6)
线性 J_2	非共面	否	7.692	1121.403	(7,4,1,5,8,2,3,6)	(8,5,3,4,7,2,1,6)
线性二体	非共面	否	27.570	894.187	(5,7,1,4,8,2,3,6)	(5,2,8,3,1,4,6,7)
线性 J_2	共面	否	1.367	988.665	(1,8,7,6,5,4,3,2)	(1,8,7,6,5,4,3,2)
线性二体	共面	否	0.307	1053.268	(1,8,7,6,5,4,3,2)	(1,8,7,6,5,4,3,2)
线性 J_2	非共面	是	26.650	833.499	$(1,8,7,6,5,4,3,2)^*$	$(1,8,7,6,5,4,3,2)^*$
线性 J_2	非共面	否	25.064	1181.798	$(1,8,7,6,5,4,3,2)^*$	$(1,8,7,6,5,4,3,2)^*$

由表 4.10 可以得到如下基本结论：

① 对初始轨道共面的情况，无论是否考虑 J_2 摄动的影响，最优补给次序是一种按纬度幅角位置依次访问的顺序，目标器总是回到离其最近的重构位置，这一结果与 Shen 等[5] 的结论一致。

② 对初始非共面二体问题，最优补给次序主要由轨道面偏差决定，共面的目标器的补给次序总是相邻的，如 7 号目标器与 1 号目标器的升交点赤经相同，其补给次序相邻，这一结果与 Alfriend 等[6] 的结论一致。

③ 对初始轨道非共面且考虑 J_2 摄动的情况，最优补给次序不同于上面两种情况，上面总结的最优交会次序的简单确定原则不再适用。

④ 当考虑交会窗口约束与 J_2 摄动时，任务需要消耗更多的推进剂，这主要是由于窗口约束限制了交会时间的有效搜索区间。

此外，考虑交会窗口约束与 J_2 摄动时，获得的最优补给次序与 4.2 节不考虑重构操作的最优补给次序相同，说明重构操作对补给次序的影响较小。

4.3.3.4　多目标优化结果与比较

采用多目标混合编码遗传算法计算补给重构问题的 Pareto 最优解集。图 4.11 同时给出了 Pareto 最优前沿、最小平均推进剂消耗及最短平均任务时间，其中最短任务时间为 $23.575T_r$，相应的平均推进剂消耗为 118.968kg。图 4.11 中，Pareto 最优前沿已经逼近了由单目标最优解给出的极限。因此，采用的多目标优化方法及获得 Pareto 解集的有效性得到了确认。

图 4.12 同时给出了仅考虑窗口约束和仅考虑容量约束的 Pareto 最优前沿，仅考虑窗口约束的 Pareto 最优前沿的一些部分在仅考虑容量约束的 Pareto 最优前沿的上方，而且考虑窗口约束的 Pareto 最优前沿的形状更接近图 4.11 中同时考虑两种约束的结果：二者含有类似的间断。因此，窗口约束引起了多航天器补给重构

Pareto 前沿的间断,在这些间断中,任务设计部门不能通过允许延长一些任务时间来有效地减小推进剂消耗。

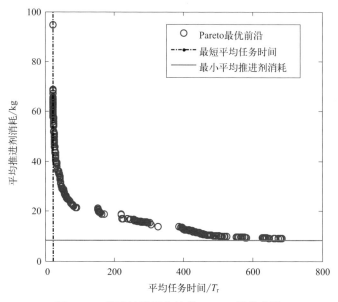

图 4.11　星座补给重构编排 Pareto 最优前沿

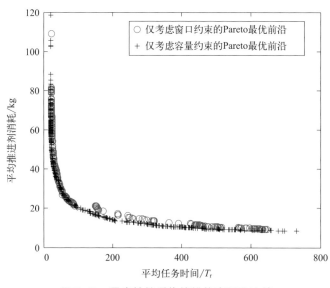

图 4.12　星座补给重构编排约束影响比较

在不考虑窗口与容量约束情况下,分别计算考虑 J_2 摄动与不考虑 J_2 摄动的 Pareto 最优解,并在图 4.13 中进行比较。

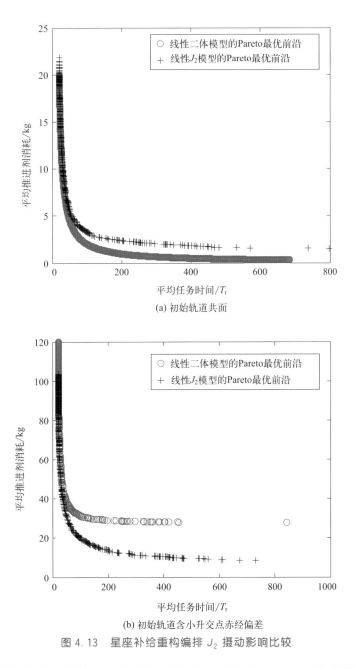

(a) 初始轨道共面

(b) 初始轨道含小升交点赤经偏差

图 4.13　星座补给重构编排 J_2 摄动影响比较

　　对初始轨道共面的情况,考虑与不考虑 J_2 摄动的 Pareto 最优前沿差别不大,而且考虑 J_2 摄动的结果推进剂消耗略多。二者大多数 Pareto 最优解都有相同的补给次序,即 $(1,8,7,6,5,4,3,2)$,这个顺序与推进剂最优解的补给次序一致。

4.3.3.5 不同目标器数任务比较

为了进一步确认上面分析的特性,8个目标器被分为两组:(1,3,5,7)与(2,4,6,8),每组各由一个 $m_{cQf}=250\text{kg}$ 的追踪器进行补给。因此,整个8目标器的任务被分割为两个4目标器的子任务。分别计算两个子任务的平均推进剂消耗最小解,其结果在表4.11中给出。从表4.11可知,在4目标器子任务(1,3,5,7)中,考虑与不考虑 J_2 摄动的结果在推进剂消耗与最优补给次序上均有明显差异;而在4目标器子任务(2,4,6,8)中,考虑与不考虑 J_2 摄动的结果在推进剂消耗上有明显差异,在最优补给次序上相近。这一特性与在8目标器任务中发现的特性是基本一致的。

表4.11 星座补给重构编排4目标器子任务最小推进剂解比较

目标器	动力学模型	窗口约束	平均推进剂消耗/kg	平均任务时间/T_r	交会次序	重构次序
(1,3,5,7)	线性 J_2	是	6.959	1100.293	(7,1,5,3)	(1,3,7,5)
(1,3,5,7)	线性 J_2	否	6.931	1081.426	(7,1,5,3)	(1,3,7,5)
(1,3,5,7)	线性二体	否	18.614	1223.530	(5,7,1,3)	(7,1,5,3)
(2,4,6,8)	线性 J_2	是	12.590	1181.560	(8,2,6,4)	(8,4,6,2)
(2,4,6,8)	线性 J_2	否	12.461	1270.508	(8,2,6,4)	(6,4,8,2)
(2,4,6,8)	线性二体	否	30.832	1193.313	(8,2,6,4)	(6,4,8,2)

当不考虑 J_2 摄动时,两个子任务的平均最小推进剂消耗的均值为24.723kg,小于原8目标器任务的最小平均推进剂消耗。当考虑 J_2 摄动时,两个子任务的平均最小推进剂消耗的均值为9.696kg,却大于原8目标器任务的最小平均推进剂消耗。

图4.14中给出了两个4目标器子任务的Pareto前沿,该图说明考虑与不考虑 J_2 摄动的结果仍然具有明显差异,这与在8星任务中发现的差异是一致的。

图4.15比较了原8目标器任务的Pareto前沿与两个4目标器子任务的Pareto前沿的均值,其中子任务的均值由基于两个4目标器子任务的Pareto前沿进行线性内插获得。当采用线性二体模型时,由两个追踪器来完成补给任务明显优于原任务的单追踪器方案;然而,当采用线性 J_2 模型时,单追踪器方案与两追踪器方案的优劣将可能取决于任务时间。在这个算例中,目标器的分组是预先指定的,当允许的任务时间足够长时,单追踪器方案较两追踪器方案消耗推进剂少。

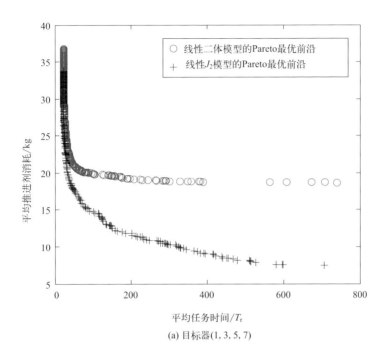

(a) 目标器(1, 3, 5, 7)

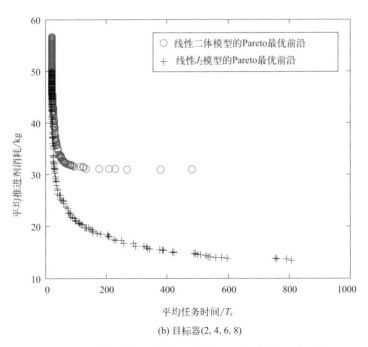

(b) 目标器(2, 4, 6, 8)

图 4.14　星座补给重构编排 4 目标器子任务多目标前沿

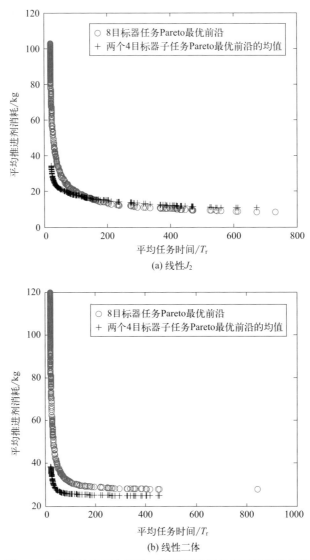

图 4.15　星座补给重构编排 4 目标器子任务多目标前沿均值

4.4　多航天器合作加注编排

由于服务星初始携带大量推进剂,机动成本较高,若考虑目标星仍具有机动的能力,即目标星机动到某一位置接受服务星的服务,则可能会减少任务的成本,提升在轨加注任务的效益[7]。已有一些文献针对多星合作加注进行了研究。

Coverstone-Carroll 等[8]研究了共面圆轨道上两个航天器合作交会,并验证合作机动交会比单方面机动交会节省更多的推进剂,为多星合作交会打下了基础。Dutta 等[9]在 P2P 交会的基础上引入了合作交会,并证明该方式可有效节省推进剂。Du 等[10]利用合作机动研究了二体情况下多航天器在轨加注任务,并与非合作机动进行了对比分析。

上述研究没有考虑地球非球形摄动对合作加注任务的影响,摄动的影响可能会改变在轨加注的次序与任务的推进剂消耗[11],所以针对考虑摄动的加注任务的研究具有重要意义。另外,由于目标星的推进剂往往很有限,在合作交会任务中,目标星的推进剂消耗应小于其自身的剩余推进剂,所以目标星的剩余推进剂约束也会对任务规划的结果产生影响。基于此,本节研究考虑 J_2 项摄动情况下的近地多星合作在轨加注任务。

4.4.1　编排问题模型

近地多星合作加注任务优化模型包括设计变量、目标函数和约束条件。

4.4.1.1　设计变量

近地多星合作加注问题是一个混合整数非线性规划问题,包括整数与实数变量。优化模型的设计变量为 $\boldsymbol{X}_1$、$\boldsymbol{X}_2$ 和 $\boldsymbol{X}_3$。$\boldsymbol{X}_1$ 为整数变量,$\boldsymbol{X}_2$ 和 $\boldsymbol{X}_3$ 为连续变量。

$$\boldsymbol{X}_1 \Rightarrow \boldsymbol{x}_1 = (q_1, q_2, \cdots, q_n) \tag{4.59}$$

$$\boldsymbol{X}_2 \Rightarrow \begin{cases} \boldsymbol{x}_2 = (p_1, p_2, \cdots, p_m) \\ \boldsymbol{x}_3 = (\Delta t_{c1}, \Delta t_{c2}, \cdots, \Delta t_{cm}, \Delta t_{c(m+1)}) \\ \boldsymbol{x}_4 = (sert_1, sert_2, \cdots, sert_m) \\ \boldsymbol{x}_5 = (\Delta t_{t11}, \Delta t_{t12}, \cdots, \Delta t_{t1n}) \\ \boldsymbol{x}_6 = (\Delta t_{t21}, \Delta t_{t22}, \cdots, \Delta t_{t2n}) \end{cases} \tag{4.60}$$

$$\boldsymbol{X}_3 \Rightarrow \begin{cases} \boldsymbol{x}_7 = (\Delta v_{c,1}^1, \cdots, \Delta v_{c,1}^N, \cdots, \Delta v_{c,m+1}^1, \cdots, \Delta v_{c,m+1}^2) \\ \boldsymbol{x}_8 = (\Delta v_{t1,1}^1, \cdots, \Delta v_{t1,1}^2, \cdots, \Delta v_{t1,n}^1, \cdots, \Delta v_{t1,n}^2) \\ \boldsymbol{x}_9 = (\Delta v_{t2,1}^1, \cdots, \Delta v_{t2,1}^2, \cdots, \Delta v_{t2,n}^1, \cdots, \Delta v_{t2,n}^2) \end{cases} \tag{4.61}$$

其中,$\boldsymbol{x}_1$ 为目标星选择服务位置序号的集合;$\boldsymbol{x}_2$ 为服务位置的集合;$\boldsymbol{x}_3$ 为服务星转移时间的集合;$\boldsymbol{x}_4$ 为服务时间的集合;$\boldsymbol{x}_5$ 为目标星前往服务位置的转移时间集合;$\boldsymbol{x}_6$ 为目标星返回原始位置的转移时间集合;$\boldsymbol{x}_7$ 为服务星前往服务位置速度增量集合;$\boldsymbol{x}_8$ 为目标星前往服务位置速度增量集合;$\boldsymbol{x}_9$ 为目标星返回原位置速度增量集合。

4.4.1.2　目标函数

在任务中,服务星与目标星都会消耗推进剂去执行轨道转移,所以目标函数是实现总的推进剂消耗最小：

$$\min f(x) = \Delta M = \left(m_{c0} - m_{cf} - \sum_{j=1}^{n} \Delta m_a(j) \right) \tag{4.62}$$

4.4.1.3 任务约束

（1）质量约束

目标星自身的推进剂必须足以支撑其前往某个服务位置的轨道转移，所以轨道转移后的质量必须大于其结构质量：

$$m_{t0}(j) \geqslant m_{ts}(j) \exp \frac{\sum\limits_{k=1}^{N} \|\Delta v_{t1,j}^k\|}{I_{spt}}, \quad j \in (1, n) \tag{4.63}$$

（2）时间约束

对于整个任务，总的任务时间不能太长：

$$T_f = T_{cf}(m+1) \leqslant T_{f,\mathrm{limit}} \tag{4.64}$$

其中，T_f 为总的任务时间；$T_{f,\mathrm{limit}}$ 为任务时间允许最大值。

服务星和目标星每次转移时间和服务时间也需要在一定范围内：

$$\begin{cases} \Delta t_{ci,\min} \leqslant \Delta t_{ci} \leqslant \Delta t_{ci,\max} \\ \Delta t_{t1j,\min} \leqslant \Delta t_{t1j} \leqslant \Delta t_{t1j,\max} \\ \Delta t_{t2j,\min} \leqslant \Delta t_{t2j} \leqslant \Delta t_{t2j,\max} \\ sert_{i,\min} \leqslant sert_i \leqslant sert_{i,\max} \end{cases} \tag{4.65}$$

4.4.2 分层-混合式求解策略

上面建立的多星合作加注任务规划模型属于混合整数非线性规划问题，需要设计混合优化方法求解，流程图如图 4.16 所示。

4.4.2.1 上层优化方法

上层优化方法利用混合整数遗传算法对 $\boldsymbol{X}_1$ 和 $\boldsymbol{X}_2$ 的最优解进行搜寻，基因染色体被分为两部分：一部分整数编码，另一部分实数编码。这里，$\boldsymbol{X}_2$ 采用算数交叉与非均匀变异进行搜索，$\boldsymbol{X}_1$ 采用双切点交叉与三点位移变异进行搜索。在混合编码遗传算法进化过程中，$\boldsymbol{X}_1$ 和 $\boldsymbol{X}_2$ 的值会被代入下层优化部分计算机动脉冲大小。

对 4.4.1.3 节给出的约束条件，本书采用罚函数法来处理，处理后的目标函数为：

$$F(x) = f(x) + M_1 \sum_{j=1}^{n} \max \left[m_{ts}(j) \exp \frac{\sum\limits_{k=1}^{N} \|\Delta v_{t1,j}^k\|}{I_{spt}} - m_{t0}(j), 0 \right]$$

$$+ M_2 \times \max(T_{cf}(m+1) - T_{f,\mathrm{limit}}, 0) \tag{4.66}$$

其中，M_1 和 M_2 分别为质量约束与时间约束的惩罚系数。

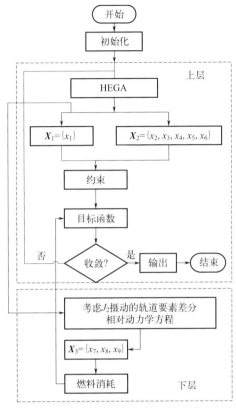

图 4.16 多星合作加注混合优化方法的流程图

在模型构建中,服务位置的个数初始设置等于目标星个数($m = Q$),服务星会在完成任务后返回原始位置。由于服务星在一个服务位置可能会服务多颗目标星,所以服务位置实际使用数量可能会小于目标星个数。根据 4.4.1 节的模型,服务星最大可用转移时间是固定的,若服务星转移的时间约束还如初始设置的那样,其总的转移时间会随着有效服务位置数量的减少而大大减少。

因此,为了保持问题的可比性,充分利用给定的任务时间上限,应该采取一些方法来保持整个任务中服务星总的转移时间变化不大。本书提出一种在计算过程中保持总的转移时间相似的策略,若实际服务位置数量小于初始数量,则在计算过程中增加服务星的转移时间,来保持总的转移时间相似,策略流程如图 4.17 所示。

4.4.2.2 下层优化方法

下层优化部分主要用于得到每次转移的最优脉冲消耗,这里采用考虑 J_2 项摄动的轨道要素差分相对动力学方程去计算轨道转移脉冲,具体模型见 2.2.5.2 节或文献[3]。

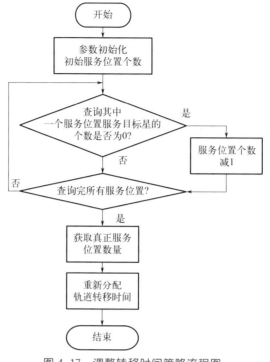

图 4.17 调整转移时间策略流程图

对于近共面近圆的航天器交会任务，脉冲机动次数对其影响较小，而影响较大的是转移时间。因此，在本章中，每次轨道转移只考虑两次机动。每次轨道转移的速度增量是初始状态、终端状态和轨道转移时间的函数，速度增量可由考虑 J_2 摄动的轨道要素差分相对动力学方程求得。

另外，为了克服单个轨道周期内存在多个局部最优解情况，采用局部枚举搜索方法，以枚举的最小值作为最终脉冲大小。

4.4.3 算例

4.4.3.1 问题配置

一颗服务星和八颗目标星位于类似于 Globalstar 星座的共面圆轨道上，所有卫星的参数在表 4.12 中给出。服务星的初始真近点角为 0°，目标星的真近点角的范围为 $[0°,360°]$。质量参数为 $m_{cf}=500\mathrm{kg}$ 和 $\Delta m_a=100\mathrm{kg}$，服务星与目标星的发动机参数分别为 $I_{spc}=3000\mathrm{m/s}$ 和 $I_{spt}=3000\mathrm{m/s}$。参考轨道周期为 $T_r=6845.353\mathrm{s}$，时间约束分别为 $\sum_{i=1}^{m+1}\Delta t_{ci}\leqslant 5400T_r$、$sert_k\in[10.01T_r,599.99T_r]$、$\Delta t_{t1,j}\in[10.01T_r,599.99T_r]$ 和 $\Delta t_{t2,j}\in[10.10T_r,599.99T_r]$。采用的遗传算法

参数见表 4.13。

表 4.12 多星合作加注任务卫星参数

轨道要素	参数值(服务星)	参数值(目标星)
半长轴	7792.137km	7792.137km
偏心率	0	0
轨道倾角	52°	52°
升交点赤经	100°	100°
近地点幅角	0°	0°
真近点角	0°	(0°,45°,90°,135°,180°,225°,270°,315°)

表 4.13 多星合作加注任务规划遗传算法参数

参数名	参数值
种群	400
代数	400
锦标赛选择规模	3
实数交叉概率	0.9
整数交叉概率	0.9
实数变异概率	0.1
整数变异概率	0.1

4.4.3.2 不同目标星质量下的最小推进剂消耗

首先研究目标星质量对推进剂消耗和总速度增量的影响。目标星结构质量的范围为 50～500kg,初始剩余推进剂均为 5kg。为了只分析目标星结构质量对任务的影响,本算例暂不考虑 J_2 项摄动的影响。计算得到结果如表 4.14 和图 4.18 所示。

表 4.14 多星合作加注规划不同目标星结构质量结果

m_{ts}/kg	m	$\Delta V/(m/s)$	$\Delta M/kg$
50	1	31.815	1.114
100	2	21.211	1.514
150	2	21.212	1.868
200	3	13.481	1.952
250	4	12.374	2.173
300	4	12.375	2.343
350	4	12.376	2.402
400	6	10.163	2.513
450	8	7.950	2.520
500	8	7.949	2.520

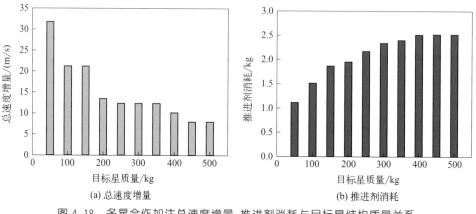

(a) 总速度增量　　　　　　　　(b) 推进剂消耗

图 4.18　多星合作加注总速度增量、推进剂消耗与目标星结构质量关系

首先,随着目标星结构质量的增加,服务位置的数量在减少,表明合作水平在下降。

其次,速度增量随着目标星质量增加而减少,表明当质量增加时目标星倾向于不机动。

最后,随着结构质量的增加,推进剂消耗随之增加,增加速率逐渐减小至零。此时,只有服务星机动,目标星不机动。因此,可以认为,只有当目标星质量远小于服务星初始质量的情况下,最优任务方案才倾向于合作交会。

4.4.3.3　J_2 项摄动的影响

对于近地轨道,J_2 摄动对其轨道特性影响是很大的,因此,本算例着重分析 J_2 项摄动对合作加注的影响。考虑 J_2 项模型和二体模型的结果如表 4.15 所示。

表 4.15　多星合作加注不同动力学模型下的结果

动力学模型	m_{ts}/kg	ΔV/(m/s)	ΔM/kg	p_i/(°)
J_2	100	101.143	7.160	(45.016,314.952)
	200	65.939	8.729	(0.004,134.998,269.926)
	300	60.534	9.961	(0.000,90.052,180.022,269.996)
	400	48.367	11.030	(0.001,90.002,179.998,224.991, 269.999,314.996)
	500	37.334	11.720	(44.992,88.354,134.998,179.950, 224.958,269.999,314.846,359.994)
二体	100	21.211	1.514	(269.997,359.999)
	200	13.481	1.952	(89.999,225.004,314.999)
	300	12.375	2.343	(44.999,90.019,225.003,359.999)

续表

动力学模型	m_{1s}/kg	ΔV/(m/s)	ΔM/kg	p_i/(°)
二体	400	10.163	2.513	(45.001,134.997,179.999, 270.000,314.999,359.999)
	500	7.949	2.520	(44.999,89.999,134.999,179.999, 224.999,269.999,314.999,359.996)

　　根据表 4.15 和图 4.19 的结果可以看出,两种模型下速度增量和推进剂消耗的变化趋势是相似的,随着目标星结构质量增加,所有的服务位置趋向于目标星的初始位置;在考虑 J_2 项摄动模型下,需要消耗更多的推进剂。如图 4.20 所示,在考虑 J_2 项摄动模型下,服务星与服务位置交会点的升交点赤经呈周期剧烈变化,此时需要更多的推进剂去消除轨道面差。

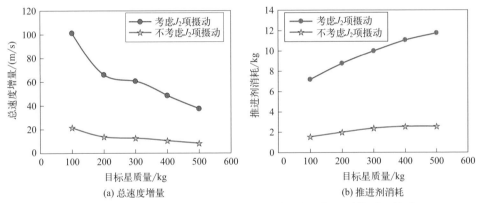

(a) 总速度增量

(b) 推进剂消耗

图 4.19　不同模型下总速度增量、推进剂消耗与目标星结构质量关系

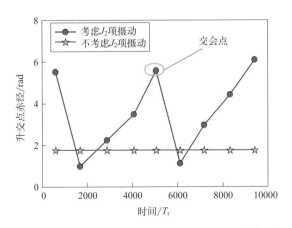

图 4.20　多星合作加注规划交会点服务星的升交点赤经

4.4.3.4　与非合作加注的对比

推进剂为了使结果具有可比性,目标星的参数与 4.2.3 节及 4.3.3 节一致,如表 4.16 所示。考虑 J_2 项摄动的不同策略与不同模型下的结果如表 4.17 和图 4.21 所示。图 4.21 中,小实心圆为目标星重构位置,小空心圆为目标星初始位置,网格填充大圆为服务位置。

表 4.16　多星合作加注初始与重构目标星参数

序号	初始目标星位置		重构目标星位置	
	纬度幅角/(°)	升交点赤经/(°)	纬度幅角/(°)	升交点赤经/(°)
1	10	100.0	0	100.0
2	55	100.0	45	100.0
3	100	100.0	90	100.0
4	145	100.0	135	100.0
5	190	100.0	180	100.0
6	235	100.0	225	100.0
7	280	100.0	270	100.0
8	325	100.0	315	100.0

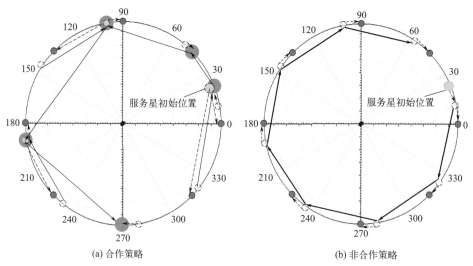

(a) 合作策略　　　　　　　　　　(b) 非合作策略

图 4.21　不同策略下多星加注任务的最优交会路径

表 4.17　近地多星加注任务不同策略的比较

交会策略	动力学模型	平均推进剂消耗/kg	平均任务时间/T_r
合作	二体	0.258	839.327
非合作	二体	0.307	1053.268
合作	J_2	1.154	808.725
非合作	J_2	1.367	988.665

　　无论是否考虑 J_2 项摄动,合作加注策略的最小平均推进剂消耗都小于非合作式加注;另外,合作加注策略的平均任务时间也更小。上述结果表明,合作式加注在一定条件下确实可以节省推进剂。

参 考 文 献

[1]　张进. 空间交会任务解析摄动分析与混合整数多目标规划方法[D]. 长沙:国防科学技术大学,2013.

[2]　刘林. 航天器轨道理论[M]. 北京:国防工业出版社,2000.

[3]　Zhang J,Luo Y Z,Tang G J. Hybrid Planning for LEO Long-duration Multi-Spacecraft Rendezvous Mission [J]. Science China -Technological Sciences,2012,55(1):233-243.

[4]　Zhang J,Parks G T,Luo Y Z,et al. Multispacecraft Refueling Optimization Considering the J_2 Perturbation Andwindow Constraints [J]. Journal of Guidance,Control,and Dynamics,2014,37(1):111-122.

[5]　Shen H. Optimal Scheduling for Satellite Refueling in Circular Orbits [D]. Atlanta,Georgia:School of Aerospace Engineering,Georgia Institute of Technology,2003.

[6]　Alfriend K T,Lee D J,Creamer N G. Optimal Servicing of Geosynchronous Satellites [J]. Journal of Guidance,Control,and Dynamics,2006,29(1):203-206.

[7]　赵照. 多星在轨服务任务规划技术研究[D]. 长沙:国防科学技术大学,2017.

[8]　Coverstone -Carroll V,Prussing J E. Optimal Cooperative Power-Limited Rendezvous between Coplanar Circular Orbits [J]. Journal of Guidance,Control,and Dynamics,1994,17(5):1096-1102.

[9]　Dutta A,Tsiotras P. Network Flow Formulation for Cooperative Peer-to-Peer Refueling Strategies [J]. Journal of Guidance,Control,and Dynamics,2010,33(5):1539-1549.

[10]　Du B X,Zhao Y,Dutta A,et al. Optimal Scheduling of Multispacecraft Refueling Based on Cooperative Maneuver [J]. Advances in Space Research 2015,55:2808-2819.

[11]　Zhao Z,Zhang J,Li H Y,et al. LEO Cooperative Multi-Spacecraft Refueling Mission Optimization Considering J_2 Perturbation and Target's Surplus Propellant Constraint[J]. Advances in Space Research,2017,59(1):252-262.

第 5 章

多空间碎片清除任务轨道
设计与优化

多空间碎片(主动)清除任务是指通过一次飞行序贯清除多颗空间碎片的任务。此类任务的轨道设计需要优化航天器对多颗碎片的交会次序、交会时刻和相邻两碎片之间的多脉冲转移轨迹。其组合特性与经典的 TSP 问题类似。但是相比 TSP 问题,这类问题的复杂性和求解难度要大得多:一是因为获得两碎片之间精确的最优转移速度增量要比计算两个位置固定的城市之间的欧氏距离困难且耗时得多;二是由于碎片的位置时刻在变化,搜索空间相比同等规模的 TSP 问题要大得多。此外,当碎片规模较大时,单个航天器无法清除所有碎片,需要多个航天器分批次清除才能完成,此时还需要优化碎片的分组方案。

学者们之前多采用混合编码遗传算法求解这类问题。混合编码遗传算法可以实现整数变量(交会次序)和实数变量(交会时间)同时寻优,但实际优化效率较低,对稍大规模问题的优化效果较差。蚁群算法在序列规划方面具有优势,但传统的蚁群算法只适用于静态目标的交会序列规划问题。本章将结合多碎片遍历交会问题的特点,设计可高效求解动态目标交会序列规划问题的蚁群算法,并结合不同类型的规划问题给出相应的求解流程。

本章内容安排如下:5.1 节介绍多空间碎片清除任务轨道设计问题与模型;5.2 节介绍"一对多"空间碎片清除任务规划方法;5.3 节介绍"多对多"空间碎片清除任务规划方法。

5.1　规划问题与模型

多空间碎片清除是指通过一个或多个在轨飞行器同时或连续清除一系列空间碎片的任务。如图 5.1 所示,在轨飞行器在初始入轨时会携带多套离轨装置,每交会一颗碎片都会释放一套离轨装置用以将碎片脱离轨道逐渐坠入大气层烧毁。在轨飞行器与碎片完成交会后需要一段时间释放离轨装置并捕捉碎片,尔后才能机动前往下一颗碎片继续执行清除任务。

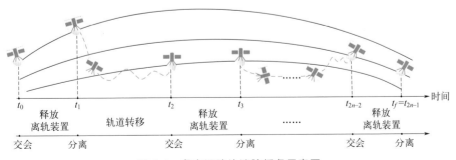

图 5.1　多空间碎片清除任务示意图

根据使用的在轨飞行器数量的不同,多空间碎片清除任务可分为"一对多"的任务和"多对多"的任务两类。"一对多"任务即仅通过单个在轨飞行器完成对所有碎片的清除,"多对多"任务则是采用两个以上在轨飞行器清除所有碎片。下面分别给出"一对多"和"多对多"碎片清除任务的规划模型。

5.1.1　"一对多"碎片清除任务规划模型

5.1.1.1　设计变量

"一对多"碎片清除任务规划模型可描述为如下两层嵌套形式。

其中外层模型的设计变量为:

$$\boldsymbol{X}=[S_1,S_2,\cdots,S_N,T_1,T_2,\cdots,T_N,\Delta t_1,\Delta t_2,\cdots,\Delta t_N] \tag{5.1}$$

其中,N 为碎片的个数;S_i 为第 i 颗碎片的交会次序;T_i 为航天器与第 i 颗碎片的交会时刻;Δt_i 为航天器在第 i 颗碎片上的停留时间。

内层模型的设计变量为相邻两碎片之间多脉冲转移的 n 次相邻脉冲施加时刻的比值和前 $n-2$ 次施加的脉冲矢量:

$$\begin{cases} \boldsymbol{X}_1=T_i \\ \boldsymbol{X}_2=\Delta \boldsymbol{v}_i \end{cases} \quad i=1,2,\cdots,n-2 \tag{5.2}$$

其中,n 为施加脉冲的次数,$\Delta \boldsymbol{v}_i=[\Delta v_{ix},\Delta v_{iy},\Delta v_{iz}]$ 是第 i 次脉冲的三个分量。一旦变量 $\boldsymbol{X}_1$ 和 $\boldsymbol{X}_2$ 都确定,航天器的状态就可以从 T_1 时刻预报到 T_{n-1} 时刻,然后通过求解一个两点边值问题获得最后的两个脉冲。

为了避免在优化的过程中处理脉冲时刻的约束,式(5.2)中的设计变量可改写为:

$$\boldsymbol{X}_1=\eta_i, \quad i=1,2,\cdots,n \tag{5.3}$$

$$\begin{cases} \eta_i=T_i/T_{i+1}, \quad i=1,2,\cdots,n-1 \\ \eta_n=T_n/T_f \end{cases} \tag{5.4}$$

其中,$\eta_i(i=1,2,\cdots,n)$ 是取值范围都在 $[0,1]$ 之间的系数,表示前一脉冲时刻和后一脉冲时刻的比值;T_f 为终端时刻。

5.1.1.2　约束条件

第一类约束为交会次序变量的取值:

$$\{\forall S_i,S_j \in [1,n] \,|\, S_i \neq S_j\} \tag{5.5}$$

式(5.5)表示交会次序的取值范围为 $1\sim n$ 之间的正整数,且任意两个交会次序取值不相同。

第二类约束为航天器与后一颗碎片的交会时刻必须大于前一颗碎片的出发时刻:

$$T_{i+1} > T_i + \Delta t_i \tag{5.6}$$

第三类约束为航天器在碎片上的停留时间不能小于规定的最短停留时间：

$$\Delta t_i > \Delta t_{\min} \tag{5.7}$$

其中，$\Delta t_{\min}$ 为航天器在碎片上的最短停留时间。

内层模型只需要考虑交会终端状态约束。

5.1.1.3　目标函数

外层模型的优化目标通常为与各次转移脉冲速度增量相关的一个函数：

$$J_{外层} = \min f(\|\Delta \boldsymbol{V}_i\|), \quad i=1,2,\cdots,N-1 \tag{5.8}$$

其中，$\|\Delta \boldsymbol{V}_i\|$ 为从第 i 颗碎片到第 $i+1$ 颗碎片的最优速度增量，也即是内层模型的优化目标：

$$J_{内层} = \min \|\Delta \boldsymbol{V}_i\| = \min \sum_{j=1}^{n} \|\Delta \boldsymbol{v}_{ij}\| \tag{5.9}$$

因此，总目标函数可写为：

$$J = \min f\left(\sum_{j=1}^{n} \|\Delta \boldsymbol{v}_{ij}\|\right), \quad i=1,2,\cdots,N-1 \tag{5.10}$$

其中，$\Delta \boldsymbol{v}_{ij}$ 为从第 i 颗碎片转移到第 $i+1$ 颗碎片的第 j 次脉冲矢量。

5.1.2　"多对多"碎片清除任务规划模型

"多对多"碎片清除任务需要规划所有待交会目标的分组方案、每一组中目标的交会次序、每一组中各目标的交会时间和相邻两目标的转移脉冲。根据组与组之间时间是否允许重叠，"多对多"碎片清除任务可以分为两类：第一类是时间允许重叠，也即多个航天器可以并行执行交会任务的问题；第二类是时间并不允许重叠，也即多个航天器只能串行执行交会任务的问题。本节主要研究第二类问题。对目标进行分组可以看作将目标放入多个虚拟容器的一个过程。为了方便描述，本节将分组时用于盛放目标的虚拟容器定义为任务包。基于该定义，"多对多"碎片清除任务规划问题可描述为如下形式的三层嵌套模型。

5.1.2.1　设计变量

对于给定的 q 个待规划交会目标，可能需要的任务包最大数量也为 q 个，则外层模型的设计变量可表示为：

$$\boldsymbol{X} = [x_{11}, x_{12}, \cdots, x_{1q}, x_{21}, x_{22}, \cdots, x_{qq}] \tag{5.11}$$

$$x_{ij} = \begin{cases} 1, & \text{如果第 } j \text{ 个访问目标被放入第 } i \text{ 个任务包，} i,j=1,2,\cdots,q \\ 0, & \text{其他} \end{cases} \tag{5.12}$$

$$y_i = \begin{cases} 1, & \text{如果第 } i \text{ 个任务包中有访问目标，} i=1,2,\cdots,q \\ 0, & \text{其他} \end{cases} \tag{5.13}$$

$$M = \sum_{i=1}^{q} y_i \tag{5.14}$$

$$N_i = \sum_{j=1}^{q} x_{ij} \tag{5.15}$$

式中，x_{ij} 为布尔变量，x_{ij} 决定第 j 个交会目标是否被放入到第 i 个任务包中，y_i 是对第 i 个任务包的统计，确定第 i 个任务包是否有交会目标放入；M 为非空任务包的数量，也即所有目标被分成的组数；N_i 为第 i 个任务包中的交会目标数量。式(5.12)和式(5.13)可以理解为先初始化 q 个任务包，然后将 q 个交会目标放入 q 个任务包中。交会目标不允许有剩余，任务包可以为空。所有目标被放入任务包后，再按式(5.13)~式(5.15)统计每个任务包中目标的放入情况。

中层模型的设计变量与"一对多"碎片清除任务规划外层模型的设计变量相同，为每个任务包中交会目标的交会次序、各交会目标的交会时刻以及在各交会目标上的停留时间，如式(5.1)所示。

内层模型的设计变量与"一对多"碎片清除任务规划内层模型的设计变量相同，为相邻两交会目标之间多脉冲转移的 n 次相邻脉冲施加时刻的比值和前 $n-2$ 次施加的脉冲矢量，如式(5.2)~式(5.4)所示。

5.1.2.2 约束条件

对于外层模型，需要满足以下三类约束。

第一类约束为：

$$\sum_{i=1}^{q} x_{ij} = 1, \quad j = 1, 2, \cdots, n \tag{5.16}$$

式(5.16)是为了保证每一个交会目标肯定会被放入其中一个任务包中，也即交会目标不能有剩余。

第二类约束为完成每个任务包中所有目标交会所需的燃料不能超过单个航天器所能携带燃料的上限：

$$m_i^{\text{Fuel}} \leqslant m_{\max}^{\text{Fuel}} \tag{5.17}$$

式中，m_i^{Fuel} 为完成第 i 个任务包中所有目标交会所需燃料的质量；$m_{\max}^{\text{Fuel}}$ 为单个航天器所能携带的燃料质量上限。

第三类约束为每个任务包的时间约束：

$$\begin{cases} T_{\text{start}} \leqslant T_1^0 \\ T_i^{\text{f}} + \mathrm{d}t_{\min} \leqslant T_{i+1}^0, \quad i = 1, 2, \cdots, M-1 \\ T_M^{\text{f}} \leqslant T_{\text{end}} \end{cases} \tag{5.18}$$

式中，T_{start} 和 T_{end} 分别为规划问题的起始时刻和终端时刻；T_i^0 和 T_i^{f} 分别为第

i 个任务包的起始时刻和终端时刻；$dt_{\min}$ 为任务包与任务包之间的最小时间间隔。

中层模型的约束条件与"一对多"碎片清除任务规划外层模型的约束条件相同，需要满足交会次序变量取值、各目标交会时刻以及最短停留时间三种类型的约束，如式(5.5)~式(5.7)所示。

内层模型的约束条件与"一对多"碎片清除任务规划内层模型的约束条件相同，只需要考虑交会终端状态约束。

5.1.2.3　目标函数

内层模型的优化目标为相邻两交会目标之间的脉冲转移速度增量和：

$$J_{内} = \min \sum_{k=1}^{n} \| \Delta \boldsymbol{v}_{ijk} \| \tag{5.19}$$

其中，$\Delta \boldsymbol{v}_{ijk}$ 为第 i 个任务包中从第 j 个交会目标转移到第 $j+1$ 个交会目标的第 k 次脉冲矢量。

中层模型的优化目标为与各次转移脉冲速度增量相关的一个函数：

$$J_{中} = \min f(J_{内ij}), \quad j = 1, 2, \cdots, N_i - 1 \tag{5.20}$$

其中，$J_{内ij}$ 为第 i 个任务包中从第 j 个交会目标转移到第 $j+1$ 个交会目标的最优速度增量。

外层模型的优化目标为与各中层模型优化目标相关的一个函数：

$$J_{外} = \min F(J_{中i}), \quad i = 1, 2, \cdots, M \tag{5.21}$$

其中，$J_{中i}$ 为第 i 个任务包中的交会序列对应的 f 函数值。

因此，总目标函数可写为：

$$J = \min F\big(f\big(\sum_{k=1}^{n} \| \Delta \boldsymbol{v}_{ijk} \|\big)\big), \quad j = 1, 2, \cdots, N_i - 1; \quad i = 1, 2, \cdots, M \tag{5.22}$$

5.2　"一对多"碎片清除任务规划方法

5.2.1　问题特性与求解思路分析

在"一对多"碎片清除任务规划模型中，交会次序、交会时刻和停留时间是外层变量，脉冲时刻和脉冲矢量是内层变量。外层变量中的交会次序是整数变量，其余变量为实数变量。因此，"一对多"碎片清除任务规划问题是一个两层嵌套式混合整数优化问题，其求解复杂性主要表现在优化的嵌套特性和变量的混合整数特性。

对于嵌套特性,若在优化外层交会次序和交会时刻的同时优化内层的脉冲时刻和脉冲矢量,优化过程会非常耗时,一般的计算条件通常难以接受。由于外层优化时实际上只需要知道任意两目标之间的最优转移速度增量,而无需确定具体的脉冲施加方案,因此,本书采用内层最优转移速度增量快速估计法解决嵌套优化耗时的问题。第一步先优化交会次序、交会时刻以及停留时间。在优化上述变量时,任意两目标之间的最优转移速度增量由神经网络快速估计得出。确定上述各变量后,再根据交会次序和各交会时刻优化相邻两目标之间各次脉冲施加时刻和各次脉冲矢量。这样优化计算所需的时间消耗主要集中在外层,一般的计算条件都可以接受。

下面着重对问题的混合整数特性进行分析。对于一般的混合整数优化问题,X_Z 中的变量通常取为某一范围内的整数,X_Z 中不同的变量可以取为相同的值,取值相对独立,优化问题主要表现为函数优化特性。但"一对多"碎片交会任务规划问题中的 X_Z 为次序变量,是一类组合变量,X_R(交会时刻和停留时间)可以看作在 X_Z 确定的基础上还需要优化的与 X_Z 相对应的连续变量。对于一条给定的多脉冲交会序列,局部调整个别碎片的交会时刻和停留时间对目标函数值的影响不大,但改变原来的次序,哪怕只是互换其中某两个相邻目标的交会顺序也可能使目标函数值发生明显的变化。因此,"一对多"碎片交会任务规划问题主要表现为组合优化特性。与传统的路径规划问题(如 TSP 问题)的区别在于,传统路径规划问题是不考虑时间因素的静态目标交会序列规划问题,而"一对多"碎片交会任务规划问题是需要考虑时间因素的移动目标交会序列规划问题。

图 5.2 展示了静态目标交会序列和移动目标交会序列的区别。$A \to B \to C \to D \to E$ 为一条静态目标交会序列,$A_d \to (B_a, B_d) \to (C_a, C_d) \to (D_a, D_d) \to E_a$ 为一条移动目标交会序列,其中,A 和 E 分别为静态序列起始目标和终端目标的位置,A_0、B_0、C_0、D_0 和 E_0 分别为各移动目标在起始时刻 t_0 的位置,A_f、B_f、C_f、D_f 和 E_f 分别为各移动目标在终端时刻 t_f 的位置。虚线为各移动目标从 t_0 移动至 t_f 的路径。A_d、B_d、C_d 和 D_d 分别是从各移动目标出发的位置,B_a、C_a、D_a 和 E_a 分别

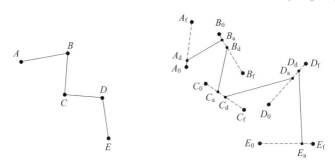

图 5.2　静态目标交会序列和移动目标交会序列

是到达各移动目标的位置。同等目标规模下,由于需要考虑时间因素,移动目标交会序列规划问题的搜索空间要比静态目标交会序列规划问题大得多。

　　虽然移动目标交会序列规划问题的设计变量具有混合整数特性,但通过前面的分析可知,此类问题主要还是表现为组合优化特性,问题求解的关键还是确定最优的交会次序。但由于次序变量和时间变量具有高度耦合性,若优化次序变量时不考虑时间因素的影响,则会出现类似"刻舟求剑"的问题,获得的交会序列可能是静态条件下的最优序列,但未必是动态条件下的最优序列。若优化时同时处理次序变量和连续变量,以期望一次性获得最优的交会次序和交会时刻,则优化难度较大,优化效果往往不好,尤其是对规模稍大的问题很难获得最优解或近最优解。

　　一般来说,纯整数(组合)优化问题和纯实数优化问题要比混合整数优化问题更容易求解。为了降低优化难度,同时避免在优化交会次序时出现"刻舟求剑"的现象,本书采用时间轴离散和分步优化的策略求解移动目标交会序列规划问题。时间轴离散指的是对原移动目标交会序列规划问题中的交会时刻进行离散化处理,如图 5.3 所示,每个目标的出发时刻和到达时刻不再是 $t_0 \sim t_f$ 之间的任意值,而是只能取为离散后各离散点上对应的时刻。明显地,时间轴离散后的移动目标交会序列规划问题将变成一个纯组合优化问题。分步优化指的是分阶段优化次序变量和连续变量。图 5.4 给出了分步优化的求解流程。第一步通过时间轴离散先将移动目标交会序列规划问题转化成间断移动目标交会序列规划问题,最优交会次序通过求解间断移动目标交会序列规划问题获得。基于第一步确定的交会次序,第二步再将原来的移动目标交会序列规划问题转化成次序固定交会时间规划问题,然后只优化连续变量,最优的交会时刻和停留时间通过求解次序固定交会时间规划问题获得。该策略实质上是将原来的混合整数优化问题分解成一个纯组合优化问题(间断移动目标交会序列规划问题)和一个纯实数优化问题(次序固定交会时间规划问题),然后通过分别求解分解后的问题来分阶段确定最优的交会次序、交会时刻和停留时间。需要强调的是,第一步求解间断移动目标交会序列规划

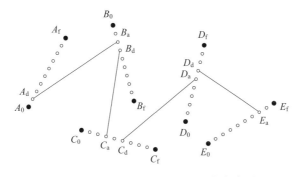

图 5.3　时间轴离散的移动目标交会序列

问题的目的虽然是为了确定最优的交会次序,但获得的解中也包含交会时刻和停留时间的信息,只不过是离散时间刻度上的交会时刻和停留时间不够精细。因此,第一步优化可以看作求得原问题的一个初解,第二步优化是在时间轴上对第一步优化所获初解的微调。

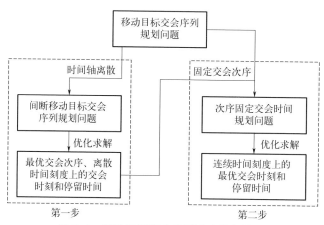

图 5.4　移动目标交会序列分步优化策略

5.2.2 "一对多"序列规划蚁群算法

采用分步策略优化移动目标交会序列的关键是求解时间轴离散后的间断移动目标交会序列规划问题。蚁群算法作为求解序列规划问题最有效的算法之一,自提出以来就受到了广泛的关注,并且已成功应用到各类序列规划问题上[1]。但是,传统的蚁群算法只能求解如经典 TSP 之类的静态目标交会序列规划问题,目前还没有适用于优化移动目标交会序列的蚁群算法。本节将基于蚁群系统,设计一种适用于求解"一对多"间断移动目标交会序列规划问题的改进蚁群算法。

5.2.2.1 信息素张量

蚁群算法与其他智能优化算法最大的不同点主要体现在其进化机制上。以遗传算法为代表的一些智能优化算法主要是通过个体本身的进化带动群体的进化,使得整个群体朝向目标函数更好的方向发展。而蚁群算法主要是通过信息素链表的更新提高更好解被选中的概率来引导蚂蚁在解构造时有更大的机会获得更好的个体。可以说,蚁群算法的进化主要是信息素链表的进化。

蚁群算法的性能非常依赖于算法中信息素链表的定义[2]。因此,结合优化问题设计合适的信息素链表对提高算法性能至关重要。在序列规划问题中,信息素链表中的元素表示某个目标被选为当前目标下一个目标的偏好程度。信息素浓度越高,被选为下一个目标的概率就越高。对于静态目标交会序列规划问题,目标位置不会随着时间的变化而变化,某个目标被选为下一个目标的偏好程度只需要用一个信息素浓度值来表示即可。因此,信息素链表呈现为矩阵形式,只需要用一个 $n \times n$ 的矩阵就可以表征所有 n 颗碎片被选为下一个目标的偏好程度。如图 5.5 所示,$\tau_{ij}(i \neq j)$ 即表示目标 C_i 选择目标 C_j 作为下一个目标的信息素浓度。

	C_1	C_2	C_3	$\cdots$	C_j	$\cdots$	C_n
C_1		τ_{12}	τ_{13}		τ_{1j}		τ_{1n}
C_2	τ_{21}		τ_{23}		τ_{2j}		τ_{2n}
C_3	τ_{31}	τ_{32}			τ_{3j}		τ_{3n}
$\vdots$							
C_i	τ_{i1}	τ_{i2}	τ_{i3}		τ_{ij}		τ_{in}
$\vdots$							
C_n	τ_{n1}	τ_{n2}	τ_{n3}		τ_{nj}		

图 5.5　表征静态序列目标之间信息素浓度的信息素矩阵

但是,对于移动目标交会序列规划问题,目标位置会随着时间的变化而变化,若只用一个信息素浓度值来表示两个移动目标之间的关系,则会出现"刻舟求剑"的现象,因为一个信息素浓度值只能表示某一时刻的状态,并不能覆盖整个时间段的情况。为了更好地表征两个移动目标在整个时间段内的情况,信息素矩阵中目标 C_i 和 C_j 之间的信息素浓度需要由一个值拓展成一个 $p \times p$ 的矩阵(时间矩阵),其中,p 为时间离散度,也即整个时间域被分成的段数。这意味着"一对多"序列规划蚁群算法的信息素链表需要从一个矩阵拓展成一个矩阵套矩阵的 4 维信息素张量。如图 5.6 所示,$\tau_{ijkl}(i \neq j, k < l)$ 表示 T_k 时刻从目标 C_i 出发,T_l 时刻到达目标 C_j 的信息素浓度。显然,T_k 必须小于 T_l,因而时间矩阵实际上只需要用到上三角各元素的信息。实际上,分步优化策略中采用时间轴离散法将原问题先转化成间断移动目标交会序列规划问题,也是为了配合将传统的蚁群算法改进成基于信息素张量表征的"一对多"序列规划蚁群算法,从而更好地对原问题进行求解。

需要注意的是,在碎片给定的条件下,信息素张量的大小取决于时间轴的离散度。若规划问题的总时间跨度为 ΔT,则离散后每一段的时间间隔为 $\Delta t = \Delta T / p$。Δt 的取值需要结合不同的规划问题进行确定:取值过小,会使信息素张量的规模过大,使得算法性能大大降低;取值过大,则会造成时间轴离散后的间断移动目标交会序列规划问题与原问题的最优交会序列不一致。在不影响时间轴离散后的问题与原问题最优交会序列一致的前提下,为了提高算法的求解效率,Δt 的取值应尽可能大。

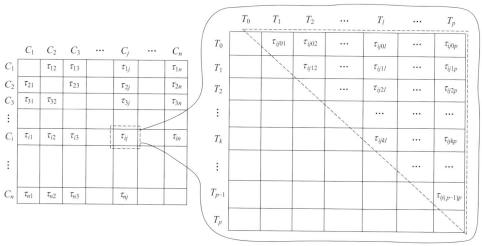

图 5.6　表征动态序列目标之间信息素浓度的信息素张量

5.2.2.2　解构造方法

"一对多"序列规划蚁群算法的解构造方法主要参考蚁群系统设计。在解构造前,信息素张量中所有的元素都初始化为一个相同的值 $\tau_{ijkl}=\tau_0=N_{\text{Ant}}/B_{\text{G}}$,其中,$B_{\text{G}}$ 为采用贪婪方法获得的解对应的目标函数值。例如,对于移动城市 TSP 问题,B_{G} 为动态情况下城市之间的距离之和;对于"一对多"碎片交会任务规划问题,B_{G} 则为总的脉冲转移速度增量。

由于每只蚂蚁构造完一个解后都需要对信息素张量进行局部更新,因此算法在每一代进化中,N_{Ant} 只蚂蚁将依次进行解构造。每只蚂蚁首先从所有需要交会的目标候选集中随机选择一个作为初始目标,然后根据如下规则确定当前目标的出发时刻 T_k、下一个目标 C_j 以及下一个目标的到达时刻 T_l:

$$j,k,l=\begin{cases}P_1, & R>q_0 \\ P_2, & R\leqslant q_0\end{cases} \tag{5.23}$$

其中,R 是 0~1 之间的一个随机数;q_0 是 0~1 之间的一个参数,用于控制蚂蚁在选择下一个城市时的贪婪度,通常取为 0.9;若随机数 R 大于给定的参数 q_0,则采用 P_1 规则,否则采用 P_2 规则。P_1 规则为采用轮盘赌的方式按概率确定 T_k、C_j 以及 T_l。若当前目标为 C_i,到达当前目标的时刻为 T_d,则蚂蚁 m 在 T_k 时刻从当前目标出发,T_l 时刻到达目标 C_j 的转移概率 p_{ijkl}^m 为:

$$p_{ijkl}^m=\begin{cases}\dfrac{\tau_{ijkl}\eta_{ijkl}^{\beta}}{\displaystyle\sum_{v=u+1}^{p-N_{\text{G}}}\sum_{u=d}^{p-N_{\text{G}}-1}\sum_{s\subset G_m(i)}\tau_{isuv}\eta_{isuv}^{\beta}}, & j\in G_m(i) \\ \\ 0, & \text{其他}\end{cases} \tag{5.24}$$

其中，η_{ijkl} 表示 T_k 时刻从目标 C_i 出发，T_l 时刻到达目标 C_j 的启发式信息，对于移动城市 TSP 问题，启发式信息取为城市间距离的倒数；对于"一对多"碎片交会任务规划问题，启发式信息则取为从当前目标到下一个目标的最优转移速度增量的倒数。信息素参数 α 被固定为 1，因为只用 β 就已经可以反映信息素和启发式值之间的权重。$G_m(i)$ 是蚂蚁 m 在当前目标 C_i 时，剩余还未被交会的目标集合，N_G 为剩余还未被碎片的个数。$\sum\limits_{s \subset G_m(i)}$ 表示遍历所有还未被交会的目标集合，$\sum\limits_{u=d}^{p-N_G-1}$ 表示遍历所有从 T_d 到 T_{p-N_G-1} 的当前目标出发时刻，$\sum\limits_{v=u+1}^{p-N_G}$ 表示遍历所有从 T_{u+1} 到 T_{p-N_G} 的下一个目标到达时刻。将当前目标出发时刻的下限设为 T_d 是为了保证出发时刻不早于其到达时刻，满足逻辑约束。若在每个目标上有最短停留时间，出发时刻的下限可以根据最短停留时间灵活设置。将下一个目标到达时刻的上限设为 T_{p-N_G}，是为了保证剩余 N_G 个目标中每两个相邻目标之间至少有一个离散时间间隔的转移时间，使得交会序列的总时间不超过 T_p。

P_2 规则为采用贪婪方式选择信息素浓度和启发式信息指数加权乘积的最大值对应的 T_k、C_j 以及 T_l：

$$
\begin{cases}
j,k,l = \max\limits_{\substack{s \subset G_m(i), \\ d \leqslant u \leqslant p-N_G-1, \\ u \leqslant v \leqslant p-N_G}} \{\tau_{isuv} \eta_{isuv}^{\beta}\} \\
j \in G_m(i) \\
d \leqslant k \leqslant p-N_G-1 \\
u \leqslant l \leqslant p-N_G
\end{cases}
\tag{5.25}
$$

式中的各参数含义与式(5.24)相同。不断重复式(5.23)的解构造过程，当 $G_m(i)$ 为空时，蚂蚁 m 的解构造完成，一个可行解随即生成。

5.2.2.3　信息素张量更新方法

与蚁群系统类似，"一对多"序列规划蚁群算法信息素张量的更新也由两部分组成。

第一部分是局部更新。每只蚂蚁完成一个解构造所形成的交会序列都会作用于信息素张量的局部更新，若某只蚂蚁在 T_k 时刻从目标 C_i 出发，T_l 时刻到达目标 C_j，则信息素张量中其对应的信息素 τ_{ijkl} 将被立即更新，更新方式如下：

$$
\tau_{ijkl} = (1-\xi)\tau_{ijkl} + \xi\tau_0
\tag{5.26}
$$

式中，ξ 为 0~1 之间的信息素局部更新参数。

第二部分是全局更新。只有到目前为止的最好个体才会用于信息素张量的全

局更新,更新方式如下:

$$\tau_{ijkl} = (1-\rho)\tau_{ijkl} + \rho \Delta \tau_{ijkl}^{\text{Best}} \tag{5.27}$$

$$\Delta \tau_{ijkl}^{\text{Best}} = \begin{cases} 1/B_{\text{Best}}, & \text{如果 } C_i \text{ 和 } C_j \text{ 是当前最优解中相邻的两个访问目标,} \\ & \text{且 } C_i \text{ 的出发时刻为 } T_k, C_j \text{ 的到达时刻为 } T_l \\ 0, & \text{其他} \end{cases} \tag{5.28}$$

式中,B_{Best} 为到目前为止的最好解对应的目标函数值;ρ 为信息素衰减系数。

5.2.2.4 局部搜索方法

对于序列规划问题,在优化算法中加入局部搜索可以有效地提高算法的优化性能[3]。但是,目前常用的包括 2-Opt、3-Opt、LK 等一些局部搜索方法只适用于求解静态目标交会序列规划问题[4],并不能用于移动目标交会序列规划问题。本小节给出两种可用于求解移动目标交会序列规划问题的局部搜索策略。

第一种局部搜索策略称为互换策略。互换策略可描述为选取不包含初始和终端碎片的两个相邻目标,先交换交会次序,然后遍历交换次序后这两个相邻目标所有可能的到达时刻和出发时刻,选出最优的解与互换前的解进行比较,若最优的解比互换前的解好,则替换掉互换前的解,否则保留互换前的解。该策略与 2-Opt 类似,但有两点不同:一是该互换策略只交换相邻的两目标,而 2-Opt 是翻转一个序列片段,片段中的目标个数可能大于 2;二是 2-Opt 翻转后只会产生一个新解,与原来翻转前的解比较一次即可,而该互换策略需要遍历交换次序后所有的到达时刻和出发时刻,可能会产生多个新解,需要从中选择最优的新解与原来互换前的解进行比较。

图 5.7 给出了互换策略的一个示例,整个规划时间段被离散成 10 段。图 5.7 (a) 中 $C_1(T_0) \rightarrow (C_2(T_1), C_2(T_2)) \rightarrow (C_3(T_4), C_3(T_6)) \rightarrow C_4(T_7)$ 是互换前的序列,C_2 和 C_3 互换后,需要遍历从 $C_1(T_0) \rightarrow (C_3(T_1), C_3(T_1)) \rightarrow (C_2(T_2), C_2(T_2)) \rightarrow C_4(T_7)$ 至 $C_1(T_0) \rightarrow (C_3(T_5), C_3(T_5)) \rightarrow (C_2(T_6), C_2(T_6)) \rightarrow C_4(T_7)$ 所有可能的序列,如图 5.7(b) 所示,然后选出最优的序列与原序列进行比较,择优保留。

第二种局部搜索策略称为插入策略。插入策略可描述为从给定的序列中选择一个目标并将其插入到另外两个相邻目标之间,然后遍历插入后该目标所有可能的到达时刻和出发时刻,选出最优的解与插入前的解进行比较,若最优的解比插入前的解好,则替换掉插入前的解,否则保留插入前的解。

图 5.8 给出了插入策略的一个示例,整个时间段还是被离散成 10 段。图 5.8 (a) 中,$C_1(T_0) \rightarrow (C_2(T_4), \cdots, C_{i-1}(T_6)) \rightarrow (C_i(T_7), C_i(T_8)) \rightarrow C_{i+1}(T_9)$ 是原

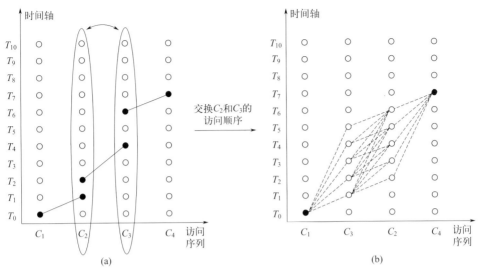

图 5.7　基于互换策略的局部搜索方法

来的序列，C_i 插入到 C_1 和 C_2 后，需要遍历从 $C_1(T_0) \rightarrow (C_i(T_1), C_i(T_1) \rightarrow (C_2$
$(T_4), \cdots, C_{i-1}(T_6)) \rightarrow C_{i+1}(T_9)$ 至 $C_1(T_0) \rightarrow (C_i(T_3), C_i(T_3) \rightarrow (C_2(T_4), \cdots,$
$C_{i-1}(T_6)) \rightarrow C_{i+1}(T_9)$ 所有可能的序列，如图 5.8（b）所示，然后选出最优的序列
与原序列进行比较，择优保留。

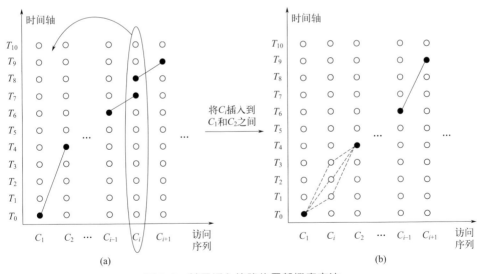

图 5.8　基于插入策略的局部搜索方法

　　基于互换策略和插入策略的局部搜索流程伪代码如算法 5.1 所示。局部搜索
时，先执行互换策略，再执行插入策略。执行互换策略时，将从第二个和第三个目
标开始依次对原来的序列进行互换操作，每次互换后遍历这两个目标所有可能的

到达和出发时刻,再选出最好的序列与原序列进行比较,择优保留。执行插入策略时,先随机从原来序列中抽取一个目标,然后将该目标依次插入到除原序列所在位置外的其他所有位置,每次插入完后遍历所有可能的到达和出发时刻,再选出最好的序列与原序列进行比较,择优保留。

算法 5.1　基于互换策略和插入策略的局部搜索流程

---

1 : 获取一个可行的移动目标交会序列 $S = \{C_1, C_2, \cdots, C_n\}$

2 : for $i = 2 : n-2$

3 :　　互换序列 S 中 C_i 和 C_{i+1} 的交会次序

4 :　　按图 5.6(b)方式遍历所有可能的到达和出发时刻,选出最好序列 S_1

5 :　　如果 S_1 优于 S,用 S_1 替换 S;否则,保留 S

6 : end for

7 : 随机从当前序列 S 中抽取一个目标 C_m,序列变成 $S' = \{C_1, C_2, \cdots, C_{m-1}, C_{m+1}, \cdots, C_n\}$

8 : for $i = 1 : n-2$

9 :　**if** $i \neq m-1$

10 :　　将 C_m 插入到 S' 的 C_i 和 C_{i+1} 之间

11 :　　按图 5.7(b)方式遍历所有可能的到达和出发时刻,选出最好序列 S_2

12 :　　如果 S_2 优于 S,用 S_2 替换 S;否则,保留 S

13 :　**end if**

14 : end for

5.2.2.5　算法总流程

算法 5.2 给出了动态序列规划蚁群算法的优化流程伪代码。需要强调的是,第 8 步局部搜索并不会作用于所有蚂蚁生成的解,而是只作用于每一代的最好解。若局部搜索后获得了更好的解,则用新解替换当前代最好解,否则保留原来的最好解。

算法 5.2　动态序列规划蚁群算法优化流程

---

1 : 初始化蚂蚁群体数量 N_{Ant}、最大进化代数 G_{max}、启发式权重参数 β、解构造规则选择参数 q_0、局部更新衰减系数 ξ 和全局更新衰减系数 ρ

2 : 初始化信息素张量

3 : for $g = 1 : G_{max}$

4 :　**for** $k = 1 : N_{Ant}$

5 :　　　根据 5.2.2 节方法构造一个解

6 :　　　用该解更新信息素张量(局部更新)

7 :　**end for**

8 :　采用算法 5.1 对当前代最好解进行局部搜索

9 :　用当前代最好解更新信息素张量(全局更新)

10 : end for

5.2.3　分步规划流程

"一对多"碎片交会任务规划问题是一个两层嵌套式混合整数优化问题。针对混合整数特性,本书采用时间轴离散和分步优化的方法解决优化时同时处理次序变量和连续变量效果不好的问题;针对嵌套特性,本书采用内层目标函数快速估计的方法解决优化耗时的问题。因此,"一对多"碎片交会任务规划问题的求解总共需要分为三步,规划流程如图 5.9 所示。第一步通过时间轴离散将原问题先转化为间断序列规划问题,然后采用 5.2.2 节提出的改进蚁群算法求解间断序列规划问题并获得最优的交会次序。第二步基于第一步确定的交会次序再将原问题转化成次序固定交会时间规划问题,然后采用改进 DE 算法求解次序固定交会时间规划问题并获得连续时间刻度上各目标的交会时刻和停留时间。需要注意的是,前两步相邻两目标之间的最优转移速度增量都是通过神经网络快速估计获得。最后一步再将交会序列与各目标的交会时刻和停留时间都固定,将原规划问题转化成多个初始和终端状态确定的多脉冲轨迹优化问题,然后还是采用 DE 算法求解各多脉冲轨迹优化问题,并获得精确的相邻两目标之间的各次脉冲施加时刻和脉冲矢量。

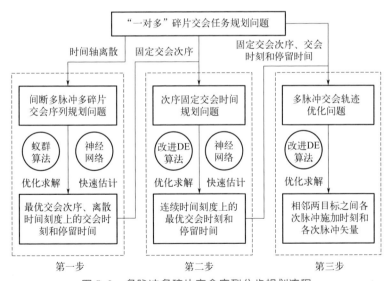

图 5.9　多脉冲多碎片交会序列分步规划流程

5.2.4　算例

5.2.4.1　改进蚁群算法性能测试

(1)算例配置

本节先基于一个平面移动城市巡游序列规划问题测试改进的蚁群算法配合分

步优化策略用于求解移动目标交会序列规划问题的性能。该算例要求巡游者在给定的时间域（60min）内寻找一条巡游序列，实现对15个移动城市不重复也不遗漏地交会，最小化巡游路径的总长度。表5.1给出了15个移动城市在0min和60min的位置坐标，其中1号城市固定为初始出发城市，2～15号城市的交会顺序和交会时间不定，需要优化。

表5.1 初始时刻和终端时刻15个城市的位置坐标

城市编号	初始时刻（0min）/km	终端时刻（60min）/km
1	(74,84)	(16,8)
2	(65,161)	(28,242)
3	(200,125)	(288,55)
4	(223,44)	(337,16)
5	(252,222)	(375,276)
6	(220,161)	(172,248)
7	(265,279)	(210,222)
8	(382,22)	(312,93)
9	(83,234)	(169,282)
10	(141,231)	(123,155)
11	(165,174)	(111,68)
12	(26,136)	(108,116)
13	(334,191)	(350,99)
14	(199,18)	(151,86)
15	(261,128)	(328,219)

图5.10展示了这15个城市在60min内的移动轨迹，每个城市都从其初始位置沿直线移动到终端位置，移动速度恒定。其中，三角形所在位置是各城市初始位置，圆形所在位置是终端位置。巡游者从当前城市到下一个城市也是按直线移动，移动速度不受限制。所有城市的最短停留时间都为0，这意味着到达某个城市后可以立即出发前往下一个城市。所有城市都没有最长停留时间，巡游者只要在终端时刻之前完成对所有城市的交会即可。总的巡游路径为所有城市与城市之间的移动路径之和，巡游者在某个城市停留期间与该城市一起移动的路径不算在总的巡游路径内。

（2）优化结果对比与分析

首先，按照分步优化策略将上述移动城市巡游序列规划问题的时间轴进行离散，离散度为20。改进蚁群算法的参数设置如表5.2所示。DE算法的种群规模与最大进化代数和蚁群算法相同。

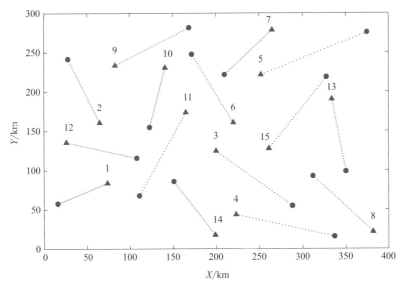

图 5.10　15 个城市在 60min 内的移动轨迹

表 5.2　动态序列规划蚁群算法参数设置

算法参数	参数值
蚁群数量 N_{Ant}	100
最大进化代数 G_{max}	1000
启发式权重参数 β	2
解构造规则选择参数 q_0	0.5
局部更新衰减系数 ξ	0.9
全局更新衰减系数 ρ	0.9

　　该问题最优交会序列对应的城市编号为 (1,12,2,9,10,6,7,5,15,13,8,4,3, 14,11)。表 5.3 给出了基于分步优化策略独立运行 20 次的优化结果。其中,第一步优化是蚁群算法求解间断移动城市巡游序列规划问题获得的总路径长度,第二步优化是在巡游序列确定条件下 DE 算法再求解次序固定交会时间规划问题获得的总路径长度。从表中的结果可以看出,20 次优化总共获得了三种不同的序列,除了第 4 次、第 8 次、第 13 次和第 17 次优化收敛到了局部最优解外,其余 16 次优化均收敛到了全局最优解,这说明分步优化策略具有较高的优化成功率。第 4 次、第 8 次、第 13 次和第 17 次优化没有收敛到全局最优解的原因主要是第一步没有获得最优的交会序列。

表 5.3 20 次独立优化的结果

优化解序号	城市巡游序列编号	巡游路径总长度/km	
		第一步优化	第二步优化
1	1,12,2,9,10,6,7,5,15,13,8,4,3,14,11	879.42	865.11
2	1,12,2,9,10,6,7,5,15,13,8,4,3,14,11	885.40	865.11
3	1,12,2,9,10,6,7,5,15,13,8,4,3,14,11	882.02	865.11
4	1,12,2,10,11,14,3,4,8,13,15,5,7,6,9	950.95	908.30
5	1,12,2,9,10,6,7,5,15,13,8,4,3,14,11	893.90	865.11
6	1,12,2,9,10,6,7,5,15,13,8,4,3,14,11	885.89	865.11
7	1,12,2,9,10,6,7,5,15,13,8,4,3,14,11	879.04	865.11
8	1,12,2,9,10,11,6,7,5,15,13,8,4,3,14	906.09	874.73
9	1,12,2,9,10,6,7,5,15,13,8,4,3,14,11	879.44	865.11
10	1,12,2,9,10,6,7,5,15,13,8,4,3,14,11	885.01	865.11
11	1,12,2,9,10,6,7,5,15,13,8,4,3,14,11	892.75	865.11
12	1,12,2,9,10,6,7,5,15,13,8,4,3,14,11	883.73	865.11
13	1,12,2,9,10,11,6,7,5,15,13,8,4,3,14	899.37	874.73
14	1,12,2,9,10,6,7,5,15,13,8,4,3,14,11	884.09	865.11
15	1,12,2,9,10,6,7,5,15,13,8,4,3,14,11	880.29	865.11
16	1,12,2,9,10,6,7,5,15,13,8,4,3,14,11	877.89	865.11
17	1,12,2,10,11,14,3,4,8,13,15,5,7,6,9	947.30	908.30
18	1,12,2,9,10,6,7,5,15,13,8,4,3,14,11	884.09	865.11
19	1,12,2,9,10,6,7,5,15,13,8,4,3,14,11	888.53	865.11
20	1,12,2,9,10,6,7,5,15,13,8,4,3,14,11	884.46	865.11

只看 16 组收敛到全局最优的结果可以发现,第一步优化的目标函数值不尽相同,这是因为获得的解中各城市的出发时刻和到达时刻不尽相同。但是,只要获得了最优交会序列,DE 算法在第二步都可以收敛到全局最优解。从第 4 组和第 17 组解、第 8 组和第 14 组解的结果也可以看出这一点。这一结果充分说明改进的蚁群算法配合 DE 算法在求解移动目标交会序列规划问题时具有较高的鲁棒性。问题的成功求解主要依赖于蚁群算法,而分步优化给了蚁群算法一些弹性空间,也即蚁群算法在第一步求解时间轴离散的问题时只需获得最优交会序列对应的其中一个解即可,不一定必须获得离散条件下各目标的最优出发时刻和到达时刻。只要最优序列确定,第二步通过 DE 算法都可以稳定可靠地获得连续时间轴上的最优出发时刻和到达时刻。

表 5.4 给出了连续时间轴上各城市的最优出发时刻和到达时刻。图 5.11 展

示了巡游者交会这 15 个移动城市的最优巡游路径。从表 5.4 和图 5.11 中可以看出，巡游者并没有一开始就从 1 号城市出发，而是随 1 号城市一起移动了 8.7208min 后才离开前往 12 号城市。除了在 9 号、10 号、13 号和 14 号城市上有停留外，在其他城市都未做停留。在 53.3254min 时到达最后一个城市（11 号城市），完成了所有城市的巡游。需要注意的是，由于巡游者的移动速度没有做限制，除了从 10 号城市到 6 号城市和 5 号城市到 15 号城市外，其余城市之间的转移都在瞬间完成。

表 5.4　最优解各城市的出发时刻和到达时刻

城市编号	到达时刻/min	出发时刻/min
1	—	8.7208
12	8.7208	8.7208
2	8.7208	8.7208
9	8.7208	12.9658
10	12.9658	17.2494
6	22.3832	22.3832
7	22.3833	22.3833
5	22.3833	22.3833
15	34.3508	34.3509
13	34.3509	44.3619
8	44.3620	44.362
4	44.3621	44.3621
3	44.3621	44.3622
14	44.3622	53.3254
11	53.3254	—

为了查看不同时间离散度对算法优化性能的影响以及验证在改进蚁群算法中加入局部搜索的效果，本节对不加局部搜索的蚁群算法和离散度为 30 的蚁群算法也进行测试。离散度提高到 30 意味着改进蚁群算法的信息素张量规模将由原来的 15×15×20×20 扩大为 15×15×30×30。与离散度为 20 且有局部搜索的蚁群算法一样，无局部搜索的蚁群算法和离散度为 30 的蚁群算法也各独立运行 20 次。

表 5.5 给出了蚁群算法在不同配置条件下独立运行 20 次的统计结果。三组结果的标准差几乎相同，这说明离散度的变化和加入局部搜索对算法稳定性的影响不大。仅对比第一组和第二组的结果可以发现，有局部搜索的蚁群算法获得的平均值和最小值都要好于无局部搜索的蚁群算法。无局部搜索的蚁群算法的优化成功率只有 30%，但是加入局部搜索后，优化成功率可以达到 80%，这说明

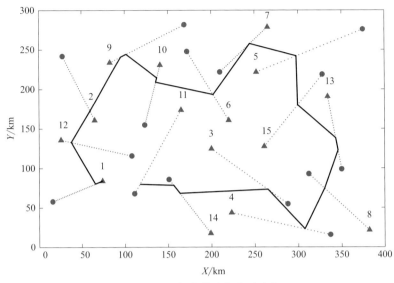

图 5.11　巡游者的最优移动路径

5.2.2.4 节设计的局部搜索方法是有效的,加入局部搜索后可以大大提高蚁群算法求解移动目标交会序列规划问题的优化成功率。仅对比第一组和第三组的结果可以发现,离散度为 30 时,优化平均值比原来要差,获得最优序列的次数也明显要少,但最小值比离散度为 20 的时候更好,这说明离散度的增加总体上会降低蚁群算法的优化性能,但更大的离散度有助于蚁群算法在第一步优化间断移动目标交会序列规划问题时找到更接近原问题的最优解。然而在第一步优化时找到更接近原问题的最优解没有太大意义,因为第一步优化的主要任务是确定最优序列,只要找到最优序列,DE 算法在第二步优化时都可以获得连续时间轴上的最优解。因此,在不影响时间轴离散后的问题与原问题最优交会序列一致的前提下,时间离散度应尽可能设得小一点。

表 5.5　蚁群算法不同配置条件下独立运行 20 次统计结果对比

算法配置	平均值	标准差	最小值	获得最优序列次数
离散度 20,有局部搜索	892.48	20.12	877.89	16
离散度 20,无局部搜索	936.07	19.14	893.90	6
离散度 30,有局部搜索	928.09	20.89	872.91	5

　　本书提出的基于改进蚁群算法和 DE 算法的分步优化策略在求解移动目标交会序列规划问题时需要将原来的混合整数优化问题分解成纯组合优化问题和纯实数优化问题,然后依次进行优化求解。在之前的研究中,大多数学者都采用混合整数遗传算法求解这类问题。混合整数遗传算法采用序列变量和实数变量混合编码

的方式构建染色体,相比本书提出的分步优化策略,其优点是求解时不需要对原问题进行转化,可以直接求解并一次性获得目标的交会次序以及各目标在连续时间轴上的交会时刻和停留时间。本节也采用 Zhang 等[5]提出的基于精英策略的混合整数遗传算法对该算例进行测试。

混合整数遗传算法的参数设置如表 5.6 所示。算法同样独立运行 20 次。表 5.7 给出了算法 20 次优化的统计结果。从表中的结果可以看出,改进蚁群算法配合 DE 算法获得的结果要比混合整数遗传算法的结果好得多。20 次优化中,混合整数遗传算法只有一次获得了最优序列,而且该次运行目标函数只优化到了865.57,并未完全收敛到最优值 865.11,这说明混合整数遗传算法在优化收敛性和稳定性方面都不如分步优化方法。

表 5.6　混合整数遗传算法参数设置

算法参数	参数值
种群规模	100
最大进化代数	1000
交叉概率	0.8
变异概率	0.2

表 5.7　分步优化方法与混合整数遗传算法独立运行 20 次统计结果对比

算法	平均值	标准差	最小值	获得最优序列次数
蚁群算法+DE 算法	870.39	12.95	865.11	16
混合整数遗传算法	907.23	26.82	865.57	1

虽然混合整数遗传算法通过一条染色体同时表征次序变量和时间变量可以在优化时一次性获得目标的交会次序以及各目标在连续时间轴上的交会时刻和停留时间,但进一步分析可知,由于次序变量和时间变量的交叉和变异策略都不同,算法在进行种群交叉变异操作时,次序变量的染色体片段和时间变量的染色体片段实际上是分开独立执行的。这就会极大地影响算法的优化效率,因为原问题中交会次序和交会时间具有高度耦合性,而算法将次序变量和时间变量的交叉变异分开操作实际上破坏了其一致性,这就不可避免地在优化序列时容易产生"刻舟求剑"的现象。而改进的基于信息素张量表征的蚁群算法正是较好地避免了这一问题,使得优化性能显著增强,大大提高了获得考虑时间因素情况下移动目标最优序列的成功率。

5.2.4.2　多碎片交会实例测试

为了进一步验证 5.2 节给出的规划流程用于求解"一对多"碎片交会任务规划问题的可靠性和优越性,本节选取了 NUDT 团队在 GTOC-9 比赛中获得的 12 条交会序列进行测试。表 5.8 列出了这 12 条交会序列的相关信息。其中,碎片链的起始时刻为航天器到达第一颗碎片的时刻,结束时刻为航天器到达最后一颗碎片的时刻再加上在该碎片上的停留时间所对应的时刻。碎片编号对应的各碎片的轨道参数可通过 GTOC Portal 网站获得。目标函数为最小化航天器清除一条碎片链的飞行成本,计算方式如下:

$$J_f = \alpha \left(N m_{de} + \sum_{i=1}^{N-1} m_{pi} \right)^2 \tag{5.29}$$

式中,$\alpha = 2 \times 10^{-6}$ 是一个权重系数;N 为碎片个数;$m_{de} = 30 \text{kg}$ 为碎片收集装置的质量;m_{pi} 为从第 i 颗碎片转移到第 $i+1$ 颗碎片的燃料质量,计算方式如下:

$$\begin{cases} m_{pi} = m_i - m_{i+1} - m_{de} \\ m_{i+1} = (m_i + m_{de}) \exp\left(\dfrac{\Delta v_i}{I_{sp} g_0}\right), \quad i = 1, 2, \cdots, N-1 \\ m_1 = m_{dry} \end{cases} \tag{5.30}$$

式中,m_i 为清除第 $n-i+1$ 颗碎片后航天器的质量;Δv_i 为从第 i 颗碎片转移到第 $i+1$ 颗碎片的速度增量;$I_{sp} = 340\text{s}$ 和 $g_0 = 9.80665 \text{m/s}^2$ 分别为比冲和海平面的引力加速度;$m_{dry} = 2000 \text{kg}$ 为航天器的干质量。

需要说明的是,表 5.8 中各碎片链的清除序列为竞赛时 NUDT 团队通过混合整数遗传算法优化获得[6]。本节采用 5.2.3 节的规划流程对表 5.8 中的 12 条碎片链重新进行优化。每条碎片链的起始时刻和结束时刻均设为与表 5.8 中的时刻相同。蚁群算法的参数设置与表 5.2 相同,DE 算法的种群规模与最大进化代数仍与蚁群算法相同。第一步采用蚁群算法求解间断规划问题时,时间轴离散间隔设为 5 天,每条碎片链的离散度根据时间间隔与各自的时间跨度计算获得。为了避免偶然性,每条碎片链均独立优化 10 次并取 10 次中的最好解作为最后的解。

表 5.8 NUDT 代表队在 GTOC-9 比赛时获得的序列结果

碎片链序号	起始时刻 MJD	结束时刻 MJD	碎片序列编号	目标函数值
1	23517.00	23811.52	0,115,12,67,19,48,122,7,63,61,82,107,41,11,45,85,47	24.19
2	23893.80	24092.29	58,28,90,51,72,69,10,66,73,64,52	8.87
3	24122.30	24427.74	84,86,103,16,121,92,49,23,20,54,27,36	6.55
4	24461.50	24660.15	8,43,9,55,95,14,102,39,113,110	8.66
5	24785.00	24975.41	83,75,22,35,119,24,108,37,112,104,32,114	28.61
6	25006.00	25198.32	118,65,74,50,94,21,97,79,120	8.19
7	25281.60	25454.87	62,1,40,76,89,99,15,59,98,116	16.56

续表

碎片链序号	起始时刻 MJD	结束时刻 MJD	碎片序列编号	目标函数值
8	25555.40	25669.64	117,91,93,70,18,105,88,46	16.93
9	25702.40	25860.22	5,53,33,68,71,80,57,60,106	11.71
10	25912.74	26055.85	2,81,96,6,100,30,34,26	7.23
11	26087.53	26262.18	87,29,101,31,38,25,4,77,13,3	10.28
12	26292.26	26381.58	44,111,56,78,17,109,42	5.02

表 5.9 给出了 12 条序列重新优化的结果。为了便于对比,表 5.9 中给出的交会次序号为相对表 5.8 中每条链各碎片编号的顺序号,而不是实际的碎片编号。对比表 5.8 和表 5.9 的结果可以发现,表 5.9 中每条碎片链的目标函数值都要好于表 5.8 中的结果,这说明采用混合整数遗传算法获得的各条碎片链并未达到最优解,都还有或多或少的优化空间。采用改进蚁群算法和 DE 算法重新优化的结果中,大部分碎片链的交会次序均发生了变化,只有第 8 条和第 12 条碎片链的交会次序未发生变化,而第 8 条和第 12 条碎片链中分别只有 8 颗和 7 颗碎片,这说明混合整数遗传算法在求解规模稍大(大于 8 个目标)的问题时很容易陷入局部最优,找不到最好的交会序列,而改进的蚁群算法相比混合整数遗传算法则具有更强的全局搜索能力。对于第 8 条和第 12 条碎片链,虽然混合整数遗传算法找到了最好的交会序列,但目标函数仍有提升空间,说明混合整数遗传算法获得的各目标的交会时刻和停留时间并不优,而 DE 算法在优化交会时刻和停留时间时具有更强的局部搜索能力。上述对比结果充分验证了基于改进蚁群算法和 DE 算法的分步优化方法在求解"一对多"碎片交会任务规划问题上的优越性。

表 5.9　采用改进蚁群算法和 DE 算法重新优化获得的序列结果

碎片链序号	碎片交会次序	原目标函数值	新目标函数值
1	1,2,3,4,6,7,8,9,12,10,11,5,15,14,13,17,16	24.19	14.18
2	1,8,2,4,5,6,7,9,11,10,3	8.87	4.36
3	1,2,3,4,5,6,7,9,8,11,10,12	6.55	3.55
4	1,2,3,4,5,6,7,8,10,9	8.66	6.61
5	1,2,3,4,5,6,7,8,9,10,12,11	28.61	21.40
6	1,2,5,3,4,6,7,8,9	8.19	5.48
7	1,2,4,3,5,6,7,8,9,10	16.56	11.04
8	1,2,3,4,5,6,7,8	16.93	12.83
9	1,9,2,3,8,7,6,4,5	11.71	8.66

碎片链序号	碎片交会次序	原目标函数值	新目标函数值
10	1,4,2,3,5,6,7,8	7.23	5.31
11	1,3,2,4,5,6,7,8,9,10	10.28	7.92
12	1,2,3,4,5,6,7	5.02	3.98

表 5.10 给出了第二步优化采用神经网络估计的各序列各次转移脉冲速度增量。表 5.11 给出了采用 DE 算法精确优化脉冲施加时刻和脉冲矢量后的各序列各次转移脉冲速度增量。对比表 5.10 和表 5.11 的结果可以发现,大部分的估计值与真实的优化值都很相近。表 5.12 对各速度增量的估计误差进行了统计。从表 5.12 的统计结果可以看出,平均估计误差都在 5m/s 以内,单次转移速度增量的最大估计误差都在 20m/s 以内,序列总估计误差除了第 6 条碎片链稍大于 1% 外,其他的都在 1% 以内,这说明前两步优化交会序列和交会时间时采用神经网络快速估计的转移脉冲速度增量与优化的结果具有较高的吻合度。这一结果进一步说明了分步优化方法在求解"一对多"碎片交会任务规划问题时的可靠性。

表 5.10 采用神经网络估计的各序列各次转移脉冲速度增量

碎片链序号	各次转移速度增量/(m/s)
1	102.18,110.54,219.21,271.51,75.80,64.11,100.37,210.83,123.27,133.35,118.29,96.03,140.35,136.72,211.05,142.58
2	127.65,96.87,109.22,141.24,78.15,138.91,110.16,262.73,111.47,258.05
3	101.56,174.54,75.62,53.23,173.27,75.27,152.69,127.88,120.06,65.74,113.62
4	178.54,155.70,86.30,128.85,198.16,487.47,171.14,296.45,92.50
5	162.85,238.09,300.15,527.32,283.91,233.64,417.00,197.23,107.47,135.26,232.46
6	152.47,177.80,242.45,362.03,216.30,156.12,102.11,264.02
7	103.02,289.90,396.75,161.48,235.68,292.82,482.29,106.73,174.17
8	198.43,528.78,426.10,457.55,340.57,215.30,282.85
9	148.42,159.72,393.00,130.89,425.80,392.57,190.25,220.72
10	193.67,140.11,65.27,272.56,125.08,678.17,224.97
11	283.91,340.59,274.17,196.63,94.29,261.02,189.16,124.53,165.44
12	382.26,166.69,145.48,215.14,274.84,326.76

表 5.11　采用 DE 算法优化的各序列各次转移脉冲速度增量

碎片链序号	各次转移速度增量/(m/s)
1	105.38,103.83,217.02,276.85,73.20,63.39,102.39,214.48,117.39, 134.30,111.39,99.28,141.03,125.30,206.30,149.30
2	137.39, 93.40, 106.40, 149.20, 76.30, 132.38, 123.30, 264.29, 104.30,255.10
3	103.29,163.30,76.30,52.40,177.30,74.30,152.20,123.34,122.03, 64.30,117.20
4	170.24,159.04,87.20,125.41,184.20,491.30,177.39,298.37,90.39
5	158.30, 255.30, 302.30, 520.05, 281.41, 226.30, 418.86, 188.65, 105.58,127.59,228.10
6	156.23,172.31,244.43,369.49,218.01,157.39,101.41,255.50
7	108.41,285.10,398.10,164.81,231.10,293.05,495.10,103.41,175.20
8	196.10,536.29,419.20,455.10,348.39,216.30,280.20
9	143.20,167.51,378.45,133.40,426.30,392.03,197.09,224.10
10	190.20,146.18,66.01,255.40,129.60,677.46,227.34
11	293.33,355.30,269.20,180.39,96.69,268.29,185.29,122.33,164.46
12	384.31,161.22,144.20,203.30,279.30,327.22

表 5.12　各序列各次转移脉冲速度增量估计结果与优化结果误差统计

碎片链序号	平均误差/(m/s)	最大误差/(m/s)	序列总误差(相对误差)/(m/s)
1	4.18	11.42	15.36(0.69%)
2	3.57	13.14	7.60(0.53%)
3	1.97	11.24	7.53(0.61%)
4	2.75	13.95	11.55(0.65%)
5	1.93	8.51	1.49(0.09%)
6	2.93	18.01	18.51(1.12%)
7	2.30	12.82	11.43(0.51%)
8	1.92	7.82	2.03(0.08%)
9	2.58	14.55	0.71(0.03%)
10	2.19	17.16	7.63(0.45%)
11	3.88	16.24	5.54(0.29%)
12	1.60	11.84	11.62(0.78%)

5.3 "多对多"碎片清除任务规划方法

5.3.1 问题特性与求解思路分析

在"多对多"碎片清除任务规划问题中,某个任务包是否有交会目标放入和某个交会目标是否被放入到某个任务包中是外层变量,交会次序、交会时刻和停留时间是中层变量,脉冲时刻和脉冲矢量是内层变量。外层的所有变量以及中层的交会次序变量是整数变量,其余变量为实数变量。因此,"多对多"碎片清除任务规划是一个三层嵌套式混合整数优化问题,其求解复杂性依然体现在优化的嵌套特性和变量的混合整数特性。

变量的混合整数特性主要体现在中层模型上。实际上,"多对多"碎片清除任务规划的中层模型就是"一对多"问题的外层模型。上一节的算例结果表明,采用基于时间轴离散的分步优化方法可以有效解决因变量的混合整数特性带来的求解困难。因此,"多对多"碎片清除任务规划仍然采用基于时间轴离散的分步优化方法求解中层问题。

但是对于"多对多"问题,优化的嵌套特性不仅体现在中层模型和内层模型之间,也体现在外层模型和中层模型之间。其中,中层模型和内层模型之间的嵌套实际上就是"一对多"问题外层模型和内层模型的嵌套。采用神经网络学习方法快速估计两目标之间的最优转移速度增量就可以有效解决因中层模型和内层模型之间的嵌套带来的求解困难。而问题的求解难点主要落在外层模型和中层模型之间的嵌套上。单纯地看外层模型是一个非常类似于装箱问题的分组规划问题,但是嵌套了中层模型之后,两者就有了很大的不同。在装箱问题中,箱子的装载量为放入物品的总质量,与物品之间的顺序无关。一旦放入的物品确定,箱子的装载量也就随之确定。但是在"多对多"碎片清除任务规划中,任务包的"装载量"(也即完成所有目标交会的燃料消耗)与目标的交会序列密切相关。给定一组无序的交会目标,任务包的"装载量"并不能随之确定,也没有什么方法可以快速估计出最优交会序列对应的"装载量"。因此,外层分组规划问题不能简单地当作装箱问题来求解,在优化外层分组方案时,也需要考虑目标的交会序列。

本章采用"有序分组+组内调整"的策略解决外层模型和中层模型嵌套带来的求解困难。有序分组指的是考虑目标放入顺序的分组,即对目标进行分组的同时也确定一个交会序列。因此,有序分组获得的并不是一组组无序的目标堆,而是一条条有序的目标链。组内调整指的是重新优化有序分组获得的每一条目标链。
"有序分组+组内调整"的求解过程如图 5.12 所示。需要注意的是,有序分组的主
要任务是为了获得好的分组方案,分组的同时确定一个初步的序列是为了可以有
效地计算每组任务包的"装载量"。只要初步序列对应的燃料消耗未超过单个航天
器的上限,通过组内调整后的序列也必然满足燃料上限的约束。这种求解策略的
好处是避免了在优化分组方案的同时优化组内序列,可以一定程度上降低问题的
求解难度。

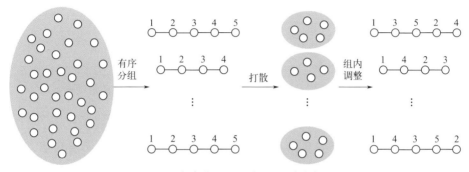

图 5.12　"有序分组+组内调整"的求解策略

5.3.2　"多对多"序列规划蚁群算法

采用"有序分组+组内调整"策略求解"多对多"碎片清除任务规划需要有效的
分组打包规划算法。本节将基于最大最小蚂蚁系统,设计一种适用于求解分组打
包规划问题的改进蚁群算法。

5.3.2.1　信息素矩阵

上一章已经指出,蚁群算法的进化主要是信息素链表的进化,结合优化问题特
性定义合适的信息素链表至关重要。经典的蚁群算法主要用于求解以 TSP 问题
为代表的序列规划问题。在序列规划问题中,信息素链表中的元素表示某个目标
选择另一个目标作为下一个交会目标的偏好程度。这种定义显然不适用于表征分
组打包规划问题中两个目标之间的关系。因此,信息素链表需要重新定义。

Costa 和 Hertz[7] 曾将蚁群算法用于求解图着色问题。信息素链表中的元素
被定义为某两个节点着成相同颜色的偏好程度。Levine 和 Ducatelle[8] 用蚁群算
法求解装箱问题时采用了类似的信息素链表定义方法。表中的元素定义为某两个
物品被放入同一个箱子的偏好程度。类似地,本章将分组打包规划蚁群算法中信
息素链表的元素定义为某两个目标被放入同一个任务包(分到同一组)的偏好程
度。此时,信息素链表呈现为三角矩阵形式,如图 5.13 所示。$\tau_{ij}(i \neq j)$ 表示目标

C_i 和 C_j 之间的信息素浓度。信息素矩阵初始化时，所有元素都初始化为 1。

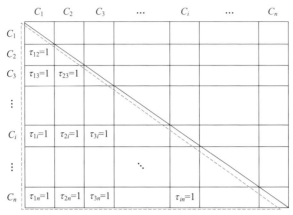

图 5.13　表征两两目标之间被分到同一组的偏好程度的信息素矩阵

5.3.2.2　解构造方法

分组打包规划蚁群算法的解构造方法主要结合装箱蚁群算法的解构造方法进行改进。对于物品个数为 N、箱子容量为 M_{max} 的装箱问题，Levine 和 Ducatelle[8] 设计的解构造方法伪代码如算法 5.3 所示。

算法 5.3　装箱蚁群算法的解构造方法

1：将 N 个给定的物品放入集合 V_1 中，初始化 $N_r = N$ 为 V_1 中剩余物品的个数

2：打开一个空箱子，随机选取 V_1 中的一个物品放入箱子中并将该物品从 V_1 中删除，更新 $N_r = N_r - 1$

3：if $N_r = 0$

4：　跳转至步骤 **17**

5：end if

6：从 V_1 中选择物品组成候选集，然后放入集合 V_2 中

7：if V_2 为 $\varnothing$

8：　跳转至步骤 **14**

9：end if

10：从 V_2 中按概率选择一个物品放入当前箱子中，将该物品从 V_1 中删除并清空 V_2

11：if 当前箱子中物品总质量小于 M_{max}

12：　返回步骤 **6**

13：end if

14：if $N_r > 0$

15：　关闭当前的箱子，返回步骤 **2**

16：end if

17：收集所有的箱子，完成一个可行解构造

在步骤 6 中,候选集表示放入当前箱子总质量未超 $M_{\max}$ 的所有物品的集合。在步骤 10 中,第 k 只蚂蚁选择物品 j 作为当前箱子 b 下一个放入物品的概率按如下方式进行计算:

$$p_{bj}^{k}(s)=\begin{cases}\dfrac{\tau_{bj}\eta_{j}^{\beta^{k}}}{\sum\limits_{g\in V_{2}^{k}(s,b)}\tau_{bg}\eta_{g}^{\beta^{k}}},&j\in V_{2}^{k}(s,b)\\[4mm]0,&\text{其他}\end{cases}\tag{5.31}$$

其中,$V_{2}^{k}(s,b)$ 表示所有可能被装入当前箱子 b 的物品集合;η_{j} 是启发式信息值,在装箱蚁群算法中取为物品的质量。这里,信息素参数同样被固定为 1,因为只需要用启发参数 β^{k} 就可以反映出信息素和启发参数之间的权重比例。对于物品 j 来说,信息素浓度 τ_{bj} 为与已放入当前箱子 b 中所有物品信息素浓度的均值,按如下方式计算:

$$\tau_{bj}=\frac{\sum\limits_{i\in b}\tau_{ij}}{N_{b}}\tag{5.32}$$

其中,N_{b} 是当前箱子 b 中已放入的物品数量。

上述解构造方法主要用于不需要考虑物品之间顺序的分组打包规划问题。对于大规模空间碎片清除任务轨道设计问题,解构造时需要考虑目标之间的顺序以生成若干目标链。同时,用于求解大规模空间碎片清除任务轨道设计问题的蚁群算法在解构造时还需要考虑时间的因素。参考装箱蚁群算法的解构造方法,对于交会目标个数为 N、任务包容量(也即航天器燃料质量上限)为 $m_{\max}^{\text{Fuel}}$ 的分组打包规划问题,改进蚁群算法的解构造方法伪代码如算法 5.4 所示。

算法 5.4　分组打包规划蚁群算法的解构造方法

1: 设置初始时刻 $T=T_{0}$ 为当前时刻
2: 将 N 个待交会目标放入集合 V 中,初始化 $N_{r}=N$ 为 V 中剩余目标的个数
3: 新建一个任务包,随机选取 V 中的一个目标放入任务包中并将该目标从 V 中删除,更新 $N_{r}=N_{r}-1$,该目标为当前任务包中目标链的链头
4:if $N_{r}=0$
5:　跳转至步骤 **16**
6:end if
7: 以 T 时刻为出发时刻,估算当前目标链的最后一个目标 V_{c} 到 V 中所有其他目标的转移时间 Δt_{ci} 和最优转移速度增量 $\Delta v_{ci}(i=1,2,\cdots,N_{r})$
8: 从 V 中选择候选目标并放入集合 U 中
9:if U 为 $\varnothing$

算法 5.4　分组打包规划蚁群算法的解构造方法

10:　跳转至步骤 **13**

11: end if

12: 从 U 中按概率选择一个目标 V_d 并添加到当前目标链的末尾,将该目标从 V 中删除并清空 U,更新当前时刻为 $T = T + \Delta t_{cd}$,返回步骤 **7**

13: if $N_r > 0$

14:　完成当前任务包中目标链构造,更新当前时刻为 $T = T + \Delta t_m$,返回步骤 **3**

15: end if

16: 收集所有任务包中的目标链,完成一个可行解构造

在步骤 1 中,T_0 为交会任务的起始时刻。

在步骤 7 中,目标 V_c 到 V 中所有其他目标的转移时间按如下方式计算:

$$\Delta t_{ci} = \begin{cases} \Delta t_{\max}, & \text{如果为“赤经渐近型”交会} \\ \Delta t_{\text{best}}, & \text{如果为“赤经相交型”交会} \\ \Delta t_{\min}, & \text{如果为“赤经渐远型”交会} \end{cases} \tag{5.33}$$

式中,$\Delta t_{\max}$ 和 $\Delta t_{\min}$ 分别为两目标之间允许的最长转移时间和最短转移时间;Δt_{best} 为两目标从初始时刻自由漂移到升交点赤经相交时刻所需的时间。相应的最优转移速度增量 Δv_{ci} 由神经网络根据转移时间 Δt_{ci} 和两目标在 T 时刻的初始状态估计获得。

在步骤 8 中,候选目标为 V 中所有添加到当前目标链的末尾交会所需燃料未超过 $m_{\max}^{\text{Fuel}}$ 的目标。其中,目标链交会燃料根据每次在步骤 7 估计的最优转移速度增量进行计算。

在步骤 12 中,第 k 只蚂蚁选择目标 j 添加当前目标链 b 末尾的概率还是按式(5.31)计算。只是此时 $V_2^k(s,b)$ 表示所有可能被添加当前目标链 b 的目标集合;在装箱蚁群算法中,质量大的物品比质量小的物品有更大的偏好被选择作为放入当前箱子的下一个物品,因此,启发式信息值 η_j 直接取为物品的质量。但在分组打包规划蚁群算法中,我们希望目标链尽可能长一点。在航天器燃料上限一定的情况下,转移速度增量小的目标有更大的偏好被选择添加到当前目标链的末尾,因此启发式信息值 η_j 取为估计的最优速度增量的倒数。

在步骤 14 中,Δt_m 取为 $[dt_{\min}, 2dt_{\min}]$ 之间的一个随机数。将取值下限设为 $dt_{\min}$ 可以保证任务包与任务包之间的最小时间间隔约束自动满足。

图 5.14 更直观地展示了分组打包规划蚁群算法的解构造过程。其中,3、4、5 步和 6、7、8 步过程一样,都是从剩余目标中先筛选出候选目标,然后按概率选择一

个添加到目标链末尾并更新当前时刻，一直进行到第 9 步完成一条目标链构建为止。

另外需要注意的是，在大部分蚁群算法中，启发式参数 β 是一个固定不变的数。本章改进的分组打包规划蚁群算法采用参数自适应调整策略，每一只蚂蚁都有一个独立的 β，每一代的参数值都会随着进化过程作自适应的调整，以提高算法的优化性能。具体的自适应调整方法在 5.3.2.4 小节中介绍。

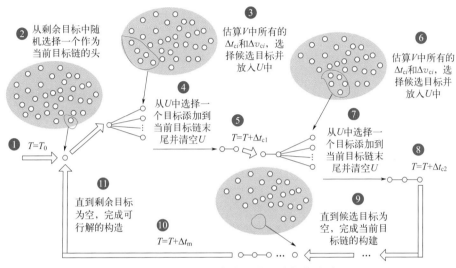

图 5.14　分组打包规划蚁群算法的解构造过程

5.3.2.3　信息素更新方法

分组打包规划蚁群算法的信息素更新方法主要借鉴最大最小蚂蚁系统。在最大最小蚂蚁系统中，只有最好的蚂蚁才被选择用于更新信息素矩阵。然而，只用最好的蚂蚁来更新信息素会显得过于贪婪。为了在搜索的过程中平衡探索与开发，目标函数最好的前 5 只蚂蚁都会有相同的概率被选择用于更新信息素矩阵。

与其他绝大多数蚁群算法只共用同一个信息素矩阵不同的是，分组打包规划蚁群算法中每一只蚂蚁都有一个独立的信息素矩阵。从相同的初始信息素矩阵开始，所有的蚂蚁根据各自的信息素矩阵独立构造各自的解，然后在更新信息素矩阵时共享各自的信息素信息。每只蚂蚁都拥有一个独立的信息素矩阵是为了让信息素衰减参数在进化的过程中也可以实现自适应调整。对于蚂蚁 k 的信息素矩阵，目标 i 和目标 j 之间的信息素浓度通过如下方式进行更新：

$$\tau_{ij}^k(gen+1)=\varepsilon^k\tau_{ij}^k(gen)+\sqrt{1-\varepsilon^k}\,T_{ij}^{\text{tbest}}W \tag{5.34}$$

$$W=1/F(s^{\text{tbest}}) \tag{5.35}$$

其中，gen 为当前进化代数。蚂蚁 tbest 为从当前最好的 5 只蚂蚁中随机选出的一只蚂蚁。$F(s^{\text{tbest}})$ 为解 s^{tbest} 的目标函数值。T 为完成解构造之后用于统计解中两两目标之间关系的矩阵,所有元素均为布尔变量。对于蚂蚁 tbest 来说,若目标 i 和目标 j 在同一条目标链上,则 $T_{ij}^{\text{tbest}}=1$;否则 $T_{ij}^{\text{tbest}}=0$。ε^k 为蚂蚁 k 的信息素衰减参数,在本改进算法中也是一个自适应变量。在最大最小蚂蚁系统中,信息素浓度 $\tau_{\min}$ 和 $\tau_{\max}$ 上下限为固定的两个值,在本改进算法中,$\tau_{\min}$ 和 $\tau_{\max}$ 将根据进化代数做适应性的调整,调整方式计算如下:

$$\begin{cases} \tau_{\min} = 1 - W^{\frac{\sqrt{g_{\max}}}{gen}} \\ \tau_{\max} = 1 + W^{\frac{\sqrt{g_{\max}}}{gen}} \end{cases} \tag{5.36}$$

其中,$g_{\max}$ 是最大进化代数。$\tau_{\min}$ 将从 1 逐渐减小到 0,$\tau_{\max}$ 将从 1 逐渐增大到 2,变化过程如图 5.15 所示。适应性地调整上下限阈值,可以更好地调控算法在不同进化阶段的全局搜索和局部搜索能力,以提高算法的优化性能。

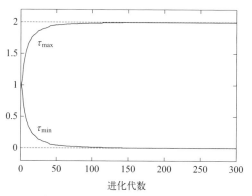

图 5.15   信息素浓度上下限阈值随进化代数变化情况

5.3.2.4   参数自适应调整方法

在分组打包规划蚁群算法中,启发式参数和信息素衰减参数是两个自适应的参数。对于蚂蚁 k,信息素参数 β^k 的计算方式如下:

$$\beta^k = N(\mu\beta_g, 0.5^2) \tag{5.37}$$

其中,β^k 是从均值为 $\mu\beta_g$、标准差为 0.5 的高斯分布中获得的一个随机数。算法每一代 $\mu\beta_g$ 通过如下方式进行更新:

$$\mu\beta_{g+1} = \omega_\beta\mu\beta_g + (1-\omega_\beta)mean(S_\beta) \tag{5.38}$$

其中,ω_β 是 0.8~1.0 之间的一个均匀随机数。S_β 是当前代中所有优良启发式参数的集合。优良启发式参数指的是当前代蚂蚁以该参数找到了一个更好的解。$mean(S_\beta)$ 是所有优良启发式参数的二范数,计算方式如下:

$$mean(S_\beta) = \sum_{x \in S_\beta} \sqrt{x^2 / n_\beta} \qquad (5.39)$$

其中, n_β 是所有优良启发式参数的个数。除了将高斯分布的标准差值改成 0.1 之外,信息素衰减参数 ε^k 的自适应调整过程与 β^k 相同。

5.3.2.5　算法总流程

算法 5.5 给出了分组打包规划蚁群算法的优化流程伪代码。其中, $\mu\beta_0$ 和 $\mu\varepsilon_0$ 是算法在第一代用于计算启发式参数和信息素衰减参数的两个初始值。

算法 5.5　分组打包规划蚁群算法优化流程

1:初始化蚂蚁群体数量 N_{Ant}、最大进化代数 G_{max}、启发式参数初始值 $\mu\beta_0$ 和信息素衰减参数
　　初始值 $\mu\varepsilon_0$,并为每一只蚂蚁初始化一个信息素矩阵

2:**for** $g = 1 : G_{max}$

3:　　**for** $k = 1 : N_{Ant}$

4:　　　根据 7.2.1.4 节的参数自适应调整方法计算蚂蚁 k 的启发式参数 β^k 和信息素衰减参数 ε^k

5:　　　根据算法 7.2 给出的解构造方法生成第 k 个解

6:　　**end for**

7:　　**for** $k = 1 : N_{Ant}$

8:　　　根据 7.2.1.3 节的信息素更新方法更新蚂蚁 k 的信息素矩阵

9:　　**end for**

10:收集当前代所有优良启发式参数和信息素衰减参数并更新 $\mu\beta_g$ 和 $\mu\varepsilon_g$

11:**end for**

5.3.3　"多对多"碎片清除任务总体规划方法

5.3.3.1　分步优化方法

"多对多"碎片清除任务规划是一个三层嵌套式混合整数优化问题。结合"有序分组＋组内调整"策略以及"一对多"碎片清除任务规划方法,"多对多"碎片清除任务规划的求解总共需要分为四步,优化流程如图 5.16 所示。第一步基于分组打包规划蚁群算法先将所有交会目标放入多个任务包,每个任务包中包含一条交会目标链。固定目标的分组方案时,只固定每个任务包的起始时间、结束时间以及任务包中的每个目标对象。固定目标的分组方案实质上就是将任务包中的目标打散,将"多对多"碎片清除任务规划转化成多个单序列的碎片清除任务规划问题。然后通过第二步到第四步去分别求解每个多碎片清除任务规划问题。第二步到第四步的求解过程在上一章中已做详细介绍,此处不再赘述。需要注意的是,第一步到第三步都需要用神经网络去快速估计两目标之间的最优转移速度增量,其中第一步的转移时间通过估计获得,而第二步和第三步的转移时间通过优化获得。

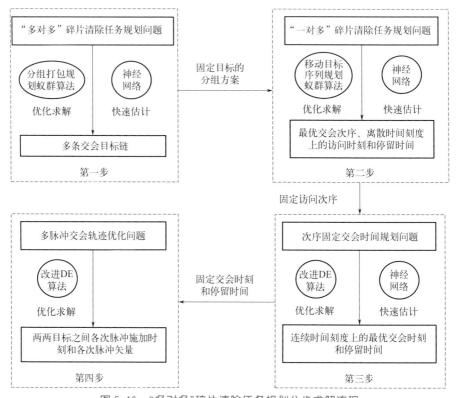

图 5.16　"多对多"碎片清除任务规划分步求解流程

5.3.3.2　"渐进式"分组规划策略

采用上述分步优化方法求解"多对多"碎片清除任务规划时,解的质量主要取决于第一步获得的分组方案的好坏。大规模目标的大规模空间碎片清除任务轨道设计问题搜索空间巨大,对所有交会目标只运行一次图 5.16 给出的多组交会序列分步优化流程很难获得高质量的解。结合上述分步优化方法,本节采用"渐进式"的分组规划策略以逐步提高解的质量。

图 5.17 展示了"渐进式"分组规划策略的操作流程。其核心思想是将原来一次性确定目标的分组方案改为逐个确定目标的分组方案。每一轮规划只固定第一组目标链的分组方案,将剩余的目标链打散后重新优化,获得目标函数更好的分组方案。需要注意的是,包括第一步对所有目标进行分组打包和后续对各次剩余目标进行分组打包时,都需要调用分组打包规划蚁群算法独立运行多次获得大量的解,并保留最好的 N_{best} 组解对应的分组方案。每一轮规划保留一定数量解的目的是保持分组的多样性,避免搜索过于贪婪。这可以理解为是一种结合优化算法的分支定界方法,其中, N_{best} 为搜索宽度。 N_{best} 组解的选择原则是首先从大量的解中选出任务包个数也即目标链条数最少的那部分解,然后再从中选择目标函数排

在前 N_{best} 个的解。对于大规模问题,该策略需要重复多次打散剩余目标再重新优化的过程,直到最后每次获得的剩余目标分组方案都相同为止。"渐进式"分组规划通过不断减小问题规模来不断提高分组打包规划蚁群算法对剩余目标的分组打包质量,以逐步改进总的目标函数,在一定程度上可以降低问题因大规模特性而带来的求解难度,从而获得质量更高的解。

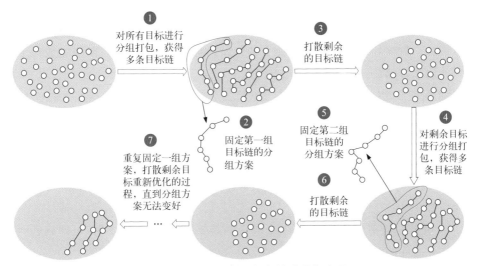

图 5.17　"渐进式"分组规划策略操作流程

5.3.4　算例

GTOC-9 的题目是一个以近地空间碎片主动清除任务为背景的大规模目标大规模空间碎片清除任务轨道设计问题。本节以 GTOC-9 赛题为例验证上一节给出的分步优化方法和"渐进式"分组规划策略的有效性。

5.3.4.1　问题描述

题目要求通过多次发射任务将给定的 123 颗碎片清除掉,并且能使总的发射任务成本尽量小。发射总成本的计算方式如下:

$$J = \sum_{i=1}^{M} C_i = \sum_{i=1}^{M} \left[\alpha (m_{0i} - m_{\text{dry}})^2 + c_i \right] \tag{5.40}$$

$$c_i = c_{\min} + \frac{t_{\text{submission}} - t_{\text{start}}}{t_{\text{end}} - t_{\text{start}}} (c_{\max} - c_{\min}) \tag{5.41}$$

式中,M 为总的发射次数;C_i 为第 i 次发射任务的成本;该成本由两部分组成。第一部分是第 i 个航天器的燃料成本 $\alpha (m_{0i} - m_{\text{dry}})^2$。其中,$\alpha = 2 \times 10^{-6}$ 是一个权重系数;$m_{\text{dry}} = 2000 \text{kg}$ 为航天器的干质量;m_{0i} 为第 i 个航天器的初始质量,计算方法如式(5.30)所示。第二部分是时间成本 c_i，该成本与该次任务的解在竞赛中的提交时间有关。其中，t_{start} 和 t_{end} 分别是竞赛的开始时间和结束时间，$t_{submission}$ 是解的提交时间，$c_{max}=55$ MEUR❶ 和 $c_{min}=45$ MEUR 分别是在比赛开始和结束时提交结果对应的最大和最小时间成本。由于竞赛已经结束，在本算例中，每次任务的时间成本都取为比赛结束时对应的时间成本 c_{max}。

所有 123 颗碎片在任务初始时刻的轨道参数可通过 GTOC Portal 网站获得。每次任务的起始时刻为航天器发射入轨后与第一颗碎片交会的时刻，结束时刻为到达最后一颗碎片再加上在该碎片上的停留时间所对应的时刻，期间完成对多颗碎片的清除，同时需要满足以下几点约束。

① 所有的清除任务都必须在 23467～26419 MJD（修正儒略日）时间段内完成。

② 航天器与每一颗碎片交会后至少需要停留 5 天以完成碎片清除器的释放和碎片的捕获等操作。

③ 包括碎片上的停留时间在内，航天器从一颗碎片转移到另一颗碎片的时间不能超过 30 天。

④ 完成一次清除任务后，下一个航天器需要在 30 天之后发射，也即相邻两次清除任务之间的时间间隔不得小于 30 天。

⑤ 航天器的干重为 2000kg，每个碎片清除器的质量为 30kg，要求每次发射航天器初始携带的燃料质量不得超过 5000kg。

5.3.4.2 问题求解与结果分析

本节基于 5.3.3 节给出的分步优化方法和"渐进式"分组规划策略对问题进行求解。其中，"渐进式"分组规划的分支定界搜索宽度 N_{best} 设为 10。分组打包规划蚁群算法的种群规模和最大进化代数分别设为 150 和 300，自适应参数的初始值 $\mu\beta_0$ 和 $\mu\varepsilon_0$ 分别设为 2 和 0.9。"一对多"序列规划蚁群算法的参数设置与表 5.2 相同，DE 算法的种群规模与最大进化代数和动态序列规划蚁群算法相同。采用动态序列规划蚁群算法优化单条交会序列时，时间轴离散间隔设为 5 天，每条碎片链的离散度根据时间间隔与各自的时间跨度确定。为了留出更多的时间用于碎片到碎片之间的转移，航天器在碎片上的停留时间统一设为最短停留时间 5 天。

采用"渐进式"分组规划策略求解该问题需要进行多轮规划。图 5.18 给出了每一轮规划所获最好解对应的发射次数和发射总成本的改进情况。需要注意的是，每一轮规划都会调用分组打包规划蚁群算法对剩余的碎片进行多次独立分组

❶ MEUR，Million Euros，百万欧元。

打包,然后选出最好的 10 组解,固定每组解第一条碎片链对应的分组方案并打散剩余的碎片链到下一轮规划中重新分组打包。下一轮规划前,先调用动态序列规划蚁群算法和 DE 算法重新优化上一轮固定的碎片链,获得最优的发射成本并更新到下一轮规划中。

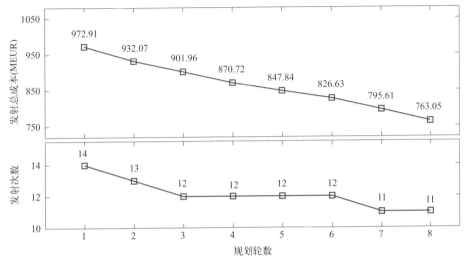

图 5.18　每一轮最好解对应的发射次数和发射总成本的改进情况

从图 5.18 给出的结果中可以发现,分组打包规划蚁群算法在第一轮对所有 123 颗碎片进行分组打包时,需要至少 14 次发射才能完成所有碎片的清除,发射总成本达到了 972.91 MEUR。但通过后续逐轮的改进,发射次数可以降到 11 次,相应的发射总成本也可以降到 763.05 MEUR。这说明,对于大规模目标“多对多”碎片清除任务规划,分组打包规划蚁群算法的优化性能还有一定的局限性,通过分组打包规划蚁群算法并不能一次性获得很好的分组方案。而采用了“渐进式”分组规划策略后,每一轮规划结果相比上一轮都有了改进。尤其是第 2 轮、第 3 轮和第 7 轮规划,打散重新分组后,发射次数都有所减少。通过前 7 轮的规划,前 7 次清除任务随之确定,问题规模也随之大大减小,在第 8 轮规划中,分组打包规划蚁群算法可以一次性获得剩余四次清除任务最优的分组方案而无需进一步改进,然后只需要调用动态序列规划蚁群算法和 DE 算法重新优化每一组碎片的清除次序、交会时刻和相邻两碎片间的多脉冲转移轨迹即可。这说明“渐进式”分组规划策略配合分组打包规划蚁群算法求解大规模目标“多对多”碎片清除任务规划是必要的,通过逐组确定、逐轮改进,可以有效地在减少发射次数的同时,降低任务的发射总成本。

表 5.13 给出了采用“渐进式”分组规划策略获得的最终解的具体信息,包括每

次发射任务的起始时刻和结束时刻、每次任务清除的碎片个数、每条碎片链的编号以及每次发射航天器所携带的初始燃料质量。从表中的结果可以看出,第一次清除任务的起始时刻为 23475.95 MJD,最后一次清除任务的结束时刻为 26419 MJD,因此,所有的任务均满足在 23475.95~26419 MJD 时间段内完成的约束。任务与任务之间的时间间隔分别为 30 天、49.4 天、38.7 天、30 天、57.8 天、31.5 天、30 天、30.1 天、30 天和 34.3 天,因此,所有的任务满足时间间隔不小于30 天的约束。各次任务的初始燃料质量在 1301.75~3602.34kg 之间,因此,也满足每次发射航天器初始携带的燃料质量不得超过 5000kg 的约束。表 5.14 给出了各次清除任务碎片间转移时间。可以看出,所有的转移均未超过 25 天,由于航天器在碎片上的停留时间统一设为了 5 天,因此,碎片到碎片之间的时间间隔也都满足不超过 30 天的约束。上述结果表明,表 5.13 给出的解可以满足题目所要求的所有约束。

表 5.13　采用"渐进式"分组规划策略所获最优解的各次任务信息

序号	起始时刻/MJD	结束时刻/MJD	碎片个数	碎片序列编号	初始燃料质量/kg
1	23475.95	23789.11	17	4,33,116,97,87,105,81,120,14,62,22,46,114,35,15,103,38	3293.01
2	23819.11	24092.78	15	88,77,39,91,21,7,85,47,2,26,63,70,8,82,45	2090.64
3	24142.19	24403.28	12	94,18,108,67,0,75,11,122,6,37,104,44	1920.32
4	24441.99	24729.87	12	10,43,9,55,95,73,110,113,118,29,50,79	2262.30
5	24759.87	25030.93	15	107,61,5,60,58,78,109,53,111,25,12,92,42,71,56	2464.42
6	25088.73	25222.05	9	93,66,83,28,34,115,69,49,90	1301.75
7	25253.53	25529.11	11	119,117,72,32,24,41,36,84,54,52,76	3602.34
8	25559.11	25780.18	11	99,89,57,59,98,3,23,80,17,16,68	2252.51
9	25880.25	26032.11	7	86,51,48,31,30,100,65	2445.81
10	26062.11	26268.06	8	1,121,40,27,20,64,106,102	1652.52
11	26302.37	26419	6	101,112,19,96,74,13	1337.24

表 5.14　各次清除任务相邻碎片间的转移时间

序号	各次转移时间/天
1	13.84、22.09、13.41、4.35、22.71、24.01、25.00、15.73、22.01、17.29、12.44、1.10、5.61、25.00、1.10、2.40
2	10.74、25.00、24.99、24.58、25.00、2.40、8.82、2.64、25.00、8.28、6.79、11.31、20.72、2.38
3	9.21、18.18、25.00、23.05、23.11、4.10、20.95、8.71、25.00、19.92、23.86
4	25.00、22.87、12.51、18.57、25.00、25.00、25.00、25.00、25.00、15.11、8.82
5	6.10、2.83、25.00、1.51、25.00、20.92、25.00、25.00、1.31、1.11、25.00、1.69、14.07、21.54
6	25.00、4.64、25.00、25.00、1.10、1.10、4.95、1.52
7	24.20、18.03、25.00、25.00、25.00、25.00、18.00、25.00、11.47、23.90
8	16.54、25.00、25.00、2.95、25.00、16.75、3.38、25.00、20.72、5.73
9	25.00、25.00、9.78、25.00、7.07、25.00
10	24.92、25.00、23.05、17.99、25.00、25.00、25.00
11	25.00、1.68、21.69、18.48、19.78

表 5.15 给出了各次清除任务相邻两碎片间的转移脉冲速度增量。可以发现，大多数转移所需的脉冲速度增量都在 500m/s 以下，尤其是第二组清除任务，有 7 次转移的脉冲速度增量都在 100m/s 以下，最小的达到了 47.37m/s，因而在第二组任务中，航天器只用了 2090.64kg 的燃料就完成了 15 颗碎片的清除，比同为 15 颗碎片的第 5 组任务少用了 370 多千克燃料。少数转移(如第 7 组任务的第 8 次转移和第 9 组任务的第 4 次转移都超过了 900m/s)脉冲速度增量较大是因为初始的升交点赤经差较大。尽管都达到了 25 天的最长转移时间，但这些转移仍然需要较大的脉冲速度增量来消除两颗碎片之间的升交点赤经差。总体而言，前 5 组任务相邻两碎片之间的平均转移速度增量较后 6 组更小，因而前 5 组任务单次清除了更多数量的碎片。

表 5.15　各次清除任务相邻碎片间的转移脉冲速度增量

序号	各次转移速度增量/(m/s)
1	58.45、186.76、149.66、108.89、316.93、51.34、193.10、307.50、149.96、148.09、162.62、100.39、303.92、612.30、86.75、117.57
2	199.39、271.31、75.19、213.56、353.04、77.94、47.37、78.36、76.26、82.48、81.37、275.44、267.74、120.23

序号	各次转移速度增量/(m/s)
3	106.32，98.07，237.41，202.39，138.89，96.80，77.20，114.62，402.62，221.63,448.38
4	83.62，154.72，84.05，128.32，117.43，467.99，153.44，402.46，597.16，105.28,111.13
5	137.45,73.13,126.97,62.04,116.81,295.83,358.52,309.49,57.97,237.83,412.27,166.46,84.55,72.48
6	202.13,195.58,341.47,263.78,126.88,131.32,139.63,185.29
7	73.67，156.72，219.92，561.62，416.82，366.49，195.51，919.39，208.46,183.03
8	124.74，186.98，481.70，151.24，343.91，237.23，131.92，501.27，65.94,162.40
9	327.12,99.49,323.73,916.98,100.14,827.40
10	191.68,328.36,164.58,219.19,481.37,278.01,269.76
11	340.02,195.11,99.41,323.62,704.60

表5.16给出了11组清除任务"有序分组"获得的结果和"组内调整"之后的结果。明显地,经过"组内调整"后,每组任务的成本都有所降低。其中,前7组任务的交会次序经"组内调整"后都发生了变化,因而调整后的成本相比调整前的成本有了较大幅度的降低。后4组任务的交会次序虽然没有变化,但调整了碎片之间的转移时间后,成本也能进一步降低。这一结果表明,在"有序分组"之后进行"组内调整"是必要且有效的,可以在保持外层分组方案不变的情况下进一步降低总的任务成本。

表5.16　各次清除任务序列"组内调整"前后结果对比

序号	调整前碎片序列编号	次序是否改变	调整前成本/MEUR	调整后成本/MEUR
1	4,33,116,97,87,105,81,120,14,62,22,46,114,35,103,15,38	是	97.68	83.92
2	88,77,39,91,70,21,7,47,85,2,26,63,8,45,82	是	82.53	67.90
3	18,94,67,108,0,11,122,6,37,75,104,44	是	74.95	65.39
4	95,55,9,10,73,43,113,110,118,29,50,79	是	86.18	68.75
5	5,107,61,58,78,60,109,53,111,92,12,25,42,71,56	是	81.73	71.98

续表

序号	调整前碎片序列编号	次序是否改变	调整前成本 /MEUR	调整后成本 /MEUR
6	83,66,93,115,90,69,49,34,28	是	68.32	59.94
7	117,119,32,72,24,41,36,84,52,54,76	是	94.27	85.92
8	99,89,57,59,98,3,23,80,17,16,68	否	69.45	68.33
9	86,51,48,31,30,100,65	否	75.39	69.10
10	1,121,40,27,20,64,106,102	否	68.92	62.16
11	101,112,19,96,74,13	否	60.54	59.60

另外需要说明的是,本书作者在参加 GTOC-9 竞赛时最终提交的亚军解也是由"渐进式"分组规划策略结合分步优化方法获得。但是,比赛时"渐进式"分组规划的分支定界搜索宽度只设为了 3,过于贪婪;因而在比赛时获得的最好解需要 12 次发射才能完成所有碎片的清除[6]。在不考虑提交时间成本的情况下,比赛时获得的最好解的任务总成本为 812.81 MEUR。而在本算例中,碎片之间的最优转移速度增量估计工具换成了神经网络,估计精度大大提高,而且"渐进式"分组规划的分支定界搜索宽度增大到了 10,每一层保留了更多可能的好解,因而在本算例中获得了比竞赛时更好的解,只需要 11 次发射就能完成所有碎片的清除,任务总成本降到了 763.05 MEUR。进一步扩大分支定界搜索宽度有望将发射次数进一步降低,获得比 JPL 提交的冠军解更好的解。

参 考 文 献

［1］ Dorigo M,Stützle T. Ant Colony Optimization:Overview and Recent Advances[M]. Handbook of metaheuristics. Springer,Cham,2019:311-351.

［2］ Gao S,Wang Y,Cheng J,et al. Ant Colony Optimization with Clustering for Solving the Dynamic Location Routing Problem[J]. Applied Mathematics and Computation,2016,285: 149-173.

［3］ Emile A,Jan K L. Local Search in Combinatorial Optimization[M]. Princeton University Press,1997.

［4］ Helsgaun K. General k-optSubmoves for the Lin-Kernighan TSP Heuristic[J]. Mathematical Programming Computation,2009,1(2-3):119-163.

［5］ Zhang J,Parks G T,Luo Y,et al. Multispacecraft Refueling Optimization Considering the J2 Perturbation and Window Constraints[J]. Journal of Guidance,Control,and Dynamics,

2014,37(1):111-122.

[6] Luo Y, Zhu Y, Zhu H, et al. GTOC9:Results from the National University of Defense Technology[J]. Acta Futura,2018,11:37-47.

[7] Costa D, Hertz A. Ants Can Colour Graphs[J]. Journal of the Operational Research Society,1997,48(3):295-305.

[8] Levine J,Ducatelle F. Ant Colony Optimization and Local Search for Bin Packing and Cutting Stock Problems[J]. Journal of the Operational Research Society,2004,55(7):705-716.

第 6 章

含引力辅助的多星交会
轨道设计与优化

引力辅助技术可以无机动或通过少量机动改变深空探测器的轨道,大幅降低深空探测成本,特别是与电推进联合使用,已成为多任务深空探测的一种发展趋势。引力辅助一般由借力大行星或质量较大的天然卫星获取,故在考虑引力辅助的背景下,多任务深空探测必然会涉及大行星以及数目众多的小行星天体,设计优化需要解决的一个重要问题是探测目标选择及确定飞行序列。

引力辅助轨道机动方式较传统的脉冲机动方式复杂,再结合行星及小行星探测序列选择时,该类问题具有混合整数非线性规划的特点且更难求解。这是因为,探测目标需要从数以百计乃至上千颗小行星库中选择,设计搜索空间非常大;再者,每次引力辅助机动对应访问一颗大行星,各大行星的位置差异极大,引力辅助机动方案可能组合非常多;此外,多任务设计需要依据不同的优选准则,不同探测目标权重不一,这些均加大了设计优化的难度。

目前国内外在含引力辅助的系列探测任务轨道设计方面进行了大量探索。本章研究多天体深空探测任务中的两个问题:在多引力辅助机动过程中顺访多颗小行星的序列规划方法,以及高精度多引力辅助轨迹优化方法。

本章内容安排如下:6.1节介绍广泛使用的两种引力辅助优化模型,6.2节阐述多小行星顺访的引力辅助序列优化方法,6.3节阐述高精度多引力辅助轨迹规划方法。

6.1 引力辅助优化模型

本节主要阐述深空探测引力辅助机动的分析模型、多脉冲优化模型和优化方法。

6.1.1 引力辅助机动分析模型

以探测器的行星引力辅助变轨为例,假设辅助变轨的行星(通常为大行星)飞越时刻为 t_{GA},应该满足下列约束条件:

$$\boldsymbol{R}_{sc}(t_{GA}) = \boldsymbol{R}_{pla}(t_{GA}) \tag{6.1}$$

其中,$\boldsymbol{R}_{pla}$ 为行星在日心惯性坐标系中的位置矢量。认为探测器在飞越前后时刻(t_{GA}^{-} 和 t_{GA}^{+}),探测器在日心惯性坐标系中的位置不变:

$$\boldsymbol{R}_{sc}(t_{GA}^{-}) = \boldsymbol{R}_{sc}(t_{GA}^{+}) = \boldsymbol{R}_{sc}(t_{GA}) \tag{6.2}$$

设 $\boldsymbol{V}_{pla}$ 为行星在日心惯性坐标系中的速度,在探测器飞越行星前,相对行星的速度为:

$$\tilde{\boldsymbol{v}}_{in} = \boldsymbol{V}_{sc}(t_{GA}^{-}) - \boldsymbol{V}_{pla}(t_{GA}^{-}) \tag{6.3}$$

探测器飞越后,探测器与飞越行星的相对速度为:

$$\tilde{\boldsymbol{v}}_{\mathrm{out}} = \boldsymbol{V}_{\mathrm{sc}}(t_{\mathrm{GA}}^{+}) - \boldsymbol{V}_{\mathrm{pla}}(t_{\mathrm{GA}}^{+}) \tag{6.4}$$

其中,$\boldsymbol{V}_{\mathrm{sc}}(t_{\mathrm{GA}}^{-})$ 和 $\boldsymbol{V}_{\mathrm{sc}}(t_{\mathrm{GA}}^{+})$ 分别表示 t_{GA}^{-} 和 t_{GA}^{+} 时刻探测器在日心惯性坐标系中的速度,$\boldsymbol{V}_{\mathrm{pla}}(t_{\mathrm{GA}}^{-})$ 和 $\boldsymbol{V}_{\mathrm{pla}}(t_{\mathrm{GA}}^{+})$ 分别表示 t_{GA}^{-} 和 t_{GA}^{+} 时刻行星在日心惯性坐标系中的速度。同时,在飞越前后行星在日心惯性坐标系中的速度不变,即:

$$\boldsymbol{V}_{\mathrm{pla}}(t_{\mathrm{GA}}^{-}) = \boldsymbol{V}_{\mathrm{pla}}(t_{\mathrm{GA}}^{+}) = \boldsymbol{V}_{\mathrm{pla}}(t_{\mathrm{GA}}) \tag{6.5}$$

t_{GA} 时刻行星的位置和速度,可以通过行星星历插值计算得到。

在飞越前后,探测器相对于行星的速度大小满足:

$$v_{\infty} = \|\tilde{\boldsymbol{v}}_{\mathrm{in}}\| = \|\tilde{\boldsymbol{v}}_{\mathrm{out}}\| \tag{6.6}$$

则当进行第 j 次引力辅助变轨时约束如下:

$$\tilde{\boldsymbol{v}}_{\mathrm{in}} \cdot \tilde{\boldsymbol{v}}_{\mathrm{out}} = v_{\infty}^{2} \cos\delta \tag{6.7}$$

$$\sin(\delta/2) = \frac{\mu_{\mathrm{pla}}/r_{\mathrm{p}}}{v_{\infty}^{2} + \mu_{\mathrm{pla}}/r_{\mathrm{p}}} \tag{6.8}$$

式中,μ_{pla} 为行星引力常数,r_{p} 为引力辅助轨道近行星点半径;$0° < \delta < 180°$,表示相对速度矢量在三维空间中的夹角。$\delta = 0°$ 表示相对速度 $\tilde{\boldsymbol{v}}_{\mathrm{in}}$ 和 $\tilde{\boldsymbol{v}}_{\mathrm{out}}$ 同向;$\delta = 180°$ 表示相对速度 $\tilde{\boldsymbol{v}}_{\mathrm{in}}$ 和 $\tilde{\boldsymbol{v}}_{\mathrm{out}}$ 反向;$0° < \delta < 180°$ 只能表明 $\tilde{\boldsymbol{v}}_{\mathrm{in}}$ 和 $\tilde{\boldsymbol{v}}_{\mathrm{out}}$ 的夹角为 δ,但是 $\tilde{\boldsymbol{v}}_{\mathrm{in}}$ 相对于 $\tilde{\boldsymbol{v}}_{\mathrm{out}}$ 的方向是不唯一的,需要自行设计。引力辅助实际上近似为日心惯性坐标系中的一个具有约束条件的速度脉冲,只是该速度脉冲不是由推进系统提供的。

探测器在完成引力辅助后获得的速度脉冲(无需消耗推进工质)为:

$$\Delta \boldsymbol{V}_{\mathrm{GA}} = \boldsymbol{V}_{\mathrm{sc}}(t_{\mathrm{GA}}^{+}) - \boldsymbol{V}_{\mathrm{sc}}(t_{\mathrm{GA}}^{-}) \tag{6.9}$$

这里需要注意,探测器飞越前后的位置 $\boldsymbol{R}_{\mathrm{sc}}(t_{\mathrm{GA}}^{-})$ 与 $\boldsymbol{R}_{\mathrm{sc}}(t_{\mathrm{GA}}^{+})$ 和飞越前后的速度 $\boldsymbol{V}_{\mathrm{sc}}(t_{\mathrm{GA}}^{-})$ 和 $\boldsymbol{V}_{\mathrm{sc}}(t_{\mathrm{GA}}^{+})$ 必须满足:飞越前后位置一定相同,而速度可以发生变化。

6.1.2　引力辅助机动设计优化模型

深空探测引力辅助机动任务可分为两类:一类是纯粹的引力辅助机动(Multiple Gravity Assist,MGA),在机动过程中航天器发动机不工作;另外一类是同时借助发动机推力机动,称之为 MGA-1DSM(Multiple Gravity Assist using One Deep Space Maneuvre)。Vinko 和 Izzo 给出了这两类不同模型对应的优化模型,并开发了开源的仿真分析程序[1]。需要注意的是,这两种模型都是基于圆锥曲线拼接的思想,进一步忽略了航天器在引力辅助行星引力场中的飞行时间,将引力辅助影响视为瞬时脉冲,在应用于实际任务时需要迭代改进。本节给出了这两类不同优化模型的描述。

6.1.2.1　MGA 优化模型

设航天器从地球出发,经过 $N-1$ 次行星引力辅助后和一个天体交会(或飞越),引入向量 $x=[t_0,T_1,T_2,\cdots,T_N]$,其中 t_0 是从地球出发时刻,T_j 是两个天体之间的飞行时间。每两个引力天体之间的轨道采用 Lambert 轨道求解,得到引力辅助时刻前后探测器的惯性系速度 $v_{sc}(t_{GA}^-)$ 和 $v_{sc}(t_{GA}^+)$,此时引力天体的速度 $v_{pla}(t_{GA})$ 也可以获得。但是因为 $v_{sc}(t_{GA}^+)$ 和 $v_{sc}(t_{GA}^-)$ 都是由 Lambert 算法求得,所以要保证飞越前后行星在日心惯性系中的速度大小不变。此外满足的约束,还有从地球出发的相对速度 Δv_0 小于某一上限值等。

MGA 优化模型设计变量为:

$$x=[t_0,T_1,T_2,\cdots,T_N]^T \tag{6.10}$$

目标函数为燃料最省或总任务时间最短:

$$J=-m_f \ \text{或}\ J=\sum_{j=1}^N T_j \tag{6.11}$$

约束条件中,首先是利用行星引力辅助的相对速度约束:

$$\|\widetilde{v}_{in,j}(x)\|-\|\widetilde{v}_{out,j}(x)\|=0,\quad j=1,\cdots,N-1 \tag{6.12}$$

其次是利用行星引力辅助的飞跃半径限制:

$$r_{p,j}(x)\geqslant r_{p,j,min},\quad j=1,\cdots,N-1 \tag{6.13}$$

最后是从地球出发的相对速度限制:

$$\Delta v_0\leqslant\Delta v_{0,max} \tag{6.14}$$

Becerra 和 Izzo[2] 在求解 MGA 问题时将约束条件等式(6.12)并入了目标函数中,即 $J=\sum_{j=1}^{N-1}(\|\widetilde{v}_{in,j}\|-\|\widetilde{v}_{out,j}\|)$,要求目标函数优化到 0,这样才能满足引力辅助条件,此时对优化算法的要求较高。

6.1.2.2　MGA-1DSM 优化模型

MGA-1DSM 是指在引力辅助天体之间有一次深空轨道机动。设经过 N 次行星引力辅助,两次引力辅助之间的轨道计为一段,在一段轨道中,DSM 之前的轨道采用 Kepler 算法求解,DSM 之后的轨道采用 Lambert 算法求解。设计变量包括:出发时刻 t_0,出发时相对地球的双曲线超速大小 Δv_0 与方向角 u、v,每两个天体之间的转移时间 T_j,两天体间机动时间与转移时间的比值 η_j,以及用于计算引力辅助的近行星点距 $r_{p,j}$ 和相对引力辅助天体的倾角 $i_{b,j}$。

MGA-1DSM 优化模型设计变量为:

$$x=[t_0,\Delta v_0,u,v,\eta_1,T_1,r_{p,2},i_{b,2},\eta_2,T_2,\cdots,r_{p,N-1},i_{b,N-1},\eta_{N-1},T_{N-1}]^T$$
$$\tag{6.15}$$

$N-2$ 次引力辅助问题的设计变量的维数 $d=6+4(N-2)$。

t_0 时刻航天器日心惯性系位置为 $\boldsymbol{R}_{sc}(t_0)$，速度为 $\boldsymbol{V}_{sc}=\boldsymbol{V}_{sc}(t_0)+\Delta\boldsymbol{v}_0$，从此状态出发，根据 Kepler 轨道预报 $\eta_1 T_1$ 时间长度，再以 Kepler 轨道终端状态为起始条件，采用 Lambert 轨道预报 $(1-\eta_1)T_1$ 时间长度。如果 $N>2$，接下来的每段轨道满足以下关系式：

$$
\begin{cases}
\widetilde{\boldsymbol{v}}_{in,j}=\boldsymbol{V}_{sc,j}(t_{GA,j}^-)-\boldsymbol{V}_{pla,j} \\
e=1+r_{p,j}\widetilde{v}_{in}^2/\mu_{pla} \\
\delta=2\arcsin(1/e) \\
\boldsymbol{i}_x=\widetilde{\boldsymbol{v}}_{in}/\widetilde{v}_{in} \\
\boldsymbol{i}_y=\boldsymbol{i}_x\times\boldsymbol{r}_{pla}/\|\boldsymbol{i}_x\times\boldsymbol{r}_{pla}\| \\
\boldsymbol{i}_z=\boldsymbol{i}_x\times\boldsymbol{i}_y \\
\widetilde{\boldsymbol{v}}_{out}=\widetilde{v}_{in}(\cos\delta\cdot\boldsymbol{i}_x+\sin i_b\sin\delta\cdot\boldsymbol{i}_y+\cos i_b\sin\delta\cdot\boldsymbol{i}_z) \\
\boldsymbol{V}_{sc,j}(t_{GA,j}^+)=\boldsymbol{V}_{pla,j}+\widetilde{\boldsymbol{v}}_{out}
\end{cases}
\tag{6.16}
$$

其中，μ_{pla} 是行星引力常数。一旦得到 $\boldsymbol{V}_{sc,j}(t_{GA,j}^+)$，则可以根据 Kepler 算法和 Lambert 算法进行下一段的轨道计算。DSM 模型示意见图 6.1，其中，$\Delta V_{GA,1}=\|\Delta\boldsymbol{V}_{GA,1}\|$ 为第 1 次引力辅助的等效机动脉冲大小。

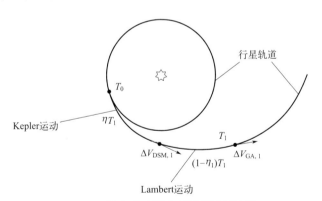

图 6.1　深空机动引力辅助模型示意图

6.2　多小行星顺访的引力辅助序列规划方法

本节在上节多引力辅助机动的大行星探测轨道优化模型基础上，给出了大行星之间顺访小行星系列的轨道优化方法[3]。

6.2.1 规划模型

由于小行星数量很多,很难确定一条最佳的飞行序列。本书首先根据距离准则对可能的小行星目标进行筛选,初步选择距大行星之间飞行轨道 1000 万千米以内的小行星作为初步目标,然后将小行星目标和飞越时刻等作为设计变量求解,最后得到顺访小行星的脉冲转移轨道。限制搜索空间以后,两颗大行星之间的小行星序列轨道进行优化的设计变量为:

① 发射时间(不一定是从地球出发);

② 发射 V_∞ 大小及方向;

③ 探测目标之间的飞行时间;

④ 小行星目标。

为了更清晰地表示设计变量,给出了其示意图,如图 6.2 所示。

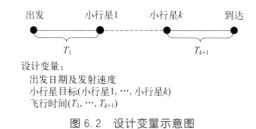

图 6.2 设计变量示意图

设计变量中的飞行时间具体定义为:

$$t = [\eta_1 T, \eta_2(1-\eta_1)T, \cdots, \eta_k(1-\eta_{k-1})\cdots(1-\eta_1)T, (1-\eta_k)(1-\eta_{k-1})\cdots(1-\eta_1)T]$$

$$(6.17)$$

其中,T 表示从出发至到达的飞行总时间;$\eta_i(i=1,\cdots,k)$ 取值范围为 0~1。

由于任意时刻的小行星位置均可以通过星历获得,故每段轨道可以采用 Lambert 轨道进行建模。优化目标为总的速度增量最小,采用差分进化算法进行求解,差分进化算法的详细描述见 2.5.3 节。

6.2.2 算例

6.2.2.1 问题概述

以全国第三届深空轨道大赛问题为背景,阐述一个典型的利用引力辅助探测多个大行星和小行星的系列任务轨道优化问题,该问题的简要描述如下。

探测器从地球出发,探测目标为八大行星和小行星,其中小行星在给定轨道根数的 1064 颗小行星中选择。大行星的探测模式有两种:交会和飞越;而小行星只有飞越一种模式。当和每一颗大行星第一次交会时需释放 20kg 的科学设备,并停留 30 天以上,同时还会消耗掉一些用于大行星引力场内被捕获和逃逸的燃料。在本问题中,设定只有第一次交会对性能指标有贡献。推进方式为电推进,允许使用引力辅助。值得指出的是,对于探测"钱学森星"小行星会得到额外的加分。

优化目标为最大化所有探测天体的得分累加之和:

$$J = \sum_{i=1}^{n} \alpha_i \tag{6.18}$$

其中,n 为交会或飞越的总次数;α_i 为第 i 次任务的得分。针对探测天体和探测模式,性能指标中的得分见表 6.1。

表 6.1　探测各天体得分

探测目标	任务类型	得分
大行星	交会	12
大行星	飞越	6
钱学森星	飞越	7
其他小行星	飞越	1

6.2.2.2　约束条件

地球出发的双曲线逃逸速度方向不受限制。探测器发射后必须飞越不同的小行星,再和大行星飞越或交会,但是重复飞越大行星仅仅作为引力辅助飞行,不计入性能指标。电推进的发动机可以随时开关,且方向不受限制。表 6.2 给出了此问题中的其他定量约束。

表 6.2　其他定量约束

参数	取值
地球逃逸速度	$\leqslant 3\mathrm{km/s}$
发射时刻	2015-01-01 至 2025-12-31
总飞行时间	$\leqslant 20$ 年
航天器初始质量	3500kg
推进剂初始质量	3000kg
比冲	3000s
最大推力	0.3N
交会最小停留时间	30 天

用于大行星引力场逃逸和捕获的燃料消耗采用下式计算:

$$\Delta m = m(t_{\mathrm{ren}}) k \left[1 - \exp\left(-\frac{\Delta v_i}{g_e I_{\mathrm{sp}}} \right) \right] \tag{6.19}$$

其中,$m(t_{ren})$ 是交会时刻探测器质量;k 为比例系数,I_{sp} 为发动机比冲;电推进 k 取 2.5,比冲取 3000s;g_e 为地球表面引力常数;Δv_i 根据所交会行星的不同而有所区别,具体取值见表 6.3。表 6.4 给出了几个主要大行星的引力辅助最小飞越半径。

表6.3 不同大行星引力场捕获和逃逸的速度增量

项目	水星	金星	火星	木星	土星
$\Delta v_i/(\text{km/s})$	0.1837	0.3008	0.1129	0.6714	0.3446

表6.4 大行星最小飞越半径

项目	水星	金星	地球	火星	木星
r_p/km	2440	6073	6378	3395	71400

6.2.2.3 计算结果

经过探测大行星的初步任务设计,所得到的性能指标为 55 分,其中包括飞越和交会金星、飞越和交会火星、飞越钱学森星和交会木星。考虑到"钱学森星"小行星的优化指标权重较高,故同大行星一样在初步任务设计中考虑。根据大行星能量由低到高的次序,确定交会的大行星目标的次序依次为金星、火星、木星。在交会大行星的过程中,同时结合引力辅助考虑大行星的飞越任务。确定引力辅助序列时,本书采用一种定性类比的方法,也就是将两个大行星之间的交会轨道类比霍曼转移轨道,这样每两个大行星之间的交会采用两次引力辅助,第一次引力辅助的作用相对于加速脉冲,第二次引力辅助的作用相对于减速脉冲。

首先考虑由地球出发交会金星。探测器从地球发射以后,为了交会金星,采用了 EEVV 飞行序列,即利用地球和金星各一次的引力辅助。采用引力辅助所需要的最小速度增量(不包括从地球出发的双曲线逃逸速度 V_∞)为 1.37km/s,而从地球出发直接交会金星需要约 2.71km/s 的速度增量。利用 6.2.1 节的方法在大行星轨道之间飞越小行星,在此阶段顺访了 4 颗小行星。该阶段的飞行过程 X-Y 平面轨迹如图 6.3(a)所示,图中单引号内数字为小行星编号。

探测器从金星出发以后,为了交会火星,采用了 VVEM 飞行序列,即利用经过金星和地球各一次的引力辅助。采用引力辅助所需要的最小速度增量为 4.50km/s,而从金星出发直接交会火星需要约 10.53km/s 的速度增量。利用 6.2.1 节的方法在大行星轨道之间飞越小行星,在此阶段顺访了 7 颗小行星。该阶段的飞行过程 X-Y 平面轨迹如图 6.3(b)所示。

探测器从火星出发以后,为了飞越钱学森星同时交会木星,采用了 MMQJ 飞行序列,即一次经过火星的引力辅助后飞越钱学森星,然后与木星交会。由于木星的周期很大(大约 11.86 年),利用木星引力辅助来交会木星会很费时间,因此这里只采用了一次火星引力辅助。采用引力辅助所需要的最小速度增量为 10.02km/s,而从金星出发即使在不飞越钱学森星的情况下,仅直接交会木星就需要约 10.53km/s 的速度增量。利用 6.2.1 节的方法在大行星轨道之间飞越小行星,在此阶段顺访了 7 颗小行星。该阶段的飞行过程 X-Y 平面轨迹如图 6.3(c)所示。

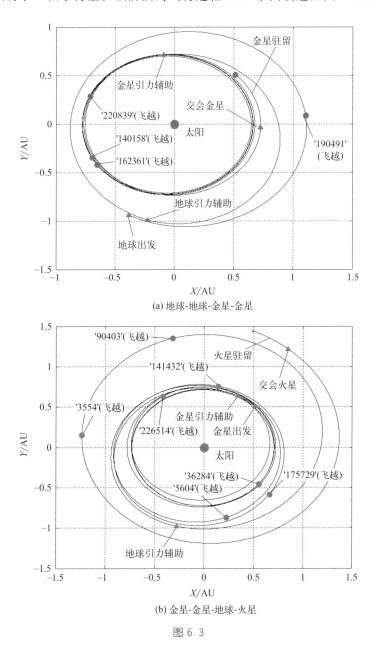

(a) 地球-地球-金星-金星

(b) 金星-金星-地球-火星

图 6.3

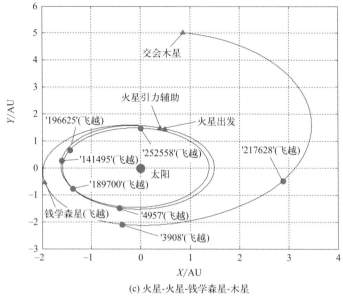

(c) 火星-火星-钱学森星-木星

图 6.3　利用引力辅助机动的飞行轨迹

初步任务设计后,得到大行星(含钱学森星)交会与飞越序列为 EEVV-VVEM-MMQJ。此后的工作是在上一步的基础上尽量增加飞越小行星的个数,采用第二步求解策略,即以上述飞行序列的时间节点为初值,用微分进化算法逐段搜索可能飞越的小行星。最终,在飞行序列中新添加了 18 颗小行星,设计结果共计73 分。

6.3　高精度多引力辅助轨迹规划方法

一般研究主要给出基于圆锥曲线拼接(MGA 或 MGA-1DSM)的多引力辅助轨迹。同时考虑太阳及行星引力时,单次引力辅助可以通过圆锥曲线拼接法的结果基于 B 平面制导进行改进。然而,随着访问天体数目增多,存在后续引力辅助的高精度迭代改进难以收敛的问题。

本节主要阐述基于多轮迭代的高精度多引力辅助序列规划方法。

6.3.1　B 平面制导

航天器进入行星引力场的轨道或经由行星引力辅助的双曲线轨道的设计往往需要采用 B 平面制导(B-Plane Targeting)的技术[4]。如图 6.4 所示,B 平面定义为过引力辅助行星中心并垂直于接近引力辅助行星的双曲线渐进线的平面;$\boldsymbol{B}$ 矢量定义为由引力辅助行星中心指向 B 平面与渐近线的交点,大小等于双曲线轨道的半虚轴(即 B 的由来)。

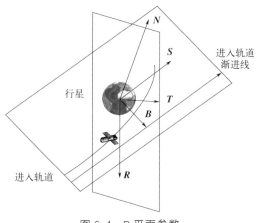

图 6.4　B 平面参数

进入轨道渐近线方向为 $\boldsymbol{S}$,满足:

$$\boldsymbol{S} = \frac{\widetilde{\boldsymbol{v}}_{\text{in}}}{\widetilde{v}_{\text{in}}} \tag{6.20}$$

双曲线轨道平面的单位法向量可以根据进入与离开引力辅助行星引力场的速度 $\widetilde{\boldsymbol{v}}_{\text{in}}$ 与 $\widetilde{\boldsymbol{v}}_{\text{out}}$ 来定义:

$$\boldsymbol{h}_0 = \frac{\widetilde{\boldsymbol{v}}_{\text{in}} \times \widetilde{\boldsymbol{v}}_{\text{out}}}{\| \widetilde{\boldsymbol{v}}_{\text{in}} \times \widetilde{\boldsymbol{v}}_{\text{out}} \|} \tag{6.21}$$

双曲线轨道的半长轴与偏心率为:

$$a = -\frac{\mu_{\text{pla}}}{\widetilde{v}_{\text{in}}^2} \tag{6.22}$$

$$e = 1 + \frac{r_{\text{pi}}}{\mu_{\text{pla}}} \widetilde{v}_{\text{in}}^2 \tag{6.23}$$

$\boldsymbol{B}$ 矢量的大小为:

$$b = \| \boldsymbol{B} \| = |a| \sqrt{e^2 - 1} \tag{6.24}$$

基于圆锥曲线拼接模型获得的 $\boldsymbol{B}$ 矢量,也即 B 平面制导瞄准的 $\boldsymbol{B}$ 矢量为:

$$\boldsymbol{B}_{\text{tar}} = b(\boldsymbol{S} \times \boldsymbol{h}_0) = \frac{\mu_{\text{pla}}}{\widetilde{v}_{\text{in}}^2} \sqrt{\left(1 + \frac{r_{\text{pi}}}{\mu_{\text{pla}}} \widetilde{v}_{\text{in}}^2\right)^2 - 1} \left(\frac{\widetilde{\boldsymbol{v}}_{\text{in}}}{\widetilde{v}_{\text{in}}} \times \frac{\widetilde{\boldsymbol{v}}_{\text{in}} \times \widetilde{\boldsymbol{v}}_{\text{out}}}{\| \widetilde{\boldsymbol{v}}_{\text{in}} \times \widetilde{\boldsymbol{v}}_{\text{out}} \|}\right) \tag{6.25}$$

B 平面参数的定义需要一个参考单位矢量 $\boldsymbol{N}$,不同文献中参考单位矢量的取法不同,这里取 J2000.0 日心惯性坐标系(与 J2000.0 地心赤道惯性系平行)的 Z

向为 N。此时，T 矢量定义为垂直于渐近线方向 S 与参考单位矢量 N 确定的平面：

$$T = S \times N \tag{6.26}$$

R 矢量定义为垂直于渐近线方向 S 与矢量 T 确定的平面：

$$R = S \times T \tag{6.27}$$

根据 T 矢量与 R 矢量的定义可知，这两个互相垂直的矢量均与渐近线方向 S 垂直，即都在 B 平面内。因此，B 平面可以用这两个矢量来表征，B 矢量可以用其在 T 矢量与 R 矢量的投影来描述：

$$\begin{cases} B_{\mathrm{T,tar}} = \boldsymbol{B}_{\mathrm{tar}} \cdot \boldsymbol{T} \\ B_{\mathrm{R,tar}} = \boldsymbol{B}_{\mathrm{tar}} \cdot \boldsymbol{R} \end{cases} \tag{6.28}$$

B 平面参数 B_{T} 与 B_{R} 在将圆锥曲线拼接轨道改进为高精度轨道的微分修正迭代中具有良好的收敛性。

6.3.2　高精度引力辅助模型

采用日心多引力体真实星历模型（见 2.2.2 节），基于常微分方程组变步长求解算法（如 RK45、RKF78）进行轨道计算。在原来圆锥曲线拼接轨道的近行星点时刻 t_{GA}，基于日心系多引力体动力学模型获得的 J2000.0 日心惯性坐标系位置速度分别为 $\boldsymbol{R}_{\mathrm{GA}}$、$\boldsymbol{V}_{\mathrm{GA}}$，对应的 J2000.0 行星中心惯性坐标系中的位置速度分别为：

$$\begin{cases} \boldsymbol{R}_{\mathrm{GA,pla}} = \boldsymbol{R}_{\mathrm{GA}} - \boldsymbol{R}_{\mathrm{pla}} \\ \boldsymbol{V}_{\mathrm{GA,pla}} = \boldsymbol{V}_{\mathrm{GA}} - \boldsymbol{V}_{\mathrm{pla}} \end{cases} \tag{6.29}$$

式中，$\boldsymbol{R}_{\mathrm{pla}}$ 与 $\boldsymbol{V}_{\mathrm{pla}}$ 分别为引力辅助行星在 t_{GA} 时刻的 J2000.0 日心惯性坐标系位置、速度。

基于 $\boldsymbol{R}_{\mathrm{GA,pla}}$ 与 $\boldsymbol{V}_{\mathrm{GA,pla}}$ 计算的轨道面法向、偏心率矢量、半长轴、半虚轴分别为：

$$\begin{cases} \boldsymbol{h}_0' = \dfrac{\boldsymbol{R}_{\mathrm{GA,pla}} \times \boldsymbol{V}_{\mathrm{GA,pla}}}{\|\boldsymbol{R}_{\mathrm{GA,pla}} \times \boldsymbol{V}_{\mathrm{GA,pla}}\|} \\[4mm] \boldsymbol{e}' = \dfrac{1}{\mu_{\mathrm{pla}}} \boldsymbol{V}_{\mathrm{GA,pla}} \times (\boldsymbol{R}_{\mathrm{GA,pla}} \times \boldsymbol{V}_{\mathrm{GA,pla}}) - \dfrac{\boldsymbol{R}_{\mathrm{GA,pla}}}{R_{\mathrm{GA,pla}}} \\[4mm] a' = \dfrac{1}{\dfrac{2}{R_{\mathrm{GA,pla}}} - \dfrac{V_{\mathrm{GA,pla}}^2}{\mu_{\mathrm{pla}}}} \\[6mm] b' = |a'| \sqrt{e'^2 - 1} \end{cases} \tag{6.30}$$

式中，$R_{\mathrm{GA,pla}} = \|\boldsymbol{R}_{\mathrm{GA,pla}}\|$，$V_{\mathrm{GA,pla}} = \|\boldsymbol{V}_{\mathrm{GA,pla}}\|$，$e' = \|\boldsymbol{e}'\|$。

进一步，高精度模型计算获得的渐近线方向矢量与 B 矢量为：

$$\begin{cases} \boldsymbol{S}' = \dfrac{\boldsymbol{e}'}{e'^{2}} + \sqrt{1 - \dfrac{1}{e'^{2}}}\,\dfrac{\boldsymbol{h}'_0 \times \boldsymbol{e}'}{\|\boldsymbol{h}'_0 \times \boldsymbol{e}'\|} \\ \boldsymbol{B}' = \dfrac{1}{b}\boldsymbol{S}' \times \boldsymbol{h}'_0 \end{cases} \tag{6.31}$$

高精度轨道模型计算获得的 $\boldsymbol{T}$ 矢量、$\boldsymbol{R}$ 矢量及 B 平面参数分别为：

$$\begin{cases} \boldsymbol{T}' = \boldsymbol{S}' \times \boldsymbol{N} \\ \boldsymbol{R}' = \boldsymbol{S}' \times \boldsymbol{T}' \\ B'_{\mathrm{T}} = \boldsymbol{B}' \cdot \boldsymbol{T}' \\ B'_{\mathrm{R}} = \boldsymbol{B}' \cdot \boldsymbol{R}' \end{cases} \tag{6.32}$$

以深空机动脉冲的三个分量为设计变量：

$$\boldsymbol{x}_{\mathrm{DSM}} = (\Delta V_{\mathrm{DSM},x}, \Delta V_{\mathrm{DSM},y}, \Delta V_{\mathrm{DSM},z})^{\mathrm{T}} \tag{6.33}$$

考虑 B 平面参数及 t_{GA} 时刻到达近行星点共三个等式约束条件：

$$\begin{cases} B'_{\mathrm{T}} - B_{\mathrm{T,tar}} = 0 \\ B'_{\mathrm{R}} - B_{\mathrm{R,tar}} = 0 \\ \dfrac{\boldsymbol{R}_{\mathrm{GA,pla}} \cdot \boldsymbol{e}'}{R_{\mathrm{GA,pla}} e'} - 1 = 0 \end{cases} \tag{6.34}$$

采用微分修正法,可迭代获得满足日心多引力体真实星历模型的与原来圆锥曲线拼接引力辅助参数一致的深空机动脉冲。

6.3.3　高精度多引力辅助轨迹规划

虽然高精度引力辅助模型满足航天器飞过引力辅助行星时的近行星点 B 平面参数,有效完成引力辅助,但由于多引力体真实星历模型与圆锥曲线拼接轨道模型的差异会随着时间扩散,特别是随引力辅助次数增加而快速发散,简单套用微分修正法,无法使多次迭代改进过程收敛,需要研究高精度多引力辅助序列规划方法。虽然近年一些研究在探索基于机器学习的方法来改进高精度引力辅助轨迹优化效果[5],但工程中更喜欢用基于微分修正迭代的实用方法。

下面给出一种高精度多引力辅助轨迹规划方法,该方法集成到了一个深空探测轨道设计工具软件中[6]。

6.3.3.1　问题概述

航天器从地球附近出发,通过 $N-1$ 颗行星引力辅助之后,与一颗小行星交会。如图 6.5 所示。

6.3.3.2　规划问题模型

根据探测器是否已经在轨,设计变量略有差别。

当探测器尚未在轨,选择发射窗口时,设计变量包括 6.1.2.2 节 MGA-1DSM

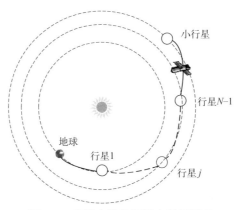

图 6.5　多引力辅助探测小行星任务

模型中的优化变量,以及最后一次访问小行星的转移时间与机动时刻:

$$\boldsymbol{x}_1 = [t_0, \Delta v_0, u, v, \eta_1, T_1, r_{p2}, i_{b2}, \eta_2, T_2, \cdots, r_{p,N-1}, i_{b,N-1}, \eta_{N-1}, T_{N-1}; \eta_N, T_N]^T$$

(6.35)

式中,T_N 为从第 $N-1$ 颗行星前往探测小行星的轨道转移时间,$\eta_N T_N$ 代表从第 $N-1$ 颗行星到第 N 次深空机动的时间。

当探测器已经在轨,初始时刻 t_0 及对应的探测器位置 $\boldsymbol{R}_{sc}(t_0)$、速度 $\boldsymbol{V}_{sc}(t_0)$ 是已知的,此时设计变量是:

$$\boldsymbol{x}_2 = [\eta_1, T_1, r_{p2}, i_{b2}, \eta_2, T_2, \cdots, r_{p,N-1}, i_{b,N-1}, \eta_{N-1}, T_{N-1}; \eta_N, T_N]^T$$

(6.36)

根据具体任务的特点,优化目标函数可以有不同的设计,下面给出三种典型的目标函数:

(1)只考虑各次深空机动的速度增量

如果地球出发的 V_∞ 由运载火箭提供或探测器已在日心轨道,且最后一次访问小行星采用飞越或撞击的形式,则目标函数可以只考虑各次深空机动的速度增量和最小:

$$J_{GA,1}(\boldsymbol{x}) = \sum_{j=1}^N \| \Delta \boldsymbol{V}_{DSM,j} \|$$

(6.37)

式中,$\Delta \boldsymbol{V}_{DSM,j}$ 为第 j 次深空机动的脉冲。

(2)考虑各次深空机动及最后一次交会制动的速度增量

如果地球出发的 V_∞ 由运载火箭提供或探测器已在日心轨道,且最后一次访问小行星采用交会的形式,则目标函数为各次深空机动及交会小行星制动机动的速度增量和最小:

$$J_{\text{GA},2}(\boldsymbol{x}) = \sum_{j=1}^{N} \|\Delta \boldsymbol{V}_{\text{DSM},j}\| + \|\Delta \boldsymbol{V}_{\text{rdz}}\| \tag{6.38}$$

式中，$\Delta \boldsymbol{V}_{\text{rdz}}$ 为探测器与小行星交会时的制动机动脉冲。

（3）考虑地球出发、各次深空机动及最后一次交会制动的速度增量

地球出发的 V_{∞} 由探测器提供，最后一次访问小行星采用交会的形式，则目标函数为 V_{∞}、各次深空机动及交会小行星制动机动的速度增量和最小：

$$J_{\text{GA},3}(\boldsymbol{x}) = V_{\infty} + \sum_{j=1}^{N} \|\Delta \boldsymbol{V}_{\text{DSM},j}\| + \|\Delta \boldsymbol{V}_{\text{rdz}}\| \tag{6.39}$$

另外，有的任务最后一次探测为进入某行星或行星天然卫星的轨道，则目标函数的形式需要适应性调整，这里不再赘述。

6.3.3.3　优化方法

① 基于 MGA-1DSM 模型的全程轨迹全局优化。

基于 6.3.3.2 节的模型，采用差分进化算法寻找圆锥曲线轨道拼接模型下的全局最优解，定义为 $\boldsymbol{x}_N^*$。

② 基于高精度模型的单次引力辅助微分修正。

采用高精度轨道模型，计算第 j 次引力辅助之前的轨道到第 j 次深空机动时刻：

$$t_{\text{DSM},j} = t_0 + \sum_{k=0}^{j-1} T_k + \eta_j T_j \tag{6.40}$$

对应的探测器日心惯性坐标系位置、速度分别为 $\boldsymbol{R}_{\text{sc}}(t_{\text{DSM},j})$ 与 $\boldsymbol{V}_{\text{sc}}(t_{\text{DSM},j}^{-1})$。

采用 6.3.2 节给出的模型，计算第 j 次引力辅助的高精度机动参数 $\Delta \boldsymbol{V}_{\text{DSM},j}$，施加该次高精度机动参数：

$$\boldsymbol{V}_{\text{DSM},j}^{+} = \boldsymbol{V}_{\text{DSM},j}^{-} + \Delta \boldsymbol{V}_{\text{DSM},j} \tag{6.41}$$

采用高精度轨道模型计算轨道到引力辅助后的第 j 次引力辅助行星引力场外的时刻 $t_{0,j}$，对应的日心惯性坐标系状态为 $\boldsymbol{R}_{\text{sc}}(t_{0,j})$、$\boldsymbol{V}_{\text{sc}}(t_{0,j})$。

③ 基于 MGA-1DSM 的后续轨迹全局优化。

以 $t_{0,j}$ 时刻的 $\boldsymbol{R}_{\text{sc}}(t_{0,j})$、$\boldsymbol{V}_{\text{sc}}(t_{0,j})$ 为初始参数，以 $\boldsymbol{x}_j = [\eta_{j+1}, T_{j+1}, r_{\text{p},j+1},$ $i_{\text{b},j+1}, \cdots, r_{\text{p},N-1}, i_{\text{b},N-1}, \eta_{N-1}, T_{N-1}; \eta_N, T_N]^{\text{T}}$ 为设计变量，基于 MGA-1DSM 模型对后续轨迹进行全局优化。

④ 重复②～③直到完成所有 $N-1$ 次引力辅助机动过程。

⑤ 计算高精度模型下到达小行星的深空机动 $\Delta \boldsymbol{V}_{\text{DSM},N}$。

以 $t_{0,N-1}$ 时刻的 $\boldsymbol{R}_{\text{sc}}(t_{0,N-1})$、$\boldsymbol{V}_{\text{sc}}(t_{0,N-1})$ 为初始状态，采用微分修正方法计算高精度模型下能到达小行星的 $\Delta \boldsymbol{V}_{\text{DSM},N}$。

6.3.4 算例

初始时刻 $t_0 = 0$day，对应的协调世界时为 2024-12-0100：00：00.00，探测器在日心 J2000.0 惯性系中的位置、速度分别为：

$$\boldsymbol{R}_{sc}(t_0) = (51137166.645 \text{km}, 127703857.295 \text{km}, 54892775.531 \text{km})^T,$$

$$\boldsymbol{V}_{sc}(t_0) = (-31.356 \text{km/s}, 13.344 \text{km/s}, 4.005 \text{km/s})^T.$$

需交会小行星于协调世界时 2033-01-0112：00：00 在日心 J2000.0 惯性系的位置、速度分别为：

$$\boldsymbol{R}_{tar}(t_0) = (-2.804 \times 10^8 \text{km}, 4.314 \times 10^8 \text{km}, 1.779 \times 10^8 \text{km})^T$$

$$\boldsymbol{V}_{tar}(t_0) = (-12.166 \text{km/s}, -7.200 \text{km/s}, 2.818 \text{km/s})^T.$$

探测器可借力火星直接前往目标小行星，也可借力地球 1 次再借力火星 2 次再前往目标小行星。

采用的多引力体真实星历模型，除了考虑太阳的引力外，还考虑了水星、金星、地球、火星、木星、土星的引力，上述天体的位置采用 DE421 星历提供。

初始状态到火星或地球、火星地球间转移的时间区间为 $[300\text{day}, 1500\text{day}]$，从火星前往小行星的转移时间区间为 $[500\text{day}, 3800\text{day}]$，地球引力辅助的最小半径为 6578.14km，火星引力辅助的最小半径为 3597km。

6.3.4.1 仅借力火星的高精度引力辅助轨道

基于日心二体轨道模型，采用差分进化算法进行全局优化，如图 6.6 所示。获得的总速度增量为 6.292km/s；初始位置前往火星的时间为 $T_1 = 839.841275$day，火星前往小行星的时间为 $T_2 = 3015.823921$day，任务总时长为 3855.665197day；第一次深空机动时间为 $t_{DSM,1} = 339.351175$day，第二次深空机动距离任务初始时刻的时间为 $t_{DSM,2} = 1458.121285$day。

在日心 J2000.0 惯性系的两次深空机动分别为：

$$\Delta \boldsymbol{V}_{DSM,1} = (1.338844 \text{km/s}, -0.099255 \text{km/s}, -1.607484 \text{km/s})^T,$$

$$\Delta \boldsymbol{V}_{DSM,2} = (0.556851 \text{km/s}, 1.367771 \text{km/s}, 0.239176 \text{km/s})^T.$$

在日心 J2000.0 惯性系到达小行星处的交会制动机动为：

$$\Delta \boldsymbol{V}_{rdz} = (2.605011 \text{km/s}, 0.240286 \text{km/s}, 0.674483 \text{km/s})^T.$$

引力辅助的等效脉冲为：

$$\Delta \boldsymbol{V}_{GA,1} = (0.328906 \text{km/s}, -3.191926 \text{km/s}, -0.714355 \text{km/s})^T.$$

火星引力辅助的近火点半径为 $r_{p2} = 3597.000$km，参数 $i_{b2} = -76.137494°$，速度转角为 $40.734720°$，$\boldsymbol{B}$ 矢量参数为 $B_{T,tar,1} = 5019.966495$km、$B_{R,tar,1} = -866.584080$km。

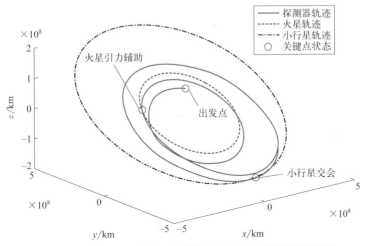

图 6.6　仅借力火星交会小行星的高精度引力辅助三维轨迹

采用高精度引力辅助模型校正后,总速度增量为 6.300007km/s。

在日心 J2000.0 惯性系的两次深空机动分别为:

$$\Delta \boldsymbol{V}_{\mathrm{DSM,1}} = (1.360374\mathrm{km/s}, -0.155063\mathrm{km/s}, -1.634557\mathrm{km/s})^{\mathrm{T}},$$

$$\Delta \boldsymbol{V}_{\mathrm{DSM,2}} = (0.468107\mathrm{km/s}, 1.372185\mathrm{km/s}, 0.265623\mathrm{km/s})^{\mathrm{T}}。$$

在日心 J2000.0 惯性系到达小行星处的交会制动机动为:

$$\Delta \boldsymbol{V}_{\mathrm{rdz}} = (2.550611\mathrm{km/s}, 0.437378\mathrm{km/s}, 0.748112\mathrm{km/s})^{\mathrm{T}}。$$

火星引力辅助的近火点半径为 $r_{\mathrm{p2}} = 3523.856918\mathrm{km}$,$\boldsymbol{B}$ 矢量参数为 $B_{\mathrm{T,tar,1}} = 5019.966478\mathrm{km}$、$B_{\mathrm{R,tar,1}} = -866.584101\mathrm{km}$,$\boldsymbol{B}$ 矢量参数的误差均小于 1m;原近火点时刻的航迹角误差为 $-0.011941°$。

6.3.4.2　仅借力 1 次地球与 2 次火星的高精度引力辅助轨道

基于日心二体轨道模型,采用差分进化算法进行全局优化,如图 6.7 所示。获得的总速度增量为 6.492km/s;初始位置前往地球的时间为 $T_1 = 711.817181\mathrm{day}$,地球前往火星的时间为 $T_2 = 817.058937\mathrm{day}$,火星出发回到火星的时间为 $T_3 = 686.953400\mathrm{day}$,火星前往小行星的时间为 $T_4 = 1488.578999\mathrm{day}$,任务总时长为 3704.408518day;第一次深空机动时刻为 $t_{\mathrm{DSM,1}} = 28.437605\mathrm{day}$,第二次深空机动时刻为 $t_{\mathrm{DSM,2}} = 740.254786\mathrm{day}$,第三次深空机动时刻为 $t_{\mathrm{DSM,3}} = 1834.755767\mathrm{day}$,第四次深空机动时刻为 $t_{\mathrm{DSM,3}} = 2340.753835\mathrm{day}$,第五次深空机动时刻为 $t_{\mathrm{DSM,3}} = 4265.829692\mathrm{day}$。

在日心 J2000.0 惯性系的四次深空机动分别为:

$$\Delta \boldsymbol{V}_{\mathrm{DSM,1}} = (-0.845561\mathrm{km/s}, 0.031712\mathrm{km/s}, 0.586516\mathrm{km/s})^{\mathrm{T}},$$

$$\Delta \boldsymbol{V}_{\mathrm{DSM,2}} = (0.002526\mathrm{km/s}, -0.003126\mathrm{km/s}, -0.001713\mathrm{km/s})^{\mathrm{T}},$$

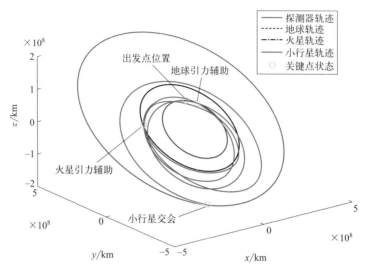

图 6.7　借力地球 1 次与火星 2 次交会小行星的高精度引力辅助三维轨迹

$$\Delta \boldsymbol{V}_{\text{DSM},3} = (0.000126\text{km/s}, -0.000051\text{km/s}, -0.000495\text{km/s})^{\text{T}},$$

$$\Delta \boldsymbol{V}_{\text{DSM},4} = (1.168432\text{km/s}, 1.125774\text{km/s}, 1.384101\text{km/s})^{\text{T}}.$$

在日心 J2000.0 惯性系到达小行星处的交会制动机动为：

$$\Delta \boldsymbol{V}_{\text{rdz}} = (3.014051\text{km/s}, -1.319364\text{km/s}, -0.476412\text{km/s})^{\text{T}}.$$

引力辅助的等效脉冲为：

$$\Delta \boldsymbol{V}_{\text{GA},1} = (2.853954\text{km/s}, 1.356600\text{km/s}, 3.119661\text{km/s})^{\text{T}},$$

$$\Delta \boldsymbol{V}_{\text{GA},2} = (0.370421\text{km/s}, -1.512699\text{km/s}, 2.166105\text{km/s})^{\text{T}},$$

$$\Delta \boldsymbol{V}_{\text{GA},3} = (-0.914724\text{km/s}, -1.837389\text{km/s}, -1.705039\text{km/s})^{\text{T}}.$$

地球引力辅助的近地点半径为 $r_{\text{p2}} = 19766.687\text{km}$，参数 $i_{\text{b2}} = -70.465310°$，速度转角为 $50.365956°$，$\boldsymbol{B}$ 矢量参数为 $B_{\text{T,tar},1} = -20218.138959\text{km}$、$B_{\text{R,tar},1} = 23654.353988\text{km}$；火星第一次引力辅助的近火点半径为 $r_{\text{p3}} = 3597.000\text{km}$，参数 $i_{\text{b3}} = -6.033602°$，速度转角为 $21.076575°$，$\boldsymbol{B}$ 矢量参数为 $B_{\text{T,tar},2} = 1955.969499\text{km}$、$B_{\text{R,tar},2} = 3747.094425\text{km}$；火星第二次引力辅助的近火点半径为 $r_{\text{p4}} = 3597.000\text{km}$，参数 $i_{\text{b4}} = -108.629731°$，速度转角为 $21.085820°$，$\boldsymbol{B}$ 矢量参数为 $B_{\text{T,tar},3} = 2839.341814\text{km}$、$B_{\text{R,tar},3} = -2400.923944\text{km}$。

采用高精度引力辅助模型校正后，总速度增量为 6.540730km/s。

在日心 J2000.0 惯性系的四次深空机动分别为：

$$\Delta \boldsymbol{V}_{\text{DSM},1} = (-0.874764\text{km/s}, 0.070091\text{km/s}, 0.595904\text{km/s})^{\text{T}},$$

$$\Delta \boldsymbol{V}_{\text{DSM},2} = (-0.010189\text{km/s} -, 0.028070\text{km/s}, -0.006358\text{km/s})^{\text{T}},$$

$$\Delta \boldsymbol{V}_{\text{DSM},3} = (0.006895\text{km/s}, 0.001149\text{km/s}, 0.000589\text{km/s})^{\text{T}},$$

$\Delta \boldsymbol{V}_{\text{DSM},4} = (1.144761\text{km/s}, 1.136552\text{km/s}, 1.397503\text{km/s})^{\text{T}}$。

在日心 J2000.0 惯性系到达小行星处的交会制动机动为：

$\Delta \boldsymbol{V}_{\text{rdz}} = (3.022137\text{km/s}, -1.266234\text{km/s}, -0.454928\text{km/s})^{\text{T}}$。

地球引力辅助的近地点半径为 $r_{\text{p2}} = 19766.687\text{km}$，$\boldsymbol{B}$ 矢量参数为 $B_{\text{T,tar},1} = -20218.138958\text{km}$、$B_{\text{R,tar},1} = 23654.353984\text{km}$；第一次火星引力辅助的近火点半径为 $r_{\text{p3}} = 3589.764\text{km}$，$\boldsymbol{B}$ 矢量参数为 $B_{\text{T,tar},2} = 1955.969454\text{km}$、$B_{\text{R,tar},2} = 3747.094442\text{km}$；第二次火星引力辅助的近火点半径为 $r_{\text{p4}} = 3599.046\text{km}$，$\boldsymbol{B}$ 矢量参数为 $B_{\text{T,tar},3} = 2839.341869\text{km}$、$B_{\text{R,tar},3} = -2400.924\text{km}$；$\boldsymbol{B}$ 矢量参数的误差均小于 1m；原近地或近火点时刻的航迹角误差均小于 $0.0015°$。

参 考 文 献

[1] Vinko T, Izzo D. Global Optimization Heuristics and Test Problems for Preliminary Spacecraft Trajectory Design[R]. ACT Technical Report, 2008.

[2] Becerra V M, Izzo D, Myatt D R, et al. Search Space Pruning and Global Optimization of Muliple Gravity Assistants Spacecraft Trajecories [J]. Joural of Global Optimizaiton, 2007, 38(2):283-296.

[3] 李九天. 多任务深空探测轨道设计优化方法研究[D]. 长沙:国防科学技术大学, 2013.

[4] 杨洪伟, 陈杨, 宝音贺西, 等. 精确动力学模型中的行星引力辅助轨道设计[J]. 中国空间科学技术, 2013, 33(2):1-6.

[5] Yang B, Feng J L, Huang X X, et al. Hybrid Method for Accurate Multi-Gravity-Assist Trajectory Design using Pseudostate Theory and Deep Neural Networks[J]. Science China - Technological Sciences, 2022, 65:595-610.

[6] Zhang J, Wang Z S, Zhou J Y. Trajectory Design and Optimization Tool for Deep Space Exploring[J]. Journal of Physics:Conference Series, 2019, 1325(1):012031.